高等教育新形态创新系列教材

高等教育新一代信息技术与人工智能系列教材

计算机与人工智能基础

JISUANJI YU RENGONG ZHINENG JICHU

主　编　孙　滨　魏　波

副主编　谷建光　孙　敬　李　丹　张洪升

田睿芬　贺文晓　吴　波

西安交通大学出版社
XI'AN JIAOTONG UNIVERSITY PRESS

图书在版编目(CIP)数据

计算机与人工智能基础 / 孙滨，魏波主编. -- 西安：
西安交通大学出版社，2025.8. --（高等教育新一代信
息技术与人工智能系列教材）. -- ISBN 978 - 7 - 5693
- 4271 - 0

Ⅰ. TP3；TP18

中国国家版本馆 CIP 数据核字第 2025WY7735 号

书　　名	计算机与人工智能基础	
	JISUANJI YU RENGONGZHINENG JICHU	
主　　编	孙　滨　魏　波	
策划编辑	杨　璠　王玉叶	
责任编辑	王玉叶	
责任印制	刘　攀	
责任校对	刘艺飞	
封面设计	任加盟	

出版发行	西安交通大学出版社
	（西安市兴庆南路 1 号　邮政编码 710048）
网　　址	http://www.xjtupress.com
电　　话	(029)82668357　82667874(市场营销中心)
	(029)82668315(总编办)
传　　真	(029)82668280
印　　刷	陕西思维印务有限公司

开　　本	787 mm×1092 mm　1/16　印张　18.25　字数　604 千字(含电子资源)
版次印次	2025 年 8 月第 1 版　　2025 年 8 月第 1 次印刷
书　　号	ISBN 978 - 7 - 5693 - 4271 - 0
定　　价	55.00 元

如发现印装质量问题，请与本社市场营销中心联系。

订购热线：(029)82665248　(029)82667874

投稿热线：(029)82668502

前　言

　　在这个日新月异的时代，科技的每一次飞跃都深刻地改变着我们的生活、学习、工作乃至思维方式。其中，人工智能(artificial intelligence，AI)作为引领未来科技潮流的核心力量，正以前所未有的速度渗透到社会的每一个角落，从智能家居、自动驾驶到医疗诊断、智能制造，无一不彰显着其巨大的潜力和深远的影响。人工智能是模拟人类智能解决问题的方法，是解决复杂问题的重要工具，因此对于不同专业的本、专科学生，无论是计算机类、电子信息类、电气类、机械类，乃至设计类、经济金融类或其他人文类专业，都有开设人工智能通识课程的需求和必要性。

　　"计算机与人工智能基础"课程是高等院校各个专业的一门重要的公共基础课程，这门课程的教材已有很多版本。然而，计算机与人工智能的发展可以说是突飞猛进，新理念、新技术、新方法层出不穷。同时，各地域、各层次院校的办学定位及培养目标不同，所采用的培养方案及选择的教材体系有很大差异。因而教材的内容也要不断丰富、不断更新，以适应不同类型院校的人才培养目标。基于多年的应用型本科院校的教学实践和调查研究，并在参阅和借鉴众多相关教材的基础上，编者组织有关专家进行了研讨论证，结合教学过程中遇到的问题和积累的经验，编写了这本教材，做到"无专业门槛，有学理深度"，内容基础、可读性好，适合初学者学习、适合教师讲授，照顾到各个层次的学习者和使用者，是本教材一直努力的目标。通过准确浅显的语言、清晰明白的讲解，使得学生既学习和掌握计算机与人工智能的基本概念与基本原理，又了解当前人工智能的前沿研究内容和研究成果，与时俱进，拓展知识面，为后续从事人工智能的研究和应用筑牢基础。

　　本书共 11 章，内容介绍由浅入深，循序渐进，内容涵盖了计算机与人工智能的诸多基础知识。在计算机部分，从计算机的起源与发展讲起，详细介绍了计算机的硬件组成，包括中央处理器、存储设备、输入输出设备等各个关键部件的工作原理与协同运作方式，让读者对计算机的物理架构有一个清晰的认识。同时，引入了 WPS Office 的相关介绍以及 AI 在 WPS 中的应用。

　　在人工智能基础方面，首先对人工智能的发展历程进行了梳理，从早期的符号主义探索到如今深度学习的崛起，展示了人工智能在不同阶段的标志性成果和面临的挑战。详细阐述了人工智能的核心概念，如机器学习等，通过通俗易懂的语言和生动的案例，让读者理解看似高深的技术背后的基本原理和应用场景。AIGC 工具种类繁多，本书展示了 DeepSeek、豆包、通义、讯飞星火等平台在文本生成、图像生成、音视频生成等多个领域的应用。内容紧扣应用型人才培养目标，案例紧密结合生活实践，同时深入挖掘思政元素，并兼顾计算机软件和硬件的最新发展。本书的编写目的是为本、专科生提供一本应用性较强、内容系统、结构完整、案例丰富的基础课教材，具有"内容丰富、与时俱进、实用性强"的特点，符合普通高等院校应用型人才的培养要求。

本书由郑州工业应用技术学院孙滨、魏波任主编，谷建光、孙敬、李丹、张洪升、田睿芬、贺文晓、吴波任副主编参与了本书的编写工作。本书的编写人员都是长期从事计算机和人工智能相关课程教学、具有比较丰富的教学经验的教师，在该学科领域都有一定的研究成果和独到的创新之处。本教材在编写过程中，书中案例大部分来自一线真实场景，具有很高的参考价值。

本书是团队智慧的结晶，感谢各位老师的辛苦付出，期待与大家沟通交流，共同探索人工智能的通识教学之路。

本书在编写过程中得到河南省人工智能学会的大力支持，河南省人工智能学会副理事长、河南省人工智能通识教育教材编写指导委员会委员谷建光博士在该教材前期选题、编写、审稿过程中，均提出来建设性的建议。

鉴于编者水平有限，书中难免存在不足之处，敬请广大读者批评指正。

编者
2025 年 3 月

目　录

第1章

计算机与人工智能基础

本章导读

通过计算机及人工智能基础介绍，了解计算机的应用及发展历程、计算机的基本原理和工作流程，会进行各个进制的数制转换。通过案例了解计算机的组成及其日常维护，了解人工智能的发展与应用。

知识目标

◈了解计算机与人工智能的发展、特点、分类和应用。

◈掌握计算机系统的基本结构、硬件组成。

◈了解计算机中数据的表示与存储。

◈了解人工智能基础的概念、起源与发展。

能力目标

◈掌握计算机基础操作。

◈了解计算机的各个部件及其安装方法，以及安装注意事项。

◈能设置计算机参数、初始化硬盘和配置软件系统。

◈了解人工智能的发展与应用。

素质目标

◈了解计算机基本原理，了解人工智能领域的基本概念。

◈培养计算思维、逻辑思维能力，掌握数据驱动的思维方式。

◈在学习和实践中培养创新意识和创新精神。

◈培养责任感和敬业精神，提高自主学习能力和终身学习意识。

1.1 计算机的发展历程与分类

人类所使用的计算工具是随着生产的发展和社会的进步，从简单到复杂、从低级到高级演变的，计算工具从远古时期的结绳记事，相继出现了算筹、算盘、加法器、乘法器、差分机、计算机等。计算机发展得十分迅速，从 1946 年出现第一台通用电子计算机到如今，计算机已经渗透到社会的各个领域，对人类社会的发展产生了深刻的影响。

1.1.1 萌芽期

1. 早期计算工具(算盘、算筹等)

(1)结绳记事。结绳记事起源于远古时期，在人类尚未发明文字之前，为了帮助记忆、传递信息，人们就开始采用结绳的方式计数，如图 1-1 所示，用于统计猎物数量、记录物品的个数或者计算日期。

(2)算筹。算筹是中国古代的一种计算工具，如图 1-2 所示，它的发明和使用，为中国古代数学的发展奠定了坚实的基础，推动了数学理论和算法的发展。如《九章算术》中的各种算法就是基于算筹实现的；南北朝时期，祖冲之也是用算筹作为计算工具将圆周率精确到 3.1415926 和 3.1415927 之间。

(3)算盘。算盘是一种中国传统的手动操作计算辅助工具，其外形如图 1-3 所示。算盘的历史可以追溯到公元前 600 年左右，它结合了十进制记数法和一整套计算口诀，一直沿用至今，被许多人看作最早的数字计算器。

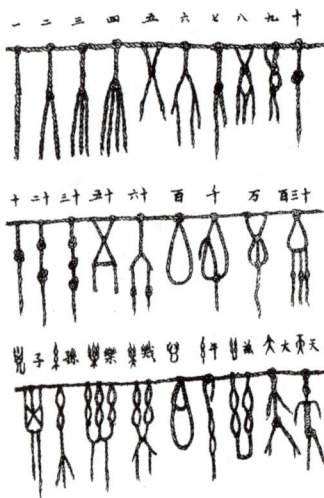

图 1-1 结绳计数

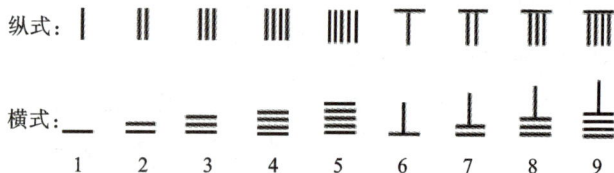

图 1-2 算筹以及其计数方法

图 1-3 算盘

2. 机械计算机的出现

(1)帕斯卡加法器。帕斯卡加法器是法国数学家布莱士·帕斯卡(Blaise Pascal)于1642年发明的机械计算器，被认为是世界上第一台机械式计算机。其外形如图1-4所示，通常由黄铜材料制作的外壳、用于输入数字的转轮和专用铁笔，以及内部一系列相互连接的齿轮机构组成。它利用齿轮的转动来实现加减法计算，能够自动处理加法运算中的进位问题。帕斯卡加法器的发明标志着人类开始利用机械装置来进行数学计算，其设计理念和技术原理为后来的数学家和发明家提供了重要的启示，激发了更多人对计算工具的研究和改进。

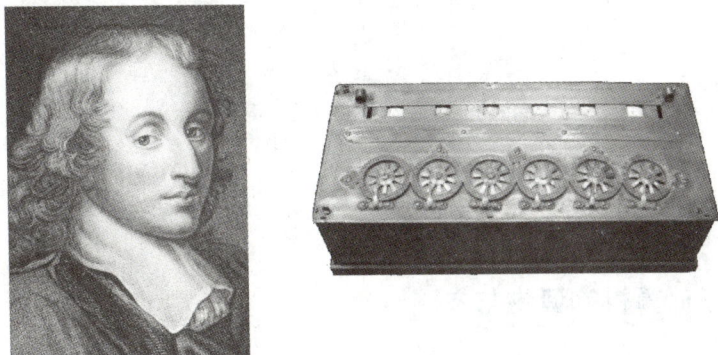

图 1-4 帕斯卡和帕斯卡加法器

(2)莱布尼茨乘法器。德国数学家戈特弗里德·威廉·莱布尼茨(Gottfried Wilhelm Leibniz)受帕斯卡加法器启发，在1671年开始设计能够进行乘法运算的机器，并于1674年在法国物理学家埃德姆·马略特(Edme Mariotte)的帮助下，制成了可进行四则运算的计算器，即莱布尼茨乘法器。其外形如图1-5所示，通过一系列齿轮的组合和传动，将乘法运算转化为多次加法运算，从而实现自动计算乘法的功能，是计算工具发展史上的重要里程碑，为当时的科学研究、工程计算和商业活动等提供了强大的计算支持。

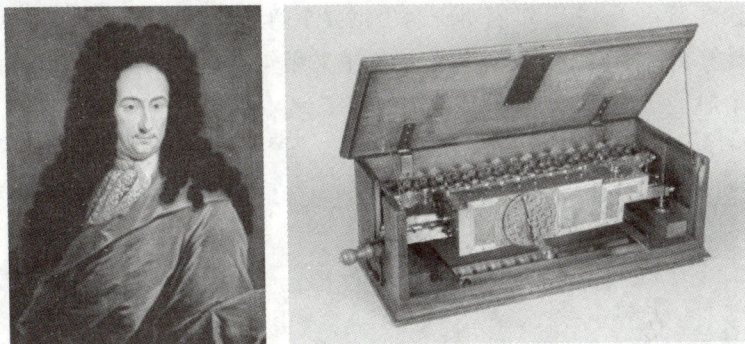

图 1-5 莱布尼茨和莱布尼茨乘法器

(3)巴贝奇差分机。1822年，英国数学家查尔斯·巴贝奇(Charles Babbage)发明了差分机，专门用于航海和天文计算，其外观如图 1-6 所示。这是最早采用寄存器来存储数据的计算机，标志着早期程序设计思想的萌芽。它可以处理 3 个不同的 5 位数，计算精度达到 6 位小数，能演算出多种函数表。

图 1-6　差分机

1.1.2　电子计算机的诞生与发展

1. 第一台通用电子计算机

1946 年 2 月 15 日，世界上第一台通用数字电子计算机——电子数字积分计算机（electronic numerical integrator and computer，ENIAC）研制成功，如图 1-7 所示。ENIAC 占地面积约 170 m^2，有 30 个操作台，重达 30 t，耗电 150 kW，造价 48 万美元。它使用了 18800 个电子管、70000 个电阻、10000 个电容、1500 多个继电器、6000 多个开关，每秒能执行 5000 次加法或 400 次乘法计算，运算速度是继电器计算机的 1000 倍，是手工计算的 20 万倍。

2. 第一台晶体管计算机

美国贝尔实验室于 1955 年成功研制出世界上第一台晶体管计算机，如图 1-8 所示。晶体管计算机属于第二代计算机。相比于采用定点运算的第一代计算机，第二代计算机普遍增加了浮点运算，使计算能力实现了一次飞跃。

图 1-7　ENIAC

图 1-8　第一台晶体管计算机

3. 第一台微型计算机

1975 年 4 月，爱德华·罗伯茨（Edward Roberts）研制出世界上第一台微型计算机 Altair 8800。如图 1-9 所示，它的外形是一个大大的方形盒子，前面板上有一组复杂开关和灯。其十分小巧而且很便宜，成为当时家家户户都能用得起的电脑，因此它的出现也意味着家用电脑时代的到来。

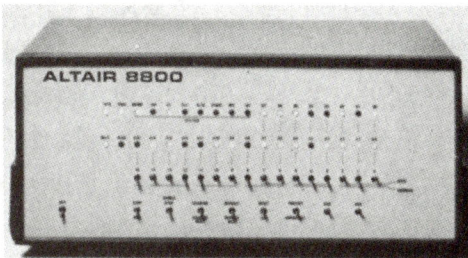

图 1-9　Altair 8800

4. 电子计算机的发展

从第一台电子计算机 ENIAC 诞生开始，计算机技术经历了五代重要的技术革新，每一代都带来了显著的性能提升和架构变革。

（1）第一代电子计算机（电子管计算机，如 ENIAC）。采用电子管，体积大、耗电高、价格昂贵、运算速度慢、可靠性低，使用机器语言，仅用于军事和科学研究工作。

（2）第二代电子计算机（晶体管计算机）。采用晶体管，体积相对较小、成本低、功能强，运算速度和可靠性有所提升，使用汇编语言与高级语言，除用于军事和科学研究工作外，还用于数据处理和事务处理。

（3）第三代电子计算机（中小规模集成电路计算机）。采用中小规模集成电路，体积进一步减小，耗电量进一步降低，运算速度和可靠性进一步提高，对计算机程序设计语言进行了标准化，并提出了计算机结构化程序设计思想，使用了操作系统，应用更加广泛。

（4）第四代电子计算机（大规模和超大规模集成电路计算机）。采用大规模或超大规模集成电路，体积小、耗电量大大降低，计算机的运算器、控制器等核心部件集成在一个集成电路芯片上，其运算速度和可靠性进一步提高。

（5）新一代计算机（量子计算机、DNA 计算机、光子计算机等前沿发展方向）。①量子计算机利用量子比特（qubit）代替经典比特（bit），能够同时表示 0 和 1 的状态，这种"叠加态"使得量子计算机在处理某些特定问题时具有显著优势。②DNA 计算机是以 DNA 分子为基础的新型生物计算机。它具有高度并行性，在处理某些复杂问题时，相比传统电子计算机具有巨大优势。③光子计算机是一种利用光信号进行数字运算、逻辑操作、信息存储和处理的新型计算机。光子传播速度极快，且光信号传输具有并行性，可极大提高运算速度。

1.1.3　计算机的分类

当今计算机的发展呈现多极化的趋势，多极化是指巨、大、小、微等各机种均在发展，拥有各自的应用领域。

1. 按性能和规模分类

（1）巨型计算机。巨型计算机，又称超级计算机，是一种超大型电子计算机。其主要特点表现为高速度和大容量，具有很强的计算和处理数据的能力。

（2）大型计算机。大型计算机通常作为大型商业服务器，一般用于装载大型事务处理系统，其应用软件维护和更新成本通常是硬件本身成本的好几倍。

（3）小型计算机。小型计算机是相对于大型计算机而言，其软件、硬件系统规模比较小，但价格低、可靠性高、便于维护和使用。

（4）微型计算机。微型计算机是由大规模集成电路组成的、体积较小的电子计算机，又简称"微型机""微机"。

2. 按用途分类

（1）通用计算机。通用计算机是指各行业、各种工作环境都能使用的计算机，在学校、家庭、工厂、医院、公司等场景中都能使用的就是通用计算机，平时我们购买的品牌机、兼容机都是通用计算机。

（2）专用计算机。专用计算机是指专为解决某一特定问题而设计制造的电子计算机。一般拥有固定的存储程序。如控制轧钢过程的轧钢控制计算机、计算导弹弹道的专用计算机等。其特点是解决特定问题的速度快、可靠性高，且结构简单、价格便宜。

拓展阅读

"九章"问世，中国量子计算的崛起

"九章"是中国科学技术大学潘建伟团队与中科院上海微系统所、国家并行计算机工程技术研究中心合作构建的量子计算原型机，如图1-10所示。

图1-10 九章光量子计算原型机

发展历程

2017年：潘建伟团队构建了世界首台超越早期经典计算机的光量子计算原型机。

2019年：团队实现了20个光子输入、60个模式干涉线路的玻色取样，输出复杂度相当于48个量子比特的希尔伯特态空间，逼近"量子计算优越性"。

2020年：团队成功构建76个光子的量子计算原型机"九章"，在国际上首次实现基于光学体系的量子计算优越性。

2021 年："九章"的升级版——"九章二号"成功构建，再次刷新国际光量子操纵的技术水平。

2023 年：成功构建了 255 个光子的量子计算原型机"九章三号"，再度刷新了光量子信息的技术水平和量子计算优越性的世界纪录。

运算性能

根据目前最优的经典算法，"九章"对于处理高斯玻色取样的速度比此前世界排名第一的超级计算机"富岳"快一百万亿倍，等效地比谷歌的超导量子比特计算机"悬铃木"快一百亿倍。当求解 5000 万个样本的高斯玻色取样时，"九章"需 200 秒，而"富岳"需 6 亿年；当求解 100 亿个样本时，"九章"需 10 小时，"富岳"需 1200 亿年。

重要意义

国际地位：这一成果牢固确立了中国在国际量子计算研究中的第一方阵地位，使中国成为全球第二个实现"量子计算优越性"的国家。

应用价值：基于"九章"的"高斯玻色取样"算法，未来将在图论、机器学习、量子化学等领域具有非常重要的应用价值。

1.2　计算机系统组成

软件系统和硬件系统有机地组合起来就构成了计算机系统。硬件是计算机的实体，是软件存放和执行的物理场所；而软件则是计算机的"灵魂"，它"指挥"硬件完成用户给出的各种指令。计算机系统结构如图 1-11 所示。

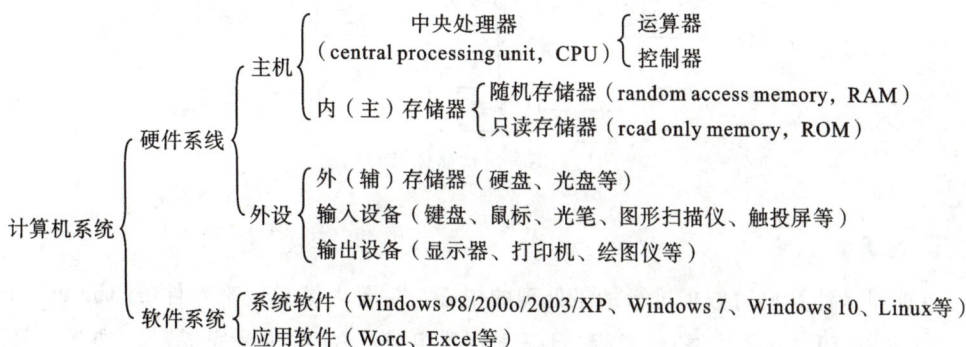

```
                          ┌ 中央处理器        ┌ 运算器
                    ┌ 主机 │（central processing unit，CPU）│ 控制器
                    │      │ 内（主）存储器 ┌ 随机存储器（random access memory，RAM）
              硬件系统│                    └ 只读存储器（read only memory，ROM）
              │      │      ┌ 外（辅）存储器（硬盘、光盘等）
计算机系统 ┤      └ 外设 │ 输入设备（键盘、鼠标、光笔、图形扫描仪、触投屏等）
              │            └ 输出设备（显示器、打印机、绘图仪等）
              │      ┌ 系统软件（Windows 98/200o/2003/XP、Windows 7、Windows 10、Linux等）
              └ 软件系统│ 应用软件（Word、Excel等）
```

图 1-11　计算机系统结构

在计算机系统中，硬件是软件工作的物质基础，软件的正常工作是硬件发挥作用的唯一途径。软件与硬件都是计算机系统必不可少的组成部分。计算机硬件系统和软件系统的层次关系如图 1-12 所示。

应用软件

操作系统等系统软件

计算机硬件系统

图 1-12　计算机系统层次关系

1.2.1　计算机硬件系统

硬件指的是计算机系统中由电子、机械、光电元件等组成的各种计算机部件和计算机设备。这些部件和设备依据计算机系统结构的要求，构成一个有机整体，称为计算机硬件系统。硬件系统是计算机的"躯干"，是计算机完成工作的物质基础。

20世纪40年代，约翰·冯·诺依曼(John von Neumann)提出了"存储程序"和"程序控制"的概念。其主要思想如下：

(1)采用二进制形式表示数据和指令。

(2)计算机应包括运算器、控制器、存储器、输入设备和输出设备五大基本部件。

(3)采用存储程序和程序控制的工作方式。

所谓存储程序，就是将程序和处理问题所需的数据以二进制编码形式预先按一定顺序存放到计算机的存储器里。计算机运行时，中央处理器依次从内存储器中逐条取出指令，按指令规定执行一系列的基本操作，最后完成一个个复杂的工作任务。

上述思想为现代计算机设计奠定了基础，从1946年第一台通用电子计算机诞生至今，虽然计算机的设计和制造技术都有了极大的发展，但今天使用的绝大多数计算机的工作原理和基本结构仍然遵循约翰·冯·诺依曼的思想。基于该思想构建的计算机系统被称为冯·诺依曼体系计算机，其基本结构如图1-13所示。

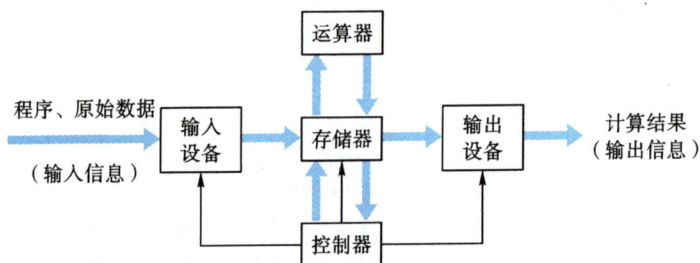

图1-13　冯·诺依曼体系结构图

1. 运算器

运算器是计算机对数据进行加工处理的中心，主要由算术逻辑部件(arithmetic and logic unit，ALU)、通用寄存器组和状态寄存器组成。ALU主要完成对二进制信息的定点算术运算、逻辑运算和各种移位操作。通用寄存器组用来保存参加运算的操作数和运算的中间结果。状态寄存器在不同的计算机中有不同的规定，在程序中，状态位通常作为转移指令的判断条件。

2. 控制器

控制器是计算机的控制中心，决定计算机运行过程的自动化。它不仅要保证程序的正确执行，而且要能够处理异常事件。控制器一般包括指令控制逻辑、时序控制逻辑、总线控制逻辑、中断控制逻辑等几个部分。

中央处理器（central processing unit，CPU），由运算器、控制器组成，是计算机内部完成指令读出、解释和执行的重要部件，是计算机的"心脏"。图1-14所示为CPU的实物图。

3. 存储器

存储器是用于存放数据和程序的部件，其基本功能是按指定的地址存（写）入或者取（读）出信息。计算机中的存储器可分成两大类：一类是外存储器（辅助存储器），简称外存或辅存，如固态硬盘（solid state

图1-14 CPU的实物图

drive，SSD）、网络接入存储器（network attached storage，NAS）等；另一类是内存储器（主存储器），简称内存或主存，是位于计算机内部的存储单元。常见的外存储器与内存储器如图1-15、图1-16所示。

固态硬盘　　　　　　　　　网络接入存储器

图1-15 外存储器

图1-16 内存储器（内存条）

4. 输入设备

输入设备可以将外部信息（如文字、数字、声音、图像、程序、指令等）转变为数据输入计算机中，以便进行加工、处理。键盘、鼠标、数码相机、摄像头、扫描仪、手写笔、手写输入板、游戏杆、语音输入装置等都属于输入设备。

5. 输出设备

输出设备是计算机实用价值的生动体现，可以把计算机对信息加工的结果反馈给用户。按照输出内容的不同，输出设备可以分为显示输出、打印输出、绘图输出、影像输出及语音输出五大类。

拓展阅读

现代数字计算机之父

约翰·冯·诺依曼，美籍匈牙利人（图1-17），是20世纪最重要的数学家之一，在计算机科学、数学、物理学等多个领域都做出了卓越贡献。

计算机领域主要成就：

（1）提出存储程序概念。他提出了将程序和数据存储在同一存储器中的概念，这一思想是现代计算机体系结构的基础，使得计算机能够自动地按照程序指令进行运算，大大提高了计算效率。

图1-17　约翰·冯·诺依曼

（2）设计冯·诺依曼体系结构。他设计了一种通用的计算机体系结构，包括运算器、控制器、存储器、输入设备和输出设备五个基本部分，这种结构奠定了现代计算机硬件的基本框架，被广泛应用于各种计算机系统中。

1.2.2　计算机软件系统

软件是指计算机运行所需的程序、数据和有关文档的总和。计算机软件通常分为系统软件和应用软件两大类。

1. 系统软件

系统软件一般是由计算机设计者提供的计算机程序，用于计算机管理、控制、维护和运行，方便用户使用计算机。系统软件包括操作系统、语言处理程序、数据库管理系统。

（1）操作系统。操作系统是管理计算机硬件与软件资源的程序，是计算机系统的内核与基石，常见的操作系统有 Windows、macOS、Linux 等。

（2）语言处理程序。语言处理程序是指把用高级程序设计语言或汇编语言编写的源程序，翻译成计算机硬件能够直接识别和执行的机器指令代码。

（3）数据库管理系统。数据库管理系统即用于管理数据库的软件，能够有效地组织、存储和管理大量数据，并提供数据查询、更新、备份等功能。

2. 应用软件

应用软件是为解决计算机各类应用问题而编写的软件。按用途可分为办公软件、图形图像处理软件、多媒体播放软件、网络通信软件，以及各种行业专用软件等。

（1）办公软件。具备文字处理、表格制作、演示文稿等功能的软件，如 Microsoft Office、WPS Office 等。

（2）图形图像处理软件。具有图像编辑功能的软件，如 Adobe Photoshop、Corel DRAW 等。

（3）多媒体播放软件。能够播放音频、视频、图像等多种媒体文件的应用程序，如酷狗音乐、爱奇艺、美图看看等。

（4）网络通信软件。利用网络协议实现不同设备之间信息传输和交流的应用程序，如微信、网易邮箱大师、腾讯会议、微博等。

（5）行业专用软件。为特定行业或专业领域开发，用于满足该行业特定业务需求和工作流程的软件，如 AutoCAD、Revit 等。

1.3　计算机中的数据表示与存储

数据是指存储在某种媒体上并且可以加以鉴别的符号资料。这里所说的符号，不仅包括文字、字母、数字，还包括图形、图像、音频与视频等多媒体数据。数据是信息的具体表现形式，是信息的载体，而计算机是存储和加工数据的工具，掌握计算机中的数据表示与存储原理，是了解和使用计算机的基础。

1.3.1　计算机中的数制

数制即进位计数制，是人们利用数字符号按进位原则进行数据大小计算的方法，日常生活中最常用的数制是十进制，在计算机中常用的还有二进制、八进制和十六进制等。在计算机的数制中，要掌握 3 个概念，即数码、基数和位权。

数码是指一个数制中表示基本数值大小的不同数字符号。

基数是指一个数制所使用的数码个数。

位权是指一个数制中某一位上的 1 所表示的十进制数值大小。

1. 十进制

（1）数码：0、1、2、3、4、5、6、7、8、9。

（2）基数：10。

（3）位权：对于任意一个有 n 位整数和 m 位小数的十进制数 D，其按权展开式为 $D = \sum D_i \times 10^i = D_{n-1} \times 10^{n-1} + D_{n-2} \times 10^{n-2} + \cdots + D_1 \times 10^1 + D_0 \times 10^0 + D_{-1} \times 10^{-1} + \cdots + D_{-m} \times 10^{-m}$。

例如，$(456.24)_{10} = 4 \times 10^2 + 5 \times 10^1 + 6 \times 10^0 + 2 \times 10^{-1} + 4 \times 10^{-2}$。

2. 二进制

（1）数码：0、1。

（2）基数：2。

（3）位权：对于任意一个有 n 位整数和 m 位小数的二进制数 B，其按权展开式为

$B=\sum B_i \times 2^i = B_{n-1} \times 2^{n-1} + B_{n-2} \times 2^{n-2} + \cdots + B_1 \times 2^1 + B_0 \times 2^0 + B_{-1} \times 2^{-1} + \cdots + B_{-m} \times 2^{-m}$。

例如，$(11001.101)_2 = 1 \times 2^4 + 1 \times 2^3 + 0 \times 2^2 + 0 \times 2^1 + 1 \times 2^0 + 1 \times 2^{-1} + 0 \times 2^{-2} + 1 \times 2^{-3} = (25.625)_{10}$。

3. 八进制

(1)数码：0、1、2、3、4、5、6、7。

(2)基数：8。

(3)位权：对于任意一个有 n 位整数和 m 位小数的八进制数 O，其按权展开式为 $O = \sum O_i \times 8^i = O_{n-1} \times 8^{n-1} + \cdots + O_1 \times 8^1 + O_0 \times 8^0 + O_{-1} \times 8^{-1} + \cdots + O_{-m} \times 8^{-m}$。

例如，$(5346)_8 = 5 \times 8^3 + 3 \times 8^2 + 4 \times 8^1 + 6 \times 8^0 = (2790)_{10}$。

4. 十六进制

(1)数码：0、1、2、3、4、5、6、7、8、9、A、B、C、D、E、F。其中 A、B、C、D、E 和 F 这 6 个数码分别代表十进制的 10、11、12、13、14 和 15。

(2)基数：16。

(3)位权：对于任意一个有 n 位整数和 m 位小数的十六进制数 H，其按权展开式为 $H = \sum H_i \times 16^i = H_{n-1} \times 16^{n-1} + \cdots + H_1 \times 16^1 + H_0 \times 16^0 + H_{-1} \times 16^{-1} + \cdots + H_{-m} \times 16^{-m}$。

例如，$(4C4D)_{16} = 4 \times 16^3 + 12 \times 16^2 + 4 \times 16^1 + 13 \times 16^0 = (19533)_{10}$。

4 种常用数制之间的对应关系如表 1-1 所示。

表 1-1　4 种常用数制之间的对应关系

数制	数码															
二进制	0000	0001	0010	0011	0100	0101	0110	0111	1000	1001	1010	1011	1100	1101	1110	1111
八进制	0	1	2	3	4	5	6	7	10	11	12	13	14	15	16	17
十进制	0	1	2	3	4	5	6	7	8	9	10	11	12	13	14	15
十六进制	0	1	2	3	4	5	6	7	8	9	A	B	C	D	E	F

1.3.2　计算机中数制的转换

1. 二、八、十六进制数转换为十进制数

对于任何一个二、八、十六进制数，可以先写出其位权展开式，再按十进制进行计算，将其转换为十进制数。例如，$(1111.11)_2 = 1 \times 2^3 + 1 \times 2^2 + 1 \times 2^1 + 1 \times 2^0 + 1 \times 2^{-1} + 1 \times 2^{-2} = (15.75)_{10}$；$(A10B.8)_{16} = 10 \times 16^3 + 1 \times 16^2 + 0 \times 16^1 + 11 \times 16^0 + 8 \times 16^{-1} = (41227.5)_{10}$。

2. 十、八、十六进制数转换为二进制数

十进制数转换为二进制数时，整数部分采用除 2 取余法，除到商为 0 为止；按从

下往上的顺序排列余数即可得到结果。小数部分采用乘 2 取整法,直到小数部分为 0 或达到所要求的精度,按从上往下的顺序排列整数部分即可得到结果。例如,将 $(241.43)_{10}$ 转换为二进制数(小数取 4 位)的过程如图 1 - 18 所示,计算结果为 $(241.43)_{10}=(11110001.0110)_2$。

```
2|241      余数                0.43
2|120  1        高位       ×      2
2|60   0                  0    0.86
2|30   0                  ×      2
2|15   0                  1    1.72
2|7    1                  ×      2
2|3    1                  1    1.44
2|1    1                  ×      2
2|0    1        低位       0    0.88
```

图 1 - 18　十进制数转换为二进制数

八进制数转换成二进制数只要将每一位八进制数转换成 3 位二进制数,然后依次连接起来即可。同理,十六进制数转换成二进制数只要将每一位十六进制数转换成 4 位二进制数,然后依次连接起来即可。

3. 二、十、十六进制数转换为八进制数

二进制数转换成八进制数的方法是从小数点开始,整数部分从右往左每 3 位分成一组,不足 3 位的向高位补 0 凑成 3 位;小数部分从左往右每 3 位分成一组,不足 3 位的向低位补 0 凑成 3 位。将每一组中的 3 位二进制数,转换成八进制数码中的数字,全部连接起来即可。把二进制数 11111101.101 转换为八进制数的方法如图 1 - 19 所示,计算结果为 $(11111101.101)_2=(375.5)_8$。

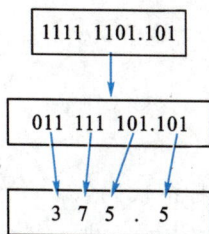

```
┌──────────────────┐
│  1111 1101.101   │
└──────────────────┘
         ↓
┌──────────────────┐
│  011 111 101.101 │
└──────────────────┘
   ↓   ↓   ↓    ↓
┌──────────────────┐
│  3   7   5  . 5  │
└──────────────────┘
```

图 1 - 19　二进制数转换为八进制数

十进制数、十六进制数通常先转换为二进制数,再由二进制转换为八进制。

4. 二、八、十进制数转换为十六进制数

二进制数转换成十六进制数的方法是从小数点开始,整数部分从右往左每 4 位分成一组,不足 4 位向高位补 0 凑成 4 位;小数部分从左往右每 4 位分成一组,不足 4 位

向低位补 0 凑成 4 位。将每一组中的 4 位二进制数，转换成十六进制数码，然后全部连接起来即可。把 10110001.101 转换为十六进制数的方法如图 1-20 所示，计算结果为 $(10110001.101)_2 = (B1.A)_8$。

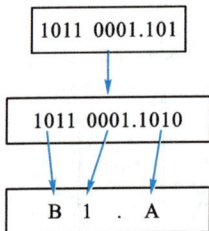

图 1-20　二进制数转换为十六进制数

十进制数、八进制数通常先转换为二进制数，再由二进制转换为十六进制。

1.3.3　计算机中数据的单位

数据是计算机处理的对象。在计算机内部，各种信息都必须通过数字化编码变成二进制数据后才能进行存储和处理。计算机中数据的表示经常用到以下几个概念。

(1)位(bit)。计算机存储数据的最小单位。一个二进制位只能表示 0 或 1 两种状态。

(2)字节(Byte)。计算机处理数据的最基本单位。计算机主要以字节为单位解释信息。每个字节由 8 个二进制位组成，即 1 Byte=8 bit。一般情况下，一个 ASCII 值占用一个字节，一个汉字国际码占用两个字节。

(3)字(Word)。字是计算机可以一次处理的数据块，由多个字节组成。一个字中包含的字节数称为字长(Word length)，字长决定了计算机处理数据的速度，它是衡量计算机性能的一个重要指标。

1.3.4　字符的编码

1. ASCII

ASCII 的全称是美国信息交换标准代码(American Standard Code for Information Interchange，ASCII)。ASCII 用 7 位二进制数表示一个字符，排列顺序为 $b_7 b_6 b_5 b_4 b_3 b_2 b_1$，并且规定用一个字节的低 7 位表示字符编码，最高位恒为 0。7 位二进制数共可以表示 128 个字符。这些字符包括 26 个大写英文字母，26 个小写英文字母，10 个十进制数字，32 个标点符号、运算符、专用字符，以及 34 个通用控制字符，如表 1-2 所示。

表 1-2 ASCII 表

$b_4 b_3 b_2 b_1$	$b_7 b_6 b_5$							
	000(0)	001(1)	010(2)	011(3)	100(4)	101(5)	110(6)	111(7)
0000(0)	NUL	DLE	SP	0	@	P	`	p
0001(1)	SOH	DC1	!	1	A	Q	a	q
0010(2)	STX	DC2	"	2	B	R	b	r
0011(3)	ETX	DC3	#	3	C	S	c	s
0100(4)	EOT	DE4	$	4	D	T	d	t
0101(5)	ENQ	NAK	%	5	E	U	e	u
0110(6)	ACK	SYN	&	6	F	V	f	v
0111(7)	BEL	ETB	'	7	G	W	g	w
1000(8)	BS	CAN	(	8	H	X	h	x
1001(9)	HT	EM	)	9	I	Y	i	y
1010(A)	LF	SUB	*	:	J	Z	j	z
1011(B)	VT	ESC	+	;	K	[	k	{
1100(C)	FF	FS	,	<	L	\	l	|
1101(D)	CR	GS	-	=	M	]	m	}
1110(E)	SO	RS	.	>	M	^	n	~
1111(F)	SI	US	/	?	O	_	o	DEL

2. 汉字编码

(1)汉字交换码。由于汉字数量极多，所以计算机一般用连续的两个字节(16 个二进制位)来表示一个汉字。1980 年，我国颁布了第一个汉字编码字符集标准，即《信息交换用汉字编码字符集 基本集》GB 2312—1980。该标准编码简称国标码，其中收录了6763 个汉字及 682 个全角字符，共 7445 个字符，奠定了中文信息处理的基础。

(2)汉字机内码。国标码不能直接在计算机中使用，因为它没有考虑与 ASCII 的冲突。例如，"大"的国标码是 3473H，与字符组合"4S"的 ASCII 相同。为了能区分国标码与 ASCII，在表示汉字时把国标码的两个字节的最高位改为 1，称为"机内码"。这样，当某字节的最高位是 1 时，它必须和下一个最高位同样为 1 的字节合起来，代表一个汉字。

(3)汉字字形码。汉字字形码实际上就是用来将汉字显示到屏幕上或打印到纸上所需要的图形数据。汉字字形码记录汉字的外形，是汉字的输出形式。记录汉字字形通常有两种方法，即点阵法和矢量法。这两种方法分别对应两种字形编码：点阵码和矢量码。所有不同字体、字号的汉字字形构成汉字库。

(4)汉字输入码。将汉字通过键盘输入计算机时采用的代码称为汉字输入码，也称为汉字外部码(外码)。汉字输入码的编码原则是易于接受、学习、记忆和掌握,重码少,码长应尽可能短。目前,我国的汉字输入码编码方案已有上千种,但是在计算机上常用的是流水码、音码、形码和音形结合码 4 种,例如拼音输入法(音码)、五笔字型输入法(形码)。

1.4　人工智能基础

人工智能是一个非常宽泛的领域,无论是无人机自动驾驶,还是手机上的指纹解锁、面部识别,都是人工智能的具体应用,在很多方面人工智能已经悄然融入人们的生活。

1.4.1　人工智能的概念

1. 人工智能的定义

人工智能是研究机器人、语言识别、图像识别、自然语言处理和专家系统等的技术科学。它旨在让机器具备感知、学习、推理、决策和解决问题的能力,从而执行复杂的任务。人工智能的核心目标是创建能够自主执行复杂任务的智能系统。

2. 人工智能的分类

根据实现方式和应用范围,人工智能可以分为以下几类。

弱人工智能(narrow AI):专注于特定任务的智能化,如语音识别、图像分类或推荐系统。弱人工智能不具备自我意识,只能在特定领域内表现出智能行为。

强人工智能(general AI):能够像人类一样具备广泛的认知能力,可以处理各种复杂任务,并表现出自我意识和情感。目前,强人工智能仍处于理论研究阶段,尚未实现。

超级人工智能(super intelligence):超越人类智能的 AI 系统,能够解决人类无法理解或处理的问题。这一概念更多存在于科幻作品中。

3. 人工智能的核心技术

人工智能的实现依赖于多种技术和方法,这些技术和方法相互配合,共同推动了人工智能的发展,以下是人工智能实现过程中常见的技术和方法。

机器学习(machine learning,ML):使机器能够通过数据训练算法自动学习和改进,是人工智能的核心技术之一。

深度学习(deep learning,DL):机器学习的一个子领域,专注于使用人工神经网络(尤其是多层神经网络)来模拟人类的学习方式。

自然语言处理(natural language processing,NLP):让机器能够理解、生成和操作人类语言,其研究内容包括语音识别、机器翻译、情感分析等。

计算机视觉(computer vision,CV):使机器能够“看”并理解图像和视频,其应用领域包括人脸识别、自动驾驶、医学影像分析等。

强化学习（reinforcement learning，RL）：通过试错和奖励机制训练智能体在特定环境中做出最佳决策，在机器人控制、游戏、智能决策等领域有广泛应用。

知识表示与推理（knowledge representation and reasoning，KRAR）：研究如何将知识编码并存储，使机器能够进行逻辑推理。KRAR 是实现智能决策和问题解决的关键技术。

这些技术和方法共同构成了人工智能的生态系统，推动了人工智能在各个领域的广泛应用和发展。

1.4.2　人工智能的起源与发展

1. 人工智能的起源和图灵测试

人工智能的概念起源于 20 世纪 40 年代。1943 年，沃伦·麦卡洛克和沃尔特·皮茨提出了第一个人工神经元模型，开启了人工神经网络的研究。1950 年，艾伦·图灵发表论文《计算机与智能》，提出了著名的图灵测试，成为衡量机器智能的重要标准。图灵测试中，人类与机器通过文字进行交互，如果人类无法区分对方是机器还是人类，则认为机器通过了图灵测试。图灵测试至今仍是人工智能领域的重要参考。

2. 人工智能发展的三次浪潮

回首过去，人们会发现人工智能的历史并非坦途。人工智能的发展历程如图 1-21 所示，可以看到 3 次汹涌的发展浪潮背后，掩藏着 2 次低谷。这并不是偶然，而是人工智能发展的必经之路。

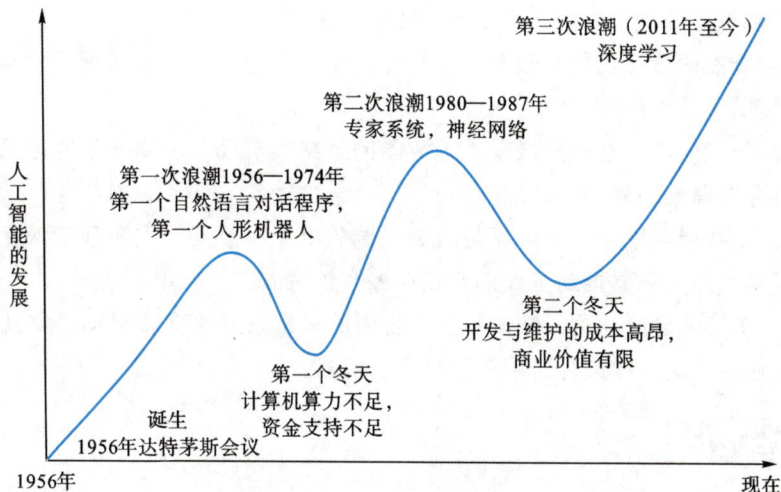

图 1-21　人工智能发展历程

第一次浪潮(1956—1974)：1956 年，约翰·麦卡锡在达特茅斯会议上首次提出了"人工智能"这一术语，并将其定义为一门研究如何让机器模拟人类智能行为的学科。

这次会议被认为是人工智能学科正式诞生的标志。这一时期出现了多个重要的技术突破，1957年弗兰克·罗森布拉特开发的感知机是最早的人工神经网络之一，1966年约瑟夫·韦森鲍姆开发的 ELIZA 聊天机器人，展示了自然语言处理的潜力。1970年以后，由于技术瓶颈和预期过高，AI研究进入第一次寒冬。

第二次浪潮（1980—1987）：20世纪80年代，专家系统在多个领域得到广泛应用。这一时期，机器学习和大规模神经网络的训练成为可能。1982年，霍普菲尔德和杰弗里·辛顿发现了具有学习能力的神经网络算法，推动了神经网络的发展。尽管专家系统在特定领域取得了成功，但由于系统可扩展性差、升级困难、维护成本高昂，AI研究再次陷入低潮。

第三次浪潮（2011年至今）：2011年深度学习在图像识别、语音识别、自然语言处理等领域取得了显著进展，深度学习技术的突破标志着 AI 进入全新的发展阶段。大数据、计算能力和算法的进步使 AI 技术迅速普及。

从技术发展角度来看，前两次浪潮中人工智能的逻辑推理能力持续增强，运算智能逐渐成熟，智能能力由运算向感知方向拓展。目前，语音识别、语音合成、机器翻译等感知技术的能力已经接近人类智能水平。关于人工智能的未来，最令人兴奋的是，它将不断变得更加善于理解和回应我们人类。

3. 人工智能的五个发展阶段

人工智能的发展通常被划分为多个阶段，这些阶段反映了人工智能从理论探索到实际应用，再到追求更高级智能的逐步发展过程。以下是对人工智能发展的五个主要阶段的概述。

（1）计算智能阶段。这一阶段是人工智能的萌芽期，主要基于早期的计算机技术进行逻辑推理和符号处理，奠定了人工智能的基础。

（2）感知智能阶段。这一阶段是人工智能的第一次浪潮，初步实现了机器对简单感知任务的处理。

（3）认知智能阶段。这一阶段是人工智能的第二次浪潮，主要基于专家系统和知识工程，使机器能够处理复杂的认知任务。

（4）弱人工智能阶段。这一阶段是人工智能的第三次浪潮，主要基于深度学习和大数据。深度学习和大数据推动了人工智能在多个领域的广泛应用。

（5）强人工智能阶段。这一阶段是人工智能的未来发展方向，目标是实现通用人工智能，即能够像人类一样进行通用智能活动的机器。

本章总结

本章首先介绍了计算机发展的历程、特点、分类和应用；其次，通过对计算机硬件和软件的讲解，帮助读者掌握计算机的系统结构；接着，通过对数制的介绍，帮助读者理解计算机中数据的表示和存储形式；最后，介绍了人工智能的概念、起源与发展，以及常见的技术和方法。

综合实训

⭐ 计算机基本操作

一、实训目的

(1)认识计算机硬件。

(2)认识键盘。

(3)掌握 Windows 启动与退出。

(4)掌握文件夹及文件的建立、复制、搜索、移动和删除等方法。

(5)掌握应用程序的添加、删除和快捷方式的建立。

二、实训内容

(1)认识计算机内外硬件设备名称及作用。

(2)利用键盘输入各种字符及中英文输入法切换。

(3)启动 Windows 及退出。

(4)练习文件夹及文件的建立、复制、搜索、移动和删除操作。

三、实训步骤

1. 写出计算机内外硬件设备的作用

(1)CPU：

(2)存储器

　　内存：

　　外存：

(3)主板：

(4)键盘：

(5)鼠标：

(6)显示器：

(7)打印机：

2. 启动 Windows

打开安装了 Windows 系统的计算机。

3. 创建文件和文件夹

(1)在"E"盘中建立文件夹"test1"

(2)在"test1"文件夹中建立文件夹"test2"和文本文件"test3. txt"

4. 利用键盘输入字符

(1)输入小写字母：welcome

(2)输入大写字母：WELCOME

(3)输入数字：0123456789

（4）输入特殊字符：@＃￥％＆＊

（5）输入中文及标点：你好，新世界！

5. 退出 Windows

关闭计算机。

课后练习题

一、选择题

1. 世界上第一台通用电子计算机诞生于（　　）。

　　A. 20 世纪 40 年代　　　　　　　　B. 19 世纪

　　C. 20 世纪 80 年代　　　　　　　　D. 1950 年

2. 下列选项中最能准确描述计算机的主要功能的是（　　）。

　　A. 计算机可以代替人的脑力劳动　　B. 计算机可以存储大量信息

　　C. 计算机是一种信息处理机　　　　D. 计算机可以实现高速度的计算

3. 微型计算机的性能指标主要取决于（　　）。

　　A. RAM　　　　　B. CPU　　　　　C. 显示器　　　　D. 硬盘

4. 硬盘是计算机的（　　）。

　　A. 中央处理器　　B. 内存储器　　　C. 外存储器　　　D. 控制器

5. 存储器容量的基本单位是（　　）。

　　A. 字位　　　　　B. 字节　　　　　C. 字码　　　　　D. 字长

二、简答题

（1）简述计算机的发展史。

（2）计算机的特点是什么？

（3）完成下列进制转换：

　　$(1023)_{10} = ($　　　　　　　$)_2$

　　$(101101001)_2 = ($　　　　　　　$)_{10}$

（4）什么是人工智能？

（5）简述人工智能发展的三次浪潮。

第2章

操作系统与人工智能操作系统

本章导读

操作系统是计算机系统的核心，承担着管理硬件资源、协调程序运行、提供用户交互等功能。本章深入探索操作系统的核心功能与实现原理，同时聚焦于人工智能技术与操作系统的深度融合，揭示 AI 如何赋能新一代操作系统，并推动国产化技术生态的突破。

知识目标

❖ 了解和掌握操作系统的核心功能。

❖ 了解操作系统和 AI 操作系统的发展历史、分类和实现原理。

❖ 熟悉 Windows11 操作系统的基本功能和简单的操作。

❖ 了解人工智能操作系统的应用，了解常见的国产人工智能操作系统。

能力目标

❖ 掌握计算机操作系统的原理并熟练运用 Windows11 操作系统。

❖ 掌握 Windows11 操作系统对硬件资源的管理方法。

❖ 理解操作系统的用户接口和交互方式。

❖ 能够安装、配置 Windows11 操作系统，进行简单故障的排查。

素质目标

❖ 培养严谨的逻辑思维和系统分析能力。

❖ 提升创新意识和实践能力。

❖ 培养运用 AI 技术解决实际问题的能力。

❖ 认识核心技术自主可控的重要性，激发科技报国的使命感。

2.1 操作系统概述

操作系统(operating system，OS)是管理计算机硬件与软件资源的系统软件，负责处理诸如处理器管理、文件管理、存储管理、设备控制等任务，并为应用程序提供运行环境，是计算机与应用程序及用户之间的"桥梁"。

2.1.1 操作系统的功能

1. 处理器管理

处理器管理包括进程控制、线程管理和调度等。进程控制是指对正在运行的进程进行管理和控制，包括进程的创建、撤销、同步和通信等。线程管理和调度则是在设置有线程的操作系统中，为一个进程创建若干个线程，合理调用运算资源以提高系统的并发性。

2. 文件管理

文件管理是指操作系统对各类信息资源(如文件、程序库等)进行逻辑和物理组织，实现从逻辑文件到物理文件之间的转换，进而实现对计算机系统中信息资源的管理。在操作系统中，负责存取和管理信息的部分称为文件系统，文件系统通常支持文件的存储、检索和修改等操作，并具备文件保护的功能。

3. 存储管理

存储管理是对存储空间的管理，主要指对内存的管理，其任务是分配内存空间，保证各作业占用的存储空间不发生矛盾。现代操作系统大多为多任务操作系统，多个进程需要同时占用内存资源，内存管理模块的核心作用就在于为这些进程分配独立的内存资源，使它们互不影响、和谐共存。

4. 设备控制

设备控制指通过控制内核与外围设备的数据交换，实现对设备的管理，包括设备的分配、初始化、维护与回收等。设备分配功能是设备管理的基本功能，主要任务包括按照一定的策略为申请设备的用户程序分配设备、记录设备的使用情况等。设备软件运行期间，操作系统的设备控制程序必须将该软件对逻辑设备的引用转换成对设备实体的引用。

5. 作业管理

作业管理模块的任务是为用户提供一个使用系统的良好环境，使用户能有效地组织自己的工作流程。每个用户请求计算机系统完成的一个独立的操作称为作业。作业管理包括作业的输入和输出、作业的调度与控制等。

此外，操作系统还提供用户界面，使用户可以通过操作系统与计算机进行交互、运行程序、访问文件等；提供网络功能，使计算机可以连接互联网，并进行网络通信。

操作系统的这些功能确保了计算机系统的高效运行和资源的有效利用，为用户和其他软件提供了方便、高效的工作环境。

2.1.2　操作系统的分类

1. 按用户数分类

操作系统按支持的用户数量分类，可分为单用户操作系统和多用户操作系统。

单用户操作系统：在同一时间内只允许一个用户使用计算机的操作系统。

多用户操作系统：允许多个用户同时使用计算机的操作系统。

2. 按照使用环境分类

操作系统按使用环境分类，可分为桌面操作系统、服务器操作系统、移动操作系统、嵌入式操作系统。

桌面操作系统：为个人计算机设计的操作系统，主要用于个人用户和办公室环境，提供图形用户界面和丰富的应用程序支持。如 Windows、macOS、Linux 等。

服务器操作系统：专为管理服务器硬件资源、提供网络服务和运行大型应用程序而设计的操作系统，通常强调稳定性、安全性和并发处理能力。如 Windows Server、Ubuntu Server、Unix 等。

移动操作系统：为智能手机、平板电脑和其他移动设备设计的操作系统，通常优化了触摸屏界面和低功耗性能。如 Android、iOS、Harmony OS 等。

嵌入式操作系统：用于控制嵌入式设备的操作系统，这类操作系统通常对资源要求较低，并且非常专注于特定任务。如物联网设备控制系统、智能家电控制系统、工业控制系统等。

3. 按功能特征分类

操作系统根据功能及作业处理方式分类，可以分为批处理操作系统、分时操作系统、实时操作系统和网络操作系统。

批处理操作系统：能通过批量处理提高资源利用率和系统吞吐量的操作系统。其处理方式是系统管理员将用户的作业组合成一批作业，输入计算机，形成一个连续的作业流，系统自动依次处理每个作业，再由管理员将作业结果交给对应的用户。

分时操作系统：可以通过分时响应实现多个用户共用一台主机的操作系统。用户通过自己的终端向主机发送作业请求，系统在相应的时间内响应请求并反馈响应结果，用户再根据反馈信息提出下一步请求，这样重复会话过程，直至完成作业。因为计算机处理的速度快，给用户的感觉像是在独占计算机。

实时操作系统：能实时响应外部事件的请求，在规定的时间内处理作业，并控制所有实时设备和实时任务协调一致工作的操作系统。实时操用系统追求的是在严格的时间控制范围内响应请求，具有高可靠性和完整性。

网络操作系统：向网络计算机提供服务的一种特殊操作系统，借助网络来达到传递数据与信息的目的，一般由服务端和客户端组成。服务端控制各种资源和网络设备，并加以管控。客户端接收服务端传送的信息来实现功能的运用。

2.1.3 AI 操作系统

AI 操作系统(artificial intelligence operating system，简称 AIOS)是一种专门为人工智能应用设计和优化的操作系统。它旨在高效管理 AI 相关的硬件资源(如 GPU、TPU 等)和软件任务(如机器学习模型训练、推理、数据处理等)，同时提供开发、部署和运行 AI 应用的全栈支持。

与传统操作系统只靠预定义算法管理硬件和软件资源不同，AI 操作系统在系统中引入 AI 模型或智能代理，使操作系统具备学习、自适应和推理能力，能根据用户行为和环境数据不断调整优化，如预测资源需求、智能调度进程，以及提供自然语言的人机交互等。

随着 AI 从实验室走向规模化应用，操作系统正在从单纯的计算资源管理者转变为智能生态的核心使能平台。AI 操作系统的应用场景几乎遍及所有需要 AI 赋能的领域，从自动驾驶、智能家居、医疗到工业制造，都可以看到 AI 操作系统的身影或潜力。它为各行业搭建了一个承载智能的底层平台，让 AI 不再是附加组件，而成为系统运行的内在驱动力。

2.2 Windows 操作系统介绍

Windows 操作系统是由微软公司开发的操作系统，被广泛应用于计算机和平板电脑等设备，适用于各种场景和需求的用户。从 1985 年发布的 Windows 1.0 到 2021 年亮相的 Windows 11，在近 36 年的时间里，Windows 系统不断革新，让电脑变成功能强大且普及的生产力工具。本节将介绍 Windows 操作系统的发展历程，并以 Windows11 为例介绍该系统的使用方法。

2.2.1 Windows 操作系统的发展历程

从 MS-DOS 到 Windows11，Windows 系统的发展充满了创新与变革。

MS-DOS(1981 年)：命令行操作，需记忆大量指令，用户友好性低。

Windows1.0(1985 年)：首次引入图形界面，支持窗口、鼠标操作，但因性能问题未普及。

Windows2.0/3.0(1987—1990 年)：优化了界面与稳定性，支持多任务和图形化应用，Windows3.0 成为行业标准。

WindowsME/2000/XP(2000—2001 年)：WindowsME 表现不佳；Windows2000 被誉为迄今最稳定的操作系统；WindowsXP 以美观界面、强兼容性广受欢迎。

WindowsVista～Windows10(2007—2015 年)：WindowsVista 界面革新但问题多；

Windows7 修复了性能,提高了性能和用户体验;Windows8 引入了面向触控操作的 Metro 界面,为触摸屏设备提供了更好的用户体验;Windows10 平衡了功能与体验,具备更高的性能和更好的兼容性,同时加入了许多云服务功能。

Windows11(2021 年):采用全新现代化的半透明界面设计,搭载 DirectX 12 Ultimate 图形技术,原生支持光追显卡,以及 HDR 显示器和可变刷新率,能更加充分地利用计算资源;通过 TPM2.0 模块实现硬件隔离与全盘加密,有效抵御黑客和勒索软件的威胁;强化的语音输入和触控设计进一步增强了用户工作、学习、创作的效率。

2.2.2 Windows 操作系统的安装

在安装 Windows 操作系统之前,先要了解操作系统的版本信息,检查计算机是否满足安装要求,图 2-1 所示为安装 Windows11 系统所需的最低配置要求。

处理器:	1 GHz 或更快的支持 64 位的处理器(双核或多核)或系统单芯片 (SoC)。	TPM:	受信任的平台模块 (TPM) 2.0 版本。请在此处查看关于如何启用电脑以满足这一要求的说明。
内存:	4 GB RAM。	显卡:	支持 DirectX 12 或更高版本,支持 WDDM 2.0 驱动程序。
存储:	64 GB 或更大的存储设备。	显示屏分辨率:	对角线长大于 9 英寸的高清 (720p) 显示屏,每个颜色通道为 8 位。
系统固件:	支持 UEFI 安全启动。请在此处查看关于如何启用电脑以满足这一要求的说明。	Internet 连接:	设置供个人使用的 Windows 11 家庭版和 Windows 11 专业版需要 Microsoft 帐户和 Internet 连接。

图 2-1 Windows11 系统安装的硬件要求

当确认计算机符合 Windows11 的系统需求之后,就可以开始下载安装文件了。访问 Windows11 的官方网站,下载安装媒体创建工具,打开该工具,选择"现在安装",进入安装向导界面,根据向导的提示完成安装过程即可。

Windows11 提供以下七个版本:家庭版、专业版、专业版工作站、专业教育版、教育版、企业版、SE 版。其中家庭版主要面向大部分的普通用户;专业版主要面向中小型企业用户,也推荐普通用户使用;企业版主要面向大中型企业用户;教育版主要面向学校或教育机构供行政人员、教师和学生使用。各个版本的系统都有其独特的定位和优势。在选择时,应该根据自己的使用场景、安全需求、管理需求以及预算来决定。

2.2.3 系统桌面设置与个性化

Windows11 操作系统启动成功后,屏幕上显示的画面就是桌面,桌面上放置了不同的桌面图标,如图 2-2 所示。位于桌面最底部的长条区域是任务栏,用于显示"开始"按钮、搜索栏、系统正在运行的程序图标等。用户可以根据个人喜好对桌面背景和桌面图标进行设置,具体操作步骤为:在 Windows 桌面点击鼠标右键→点击"个性化"按钮,打开"个性化"界面→在"个性化"界面设置背景、颜色、主题等。

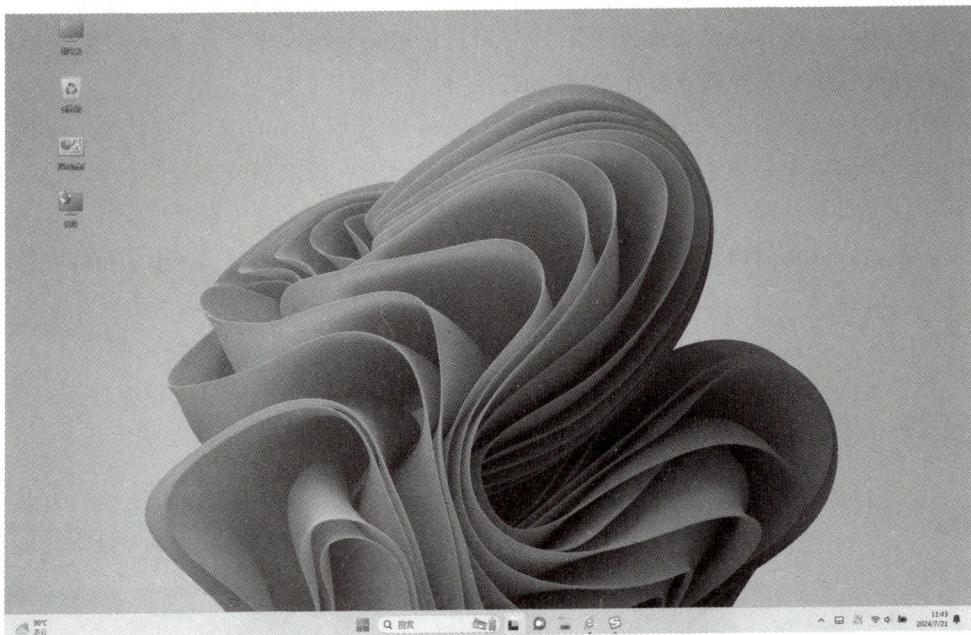

图 2-2 Windows11 系统桌面

Windows11 的多桌面功能，可以让用户在同一台电脑上创建多个独立的虚拟桌面。用户可以将不同类型的任务和内容分别放在不同的桌面上，实现高效的分类和整理。具体操作步骤为：按下键盘上的 Win+Tab 快捷键，进入"任务视图"界面→单击"新建桌面"按钮，如图 2-3 所示，即可创建一个新的虚拟桌面。

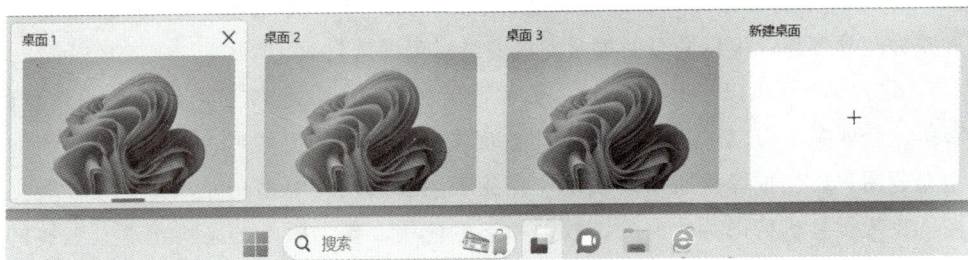

图 2-3 新建桌面

如果想要删除某个桌面，只需要将鼠标悬停在该桌面的缩略图上，然后点击出现的"×"(关闭)按钮即可。

2.2.4 文件管理

在 Windows 系统中，文件和文件夹(或称为"目录")是存储和组织数据的基本单元。一个简单的文件和文件夹结构示例如图 2-4 所示。

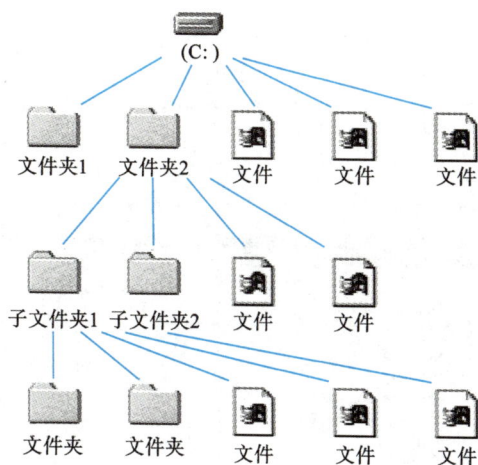

图 2-4 Windows11 文件和文件夹结构图

　　文件是计算机中存储信息的基本单位，它是一个有名称的、在逻辑上具有完整意义的信息集合。文件可以包含各种类型的数据，如文本、图像、音频、视频、程序代码等。文件通过其文件名进行标识，并且往往有一个文件扩展名来指示文件的类型（例如，".txt"表示文本文件，".jpg"表示图片文件，".exe"表示可执行程序）。

　　文件夹可以看作是用来组织和管理文件的容器，可用于存放文件和其他文件夹（即子文件夹）。

　　用户可以对文件和文件夹进行创建、更名、移动、复制、删除、搜索等基本操作，还可以进行调整图标大小、排序、压缩/解压、显示/隐藏文件等操作。

2.2.5 系统设置

1. 声音设置

　　(1)设置个性化声音。具体操作步骤为：在 Windows 桌面点击鼠标右键→点击"个性化"按钮，打开"个性化"界面→点击"主题"按钮，打开"主题"窗口，如图 2-5 所示→点击"声音"按钮，打开"声音"对话框，如图 2-6 所示，在"声音"对话框中，即可个性化设置不同场景的系统声音。

图 2-5 "主题"选项卡

图 2-6 "声音"选项卡

（2）设置音量。具体操作步骤为：在任务栏右侧的扬声器图标上单击鼠标右键→在弹出的快捷菜单中选择"打开音量合成器"命令→在弹出的"音量合成器"窗口中，用鼠标调节各个滑块的位置，就可以为不同的应用程序设置不同的音量了，如图 2-7 所示。

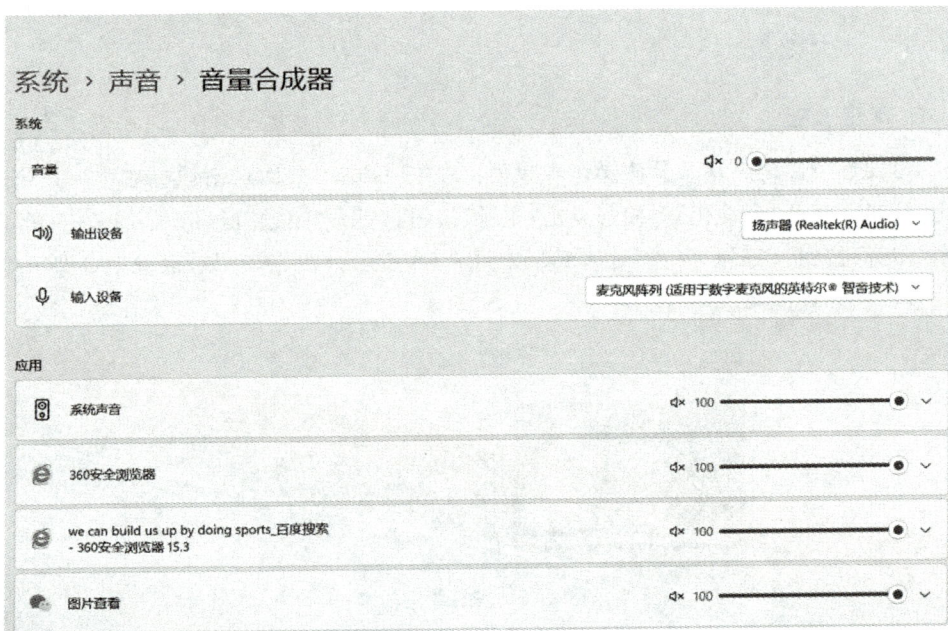

图 2-7 声音合成器高级设置

2. 网络设置

(1)光纤宽带上网。携带有效证件，到受理宽带业务的当地宽带服务商营业厅或登录当地宽带服务商网站申请宽带业务后，当地服务商的工作人员会上门安装光 Modem(俗称光猫)并做好上网设置。用网线连接电脑主机与光 Modem 后，启动电脑，进行如下设置，为电脑拨号联网。在任务栏中的"网络"按钮上单击鼠标右键，选择"网络和Internet 设置"选项→在弹出"网络和 Internet"设置界面，选择"拨号"选项→单击"宽带连接"下的"连接"按钮，弹出"Windows 安全中心"对话框→在"用户名"和"密码"文本框中输入服务商提供的用户名和密码，单击"确定"按钮→返回网络连接界面，即可看到"网络和Internet"设置界面中的"已连接"字样，此时，可以打开网页测试网络是否连接成功。

(2)小区宽带上网。携带有效证件和本机的物理地址到负责小区宽带的服务商处申请宽带业务后，服务商会安排工作人员上门安装宽带接口。如果服务商提供上网的用户名和密码，用户只需将服务商接入的网线连接到电脑上，在"网络和 Internet"设置界面，选择"宽带"选项，在弹出的"登录"对话框中，输入用户名和密码，即可连接上网。如果服务商提供 IP 地址、子网掩码及 DNS 服务器，用户需要在本地连接中设置Internet(TCP/IP)协议，具体步骤为：用网线连接电脑的以太网接口和小区宽带接口→在"网络和 Internet"界面，选择"以太网"选项→在打开的界面中编辑 IP 设置，输入供应商分配的 IP 地址等信息，单击"确定"按钮即可。

(3)无线网络上网。在"网络和 Internet"界面，选择"WLAN"选项，确保 WLAN开关已打开→单击"显示可用网络"，在可用的无线网络列表中，选择想要连接的网络，点击"连接"按钮→在弹出的对话框中输入正确的密码即可。

3. 帐户设置

首次安装 Windows11 时，系统会自动创建一个名为"administrator"的管理员帐户。这个帐户拥有系统的最高权限，能够执行几乎所有的操作。在系统搜索栏输入"控制面板"，打开"控制面板"对话框，如图 2-8 所示。

图 2-8　"控制面板"对话框

点击"用户帐户"，在打开的"用户帐户"界面中可以查看本电脑用户和用户组信息，进行添加/删除用户、设置帐户密码、更改帐户的管理员权限等操作。

2.2.6 应用软件的安装与卸载

在使用计算机的过程中，计算机系统自带的软件有时并不能满足用户的需求，这时用户可以自行下载安装合适的软件，当不再使用时，可以卸载该软件。下面以 WPS Office 2021 软件为例介绍在 Windows 系统中安装与卸载软件的一般操作。

1. 软件的安装

到软件官网或应用商店下载对应系统和适用版本的安装包。下载完成后，找到安装包所在的位置，选中该文件，单击鼠标右键，在打开的对话框中选择"以管理员身份运行"，如图 2-9 所示。

图 2-9 "以管理员身份运行"选项

当程序开始运行，会打开如图 2-10 所示安装向导，用户可以更改安装位置，根据向导提示进行部分安装设置，然后点击"立即安装"按钮，等待安装完成即可。

图 2-10 安装"WPS Office"程序

2. 软件的卸载

打开"控制面板"，点击"卸载程序"，选中想要卸载的软件，单击鼠标右键，选择"卸载"即可，如图 2-11 所示。

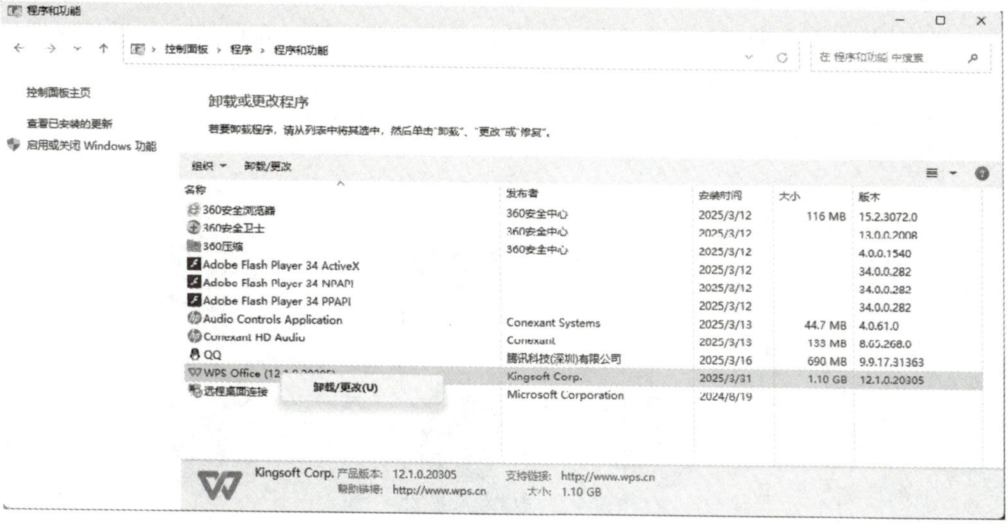

图 2-11　卸载"WPS Office"程序

2.2.7　Windows11 系统的 AI 功能

AIPC(artificial intelligence personal computer，人工智能个人计算机)的概念已经深入人心，作为底层硬件和顶层应用的中间桥梁，操作系统在实现 AIPC 中的作用无疑是至关重要的，微软正基于最新的 Windows11 系统，结合最新处理器，设计了诸多全新的 AI 功能，如 Recall(回顾)、Click to Do(单机以执行)、Windows Studio Effects(工作室效果)、增强搜索、照片超分、实时字幕，等等。其中有些功能已经落地，有些还在开发之中，相信未来还会推出更多类似的功能。

2.3　分布式操作系统

分布式操作系统作为一种具有广阔应用前景的计算机技术，通过将计算任务分散到多个节点上进行处理，有效地提高资源利用率、系统的扩展性和可靠性。随着大数据和人工智能领域的发展对高性能、高可用和可扩展的计算系统的需求日益旺盛，分布式操作系统无疑将成为未来计算机系统发展的重要方向。

2.3.1　分布式操作系统的定义和结构

分布式操作系统是一种特殊的操作系统，本质上属于多机操作系统，是传统单机操作系统的发展和延伸。它可以将一个计算机系统划分为多个独立的计算单元(也可称为节点)，将这些计算单元部署到每台计算机上，然后用网络连接起来，使每个计算机既可以独立地像单机操作系统一样执行本地的计算任务，也可以组合起来，以分布协同的并行方式，执行大规模的计算任务。

基础的分布式操作系统的结构如图 2-12 所示。其中第一层（接入层）用来直接对接用户，负责用户业务处理的分发和用户连接的负载均衡；第二层（逻辑层）用于处理系统不同业务的计算，将不同的业务划分到不同的计算集群当中；第三层（数据层）用于完成数据的存储和提取，通过离散化的存储方式，提高数据写入、读取、检索的速度。

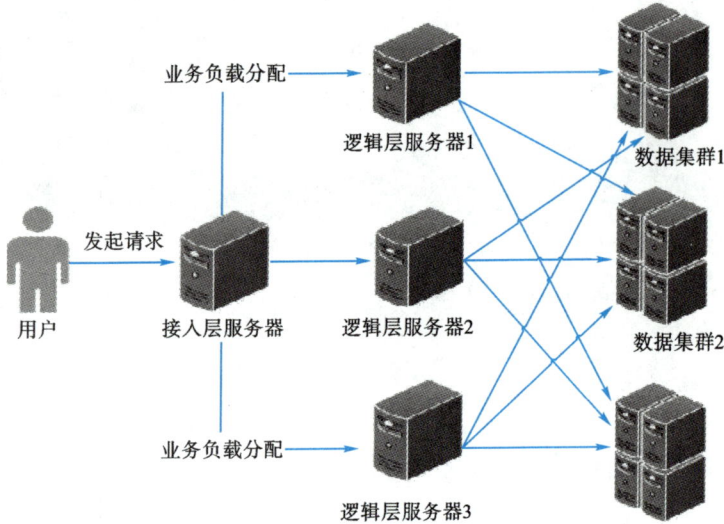

图 2-12　分布式操作系统三层结构图

2.3.2　分布式操作系统与传统操作系统的区别

1. 结构差异

传统操作系统是为单台计算机设计的。无论是桌面系统还是服务器操作系统，它们的运行环境都是一个有限的、封闭的硬件系统，操作系统通过内核与硬件进行交互，独立完成硬件控制和资源分配。

分布式操作系统则是为多台计算机协同工作而设计。它允许多个物理节点通过网络连接组成一个逻辑上的系统，这些节点可能地理上分散，但从用户角度看，这些节点协同工作，表现为一个统一的系统。

2. 资源管理

传统操作系统中的资源管理指的是对 CPU、内存、存储设备以及 I/O 设备的管理。资源是单一的、集中式的，系统在本地调度这些资源，使其能高效地为应用程序提供服务。

分布式操作系统的资源管理则更为复杂。它需要考虑网络通信、远程节点的资源利用情况以及如何在多个节点之间平衡负载。分布式系统中的资源不再是本地的，而是分布式的。系统不仅需要管理本地资源，还需要管理远程资源，并在整个系统中有效地调度它们。

3. 进程调度与通信

传统操作系统的进程调度是在单个 CPU 上完成的。操作系统为每个进程分配时间片，通过上下文切换实现多任务运行。而进程间的通信通常依赖于本地的共享内存、信号或管道。

分布式操作系统的进程调度涉及多个节点的 CPU，因此它的调度不仅需要考虑本地进程的优先级，还要考虑整个系统的负载平衡。在一个分布式系统中，某一台计算机的资源使用率可能已经接近饱和，而另一台计算机可能处于空闲状态，分布式操作系统可以将任务迁移到空闲的节点，从而更好地利用整个系统的计算能力。分布式系统中的进程间通信依赖于网络，因为进程可能位于不同的物理节点上。

4. 容错与冗余

在传统操作系统中，故障通常是系统级别的，即如果硬件故障或系统崩溃，整个操作系统和上面的应用程序都会受到影响。

分布式操作系统则引入了容错机制，它通过冗余技术来确保系统的高可用性。由于资源分布在多个节点上，即使一个节点发生故障，其他节点也可以继续工作，从而保持系统的稳定性。这种冗余不仅仅体现在硬件层面，还包括数据的冗余存储和任务的冗余执行。Hadoop 的 MapReduce 框架是一个很好的例子。MapReduce 将数据分块存储在多个节点上，当某个节点出现故障时，其他节点上保留的数据副本可以被调用来重建丢失的数据。这种设计确保了即使在大规模分布式环境下，单个节点的故障不会影响整体系统的正常运行。

5. 安全性与一致性

传统操作系统的安全模型通常依赖于本地用户认证、权限管理和防火墙等技术。由于所有资源都是本地的，系统的安全边界相对清晰，用户可以通过进程隔离、用户权限控制等手段来保护系统安全。

分布式操作系统的安全性要复杂得多，因为它需要跨越多个节点，并且可能面临更广泛的网络攻击面。系统必须提供分布式的身份认证、数据加密以及节点之间的信任机制。

2.3.3　分布式操作系统的使用场景

分布式操作系统通常用于处理分布式事务。分布式事务是指在多个不同的服务或系统中执行的事务，涉及多个数据库或资源的协调，以确保所有的操作都要么全部成功，要么全部失败，保证数据的一致性。分布式事务主要出现在微服务架构、跨数据库的操作，以及涉及多个第三方系统的业务流程中。

1. 微服务架构

在微服务架构中，业务逻辑通常分布在多个服务中，一个业务操作需要在多个微服务中执行不同的操作。例如，电商系统的订单服务、库存服务、支付服务需要协调操作，创建订单、扣减库存、处理支付等跨多个服务的操作中，如果一个服务操作成功而另一个服务操作失败，可能导致数据不一致。

2. 跨数据库的操作

在一些场景中，应用可能需要对多个数据库（甚至是不同类型的数据库）进行操作。在企业级系统中，订单信息存储在 MySQL 数据库中，而财务信息存储在 Oracle 数据库中，订单创建和支付处理需要操作两个数据库。在这种场景下，如果一个数据库操作成功，另一个失败，则会产生数据不一致问题。

3. 第三方系统集成

某些场景下，系统需要与第三方系统进行交互。例如，银行转账系统需要协调银行 A 和银行 B 的操作，确保资金转出和转入的操作一致；电商平台集成第三方支付平台时，涉及订单创建与支付确认等分布式事务。

2.4　结合人工智能的操作系统

从传统操作系统到 AI 操作系统的进步关系到整个信息技术生态和产业链的发展。我国的 AI 操作系统技术在关键领域取得了显著进展，在实际应用中，将使得用户能够在办公、交通和医疗等场景中，释放更多的生产力与创造力。

2.4.1　华为鸿蒙 Harmony OS NEXT

2019 年 8 月，华为于开发者大会上隆重推出 Harmony OS 1.0，这标志着中国自主研发的操作系统正式问世。

2020 年，Harmony OS 升级至 2.0 版本，覆盖范围进一步扩展至手机、平板、车机等众多设备，同时开源核心架构，积极吸引开发者共同构建生态系统，但由于适配的 APP 数量有限，各方面仍需完善，难以满足用户的日常使用需求。

2022 年，Harmony OS 3.0 版本发布，增加了分布式能力并优化了性能，同时加强了隐私安全保护，强化了分布式能力，包括多设备共享和超级终端扩展等功能。

2023 年，Harmony OS 4.0 版本发布，引入了 AI 大模型技术，并且搭载设备数量突破 7 亿大关，成为全球增长最快的操作系统。

2024 年，Harmony OS NEXT 移除安卓代码，仅支持鸿蒙原生应用，这标志着鸿蒙系统正式迈入完全自主发展的新阶段。

放弃安卓框架之后，Harmony OS NEXT 成为真正独立于安卓、iOS 的操作系统。它采用了全新的端云垂直整合的系统架构，并延续了跨端系统应用特性，手机、平板和智能屏等都能共享一个系统，实现一次开发、多端部署。在其众多新特性中，原生智能无疑是最能带给用户直观感受和体验升级的新特性之一，如图 2-13 所示。

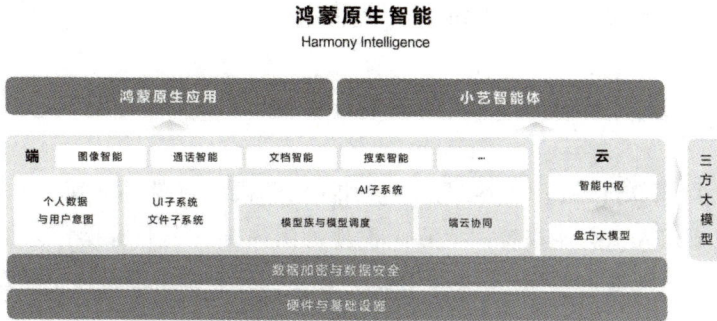

图 2 - 13　Harmony OS NEXT 系统原生智能应用

　　基于 Harmony OS NEXT，在新一代盘古大模型 5.0 加持下，推出小艺智能体。小艺智能体可以与手机屏幕底部导航条融为一体，随时支持召唤。只需将文字、图片、文档"投喂"给小艺，即可便捷高效地处理文字、识别图像、分析文档。比如，将文档拖曳至底部小艺，就能快速形成摘要。并且还能与小艺互动，获取内容的细节信息，如图 2-14 所示。

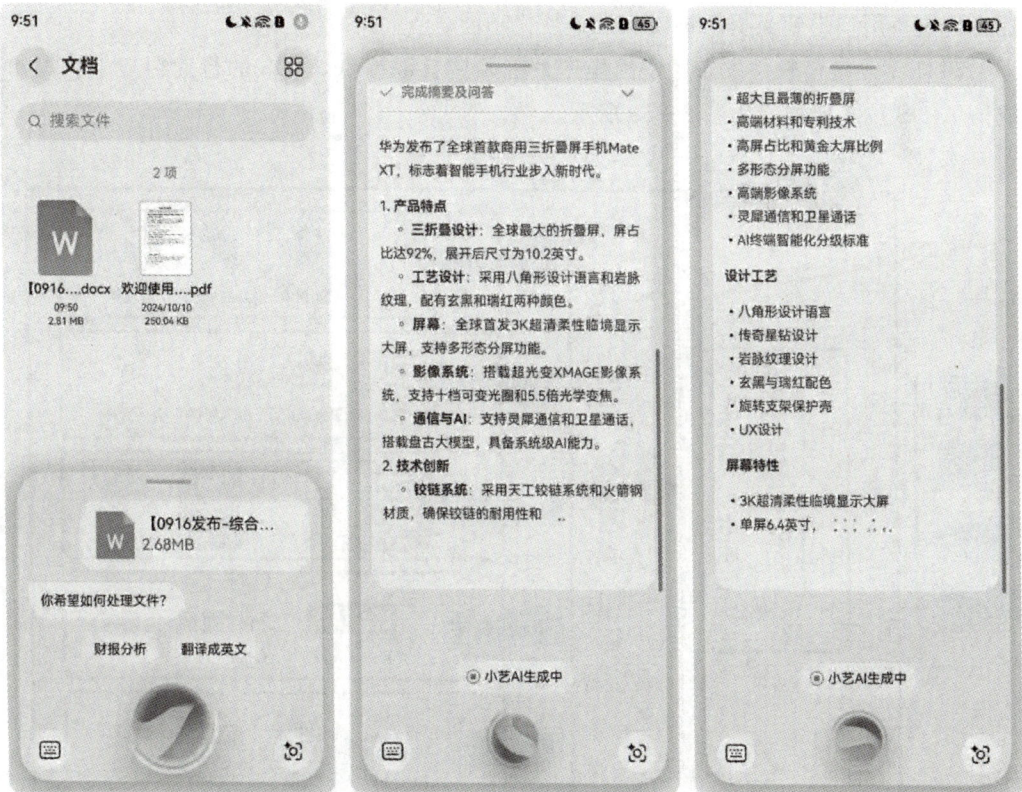

图 2 - 14　Harmony OS NEXT 小艺智能体

随着 5G、人工智能、物联网等新兴技术的不断融合与演进，Harmony OS NEXT 有望成为全球领先的智能操作系统品牌，为全球用户带来更加智能、便捷、安全的数字生活体验。

2.4.2 统信 UOS AI

2023 年，统信软件推出 UOS AI 1.0，针对云侧模型与端侧模型、办公场景及生活场景打造了生成式人工智能系统，树立了世界范围内第一个开源操作系统与人工智能融合的标杆。随后又推出 UOS AI 2.0 系统，在异构计算、云端一体、模型优化、交互融合等方面大展身手，带来了更多原生 AI 的功能和场景。

（1）智能全局搜索。智能全局搜索支持三大核心能力，包括自然语言搜索、图片内容搜索、文档内容搜索，可实现"一键搜索，一键直达"的便捷体验。

（2）智能办公辅助。例如，在邮箱场景下 UOS AI 可根据邮件主题生成内容以供参考、写好邮件后辅助总结邮件主题、检查书写的规范性、智能化排版等，大大提升用户的工作效率和品质。

（3）浏览器 AI。目前，浏览器 AI 有三大亮点功能：为用户提供基于大模型的问答聊天服务；在网页内提供 AI 快捷浮窗，支持 AI 翻译、AI 总结、AI 改写等内容处理能力；支持用户自定义提示词以实现个性化功能。

2024 年，统信软件发布了中国操作系统领域首部聚焦 AIOS 的行业白皮书，提出统信 AIOS 技术架构，如图 2-15 所示。

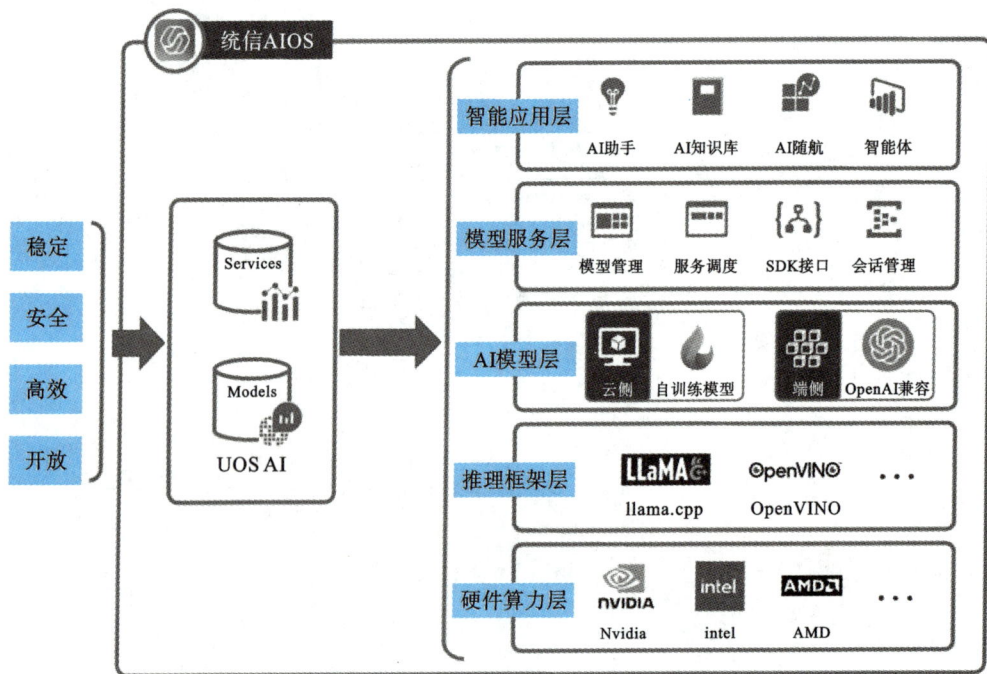

图 2-15　统信 AIOS 技术架构

该架构从硬件算力层，到推理框架层、AI 模型层、模型服务层、智能应用层五个方面对 AIOS 技术的基础研发和应用落地进行了总体性设计。

2.4.3　银河麒麟 AIPC

银河麒麟 AIPC，是银河麒麟团队在多年操作系统研发经验的基础上，结合人工智能技术的最新进展，精心打造的一款面向未来的操作系统。它不仅继承了银河麒麟操作系统在稳定性、安全性、兼容性等方面的卓越表现，更通过深度集成 AI 算法与工具，实现了计算与智能的深度融合，为用户提供了更加智能、高效、个性化的计算体验。

（1）AI 助手。AI 助手是基于多种端侧和云端模型混合调度的应用程序，支持百度 ERNIE‐Bot‐4、讯飞 Spark Max、DeepSeek 等主流大模型，提供知识问答、文本扩写、文本润色、整理周报、内容校对、总结概括、会议助手、智能划词等多种 AI 功能。

（2）记忆地图。以时间轴的形式，记录用户使用系统过程中的窗口截图（文件管理器、浏览器等应用），协助用户快速回溯操作历史。

（3）数据管家。一款专门设计的智能数据管理应用，借助 AI 子系统提供的能力，通过关键词搜索或发送自然语言指令搜索，对系统内的文件映射进行整合并创建空间，便于用户基于关键词的文件收集和整理。

（4）智能模糊搜索。支持本地文件、文本内容、应用、设置项、便签等聚合搜索功能的同时，深度融合 AI 能力，支持对图片和文件内容进行识别与检索。无需关键词匹配，即可通过文字描述实现数据的快速定位。

（5）麒麟速记。支持语音录入和多类型文本记录条目，能根据记录内容自动关联关键词或添加标签，便于检索和管理，采用先进的加密技术，确保记录信息安全可靠。

银河麒麟深知生态对于操作系统的重要性，因此 AIPC AI 操作系统自发布之日起，就致力于构建一个开放、共赢的生态系统。通过提供丰富的开发工具、API 接口以及全面的开发者支持计划，吸引了众多开发者加入银河麒麟生态的建设。这不仅丰富了应用生态，也为用户带来了更多样化的应用选择。

本章总结

本章主要讲述操作系统和 AI 操作系统的相关概念及应用场景，传统操作系统是通用计算的基石，AI 操作系统是后期操作系统发展的重点。AI 操作系统是面向 AI 场景的垂直优化平台，两者在目标、架构和功能上存在显著差异。随着 AI 技术的普及，AI 操作系统将成为智能时代的核心基础设施。

综合实训

⭐ 操作系统与人工智能操作系统部署

一、实训目的

练习安装和使用操作系统和 AI 操作系统，体会操作系统的基本功能和系统 AI 的强大功能。

二、实训内容

(1)Windows11 系统部署。

(2)进行系统设置和个性化设置。

(3)探索 Windows11 的 AI 功能。

三、实训步骤

(1)通过微软官网获取 Windows11 ISO 镜像，在虚拟机中完成 Windows11 系统的安装部署。

(2)完成系统声音设置、个性化桌面设置、联网设置、帐户设置，探索其他系统功能。

(3)体验智能助手 Copilot(文本生成、任务自动化)、AI 绘图等 AI 功能。

🔧 课后练习题

一、判断题

1. 在 Windows11 操作系统中，所有的文件、文件夹以及应用程序都由形象化的图标来表示，在桌面上的图标被称为桌面图标。(   )

2. 在 Windows11 系统中，文件夹是单个名称在电脑中存储信息的集合，是最基础的存储单位。(   )

3. 文件和文件夹的路径表示文件或文件夹的位置，路径在表示的时候有绝对路径和相对路径两种方法。(   )

4. Windows11 系统中帐户的密码无法更改。(   )

5. AI 操作系统实现了计算与智能的深度融合。(   )

二、思考题

1. 如何快速锁定 Windows 桌面？

2. 如何在"开始"菜单中取消或固定程序？

3. 如何创建文件？

4. 操作系统和 AI 操作系统有什么关系？

5. AI 操作系统的应用场景有哪些？

第3章

机器学习

本章将带你从零开始理解机器学习如何让计算机从数据中学习规律，并通过动手实践掌握分类、预测等核心技能。我们将使用真实行业数据集，体验从数据清洗到模型部署的全流程，最后探讨机器学习技术带来的职业机遇与社会责任。

知识目标

◈理解机器学习的基本定义、分类及典型应用场景。

◈掌握监督学习与无监督学习的区别与适用条件。

◈掌握线性回归、决策树、K-means等基础算法的工作原理。

◈掌握机器学习模型设计和训练的项目流程。

能力目标

◈能清晰地阐述机器学习的相关概念、理解机器学习技术如何为业务带来价值。

◈能够识别实际问题中机器学习的应用场景，并将其转化为机器学习问题进行建模。

◈能针对问题选择合适算法，完成数据清洗、模型训练和结果汇报。

◈能诊断常见模型问题（过拟合/特征缺失）并提出解决方案。

素质目标

◈遵守行业数据使用规范，能合理利用官方文档与社区资源。

◈在小组项目中培养分工协作能力，加强团队合作意识。

◈能通过案例迁移提出创新应用设想，推进AI技术的发展与应用。

◈培养数据思维，掌握算法驱动的思维方式。

3.1　机器学习的概念和基本思想

　　机器学习作为人工智能的核心领域之一，致力于通过数据驱动的方法让计算机自动学习和改进。本节将系统介绍机器学习的定义、发展脉络及核心要素，从基本概念到关键问题，逐步拆解机器学习的核心框架，为后续学习奠定理论基础。

3.1.1　机器学习的定义与发展

　　机器学习作为一门让计算机从数据中自动"学习"规律的学科，其定义与演变过程反映了人工智能领域的核心方法论变迁。从早期符号推理到现代数据驱动范式的历史演进表明机器学习正朝着更自动化、更通用的方向演进。

1. 机器学习的定义

　　机器学习是人工智能的一个分支，旨在从数据中提取模式和规律，使计算机能够在没有明确编程指令的情况下完成任务。汤姆·M·米切尔（Tom M. Mitchell）在其经典著作 *Machine Learning*（1997）中提出的机器学习定义被广泛认为是该领域最权威的定义之一。

　　"A computer program is said to learn from experience E with respect to some class of tasks T and performance measure P, if its performance at tasks in T, as measured by P, improves with experience E."（如果一个计算机程序在任务 T 上的性能度量 P 随着经验 E 的增加而提高，则称该程序从经验 E 中学习。）

——*Machine Learning* Tom M. Mitchell（汤姆·M·米切尔）

　　他创造性地提出了三个概念：任务（T，tasks，程序需要完成的具体目标）、经验（E，experience,程序学习所用的数据或交互历史）、性能度量（P，performancemeasure，量化程序在任务上表现的标准）来定义机器学习。

课堂练习

　　请仿照左侧案例分析，补全右侧案例的信息。

AlphaGo	垃圾邮件分类器
T：在围棋中战胜对手	T：
E：自我对弈数百万局的棋谱	E：
P：与人类棋手对战的胜率	P：

机器学习的本质是求解一个函数：

$$f：X \rightarrow Y$$

其中 X 表示输入，即输入机器的数据，如图片、文本、表格等；Y 表示输出，即机器对目标的预测结果，如类别标签、数值、决策建议等；f 表示需要机器学到的规则。机器学习就是通过对数据的分析找到最优的规则，使预测误差最小。

2. 机器学习的历史演进

机器学习的发展经历了从符号主义的逻辑推理到统计学习的范式转变，并进一步演化为以深度学习为代表的数据驱动方法。这一演进过程不仅反映了技术方法的革新，更体现了计算能力、数据规模与理论突破的协同作用。以下是几个重要阶段。

（1）符号主义阶段（20 世纪 50 年代～20 世纪 70 年代）。以逻辑推理和显式规则为核心，典型代表包括专家系统（如 DENDRAL、MYCIN）和早期决策树（如 ID3 算法）。这一阶段依赖人类专家知识的形式化表达，但面临知识获取瓶颈（知识工程困境）和难以处理不确定性问题的局限。

（2）连接主义阶段（20 世纪 80 年代～20 世纪 90 年代）。受生物神经元启发，如图 3-1 所示，多层感知机（multilayer perceptron，MLP）和反向传播算法的突破推动了神经网络发展。尽管受限于计算能力和理论工具，但为后续深度网络奠定了基础。同期，卷积神经网络（LeNet-5，1998）在图像识别初显潜力。

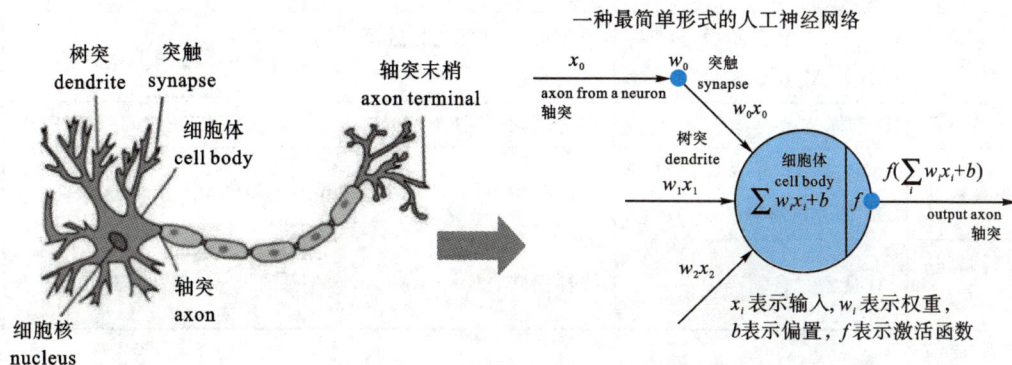

图 3-1　生物神经元和感知机

（3）统计学习阶段（20 世纪末～21 世纪初）。VC 维理论和结构风险最小化原则催生了支持向量机（support vector machine，SVM），核方法成为处理非线性问题的关键工具，集成方法（如随机森林）和概率图模型（如贝叶斯网络）共同构建了统计学习的理论体系。这一阶段强调模型泛化能力与可解释性的平衡。

（4）深度学习阶段（21 世纪初至今）。三大要素驱动爆发式发展：大规模数据集（ImageNet）、GPU 并行计算和算法创新（ReLU、Dropout）。深度卷积网络（AlexNet）、循环网络（LSTM，Long Short-Term Memory）、Transformer 架构相继突破，在计算机视觉、自然语言处理等领域实现超人类性能。

3. 机器学习与人工智能、深度学习的关系

机器学习、深度学习和人工智能常被混为一谈，但三者实则为层层递进的关系：人工智能是广义的智能模拟，机器学习是实现人工智能的统计方法，而深度学习是机器学习中基于神经网络的子领域。表 3-1 对比了三者的目标与技术特点，通过表格可以更清晰地理解机器学习在 AI 生态中的定位。

表 3-1　人工智能、机器学习、深度学习的对比

对比维度	人工智能	机器学习	深度学习
定义	广义上指让机器模拟人类智能的技术	AI 的子领域，通过数据训练模型进行预测或决策	ML 的子领域，基于多层神经网络自动学习特征
核心技术	包含规则系统、搜索算法、ML、DL、NLP 等	统计学习、决策树、SVM、随机森林等	神经网络（CNN、RNN、Transformer 等）
数据依赖	不依赖数据（如规则型 AI）或依赖数据（如 ML/DL）	需要结构化/标注数据	需要大量数据（尤其是非结构化数据如图像、文本）
特征提取	人工设计或自动学习（通过 ML/DL 实现）	人工设计特征或半自动特征选择	自动学习多层次特征（端到端学习）
模型复杂度	可简单或复杂	中等复杂度（依赖特征工程）	高度复杂（参数量大，计算资源需求高）
典型应用	机器人、语音助手、游戏 AI(如 AlphaGo)	垃圾邮件过滤、信用评分、推荐系统	图像识别、自然语言处理
计算资源	因具体技术而异	中等需求（传统算法）	极高需求（依赖 GPU/TPU）
可解释性	规则型 AI 可解释，ML/DL 部分可解释	部分模型可解释（如决策树）	黑箱模型，解释性差
示例算法/技术	AI 搜索、自动驾驶	线性回归、K-means	ResNet、GPT、YOLO

3.1.2 机器学习的基本要素

机器学习有数据、算法、算力和任务这四个基本要素。这些要素相互依存、彼此制约，共同构成了机器学习系统的理论基础与实践框架。机器学习的实践过程依赖于四个基本要素的协同作用，它们共同决定了模型的最终性能和适用性。理解这些基本要素不仅有助于构建高效的机器学习系统，更能帮助开发者在实际项目中通过合理的训练集、验证集和测试集划分来优化学习流程。

1. 数据：机器学习的基础原料

数据作为机器学习模型的输入来源，其质量与结构特征直接决定了模型的泛化性能。高质量的数据输入是构建鲁棒模型的基础条件，主要体现在以下维度。

（1）数据质量。数据中的噪声干扰、缺失值或标注错误会引入模型偏差，需要通过数据清洗、缺失值插补以及标注校验等技术手段进行优化。

（2）数据规模。机器学习模型的性能通常随数据规模呈现对数线性增长。

（3）数据分布。训练集与测试集需满足独立同分布假设，实际应用中常见的分布偏移会显著影响模型效果。

（4）标注方式。机器学习模型的训练和评估都依赖高质量的标注，合理的标注方式是十分重要的。

2. 算法：模型的核心架构

算法作为机器学习系统的计算核心，构建了从数据中提取规律的数学框架，其设计需要系统性地平衡表达能力与泛化性能的辩证关系，即好的算法既要能发现复杂模式，又不能学得太死板（否则遇到新数据，模型就会失灵）。设计好的机器学习算法需要权衡模型的复杂度和可解释性。简单模型易欠拟合，表现为在训练数据和新数据上都表现不佳；复杂模型易过拟合，表现为在训练数据上完美，在新数据上却很差；可解释模型，如决策树等，决策过程透明，容易理解，但依赖算法设计者对数据特征进行提取；而深度神经网络常被视为"黑箱"，其预测准确度高，但决策过程不透明。常见的机器学习算法有监督学习、无监督学习、半监督学习、强化学习等。各类型机器学习算法的对比如表 3-2 所示。

表 3-2 常见机器学习算法的对比

算法类型	监督学习	无监督学习	半监督学习	强化学习
原理	使用已标注数据训练模型，输入-输出有明确对应关系	使用未标注数据训练模型，发现数据内在结构或模式	结合少量标注数据和大量未标注数据进行训练	通过与环境交互，以奖励信号优化决策策略
数据要求	需要大量标注数据	完全不需要标注数据	少量标注数据＋大量未标注数据	不需要标注数据，但需设计奖励函数
典型任务	分类、回归	聚类、降维、异常检测	分类（标注数据不足时）	游戏控制、机器人导航、自动驾驶
优点	预测精度高，可解释性强	无需标注成本，适合探索性分析	降低标注需求，提升模型鲁棒性	适合序列决策，能适应动态环境
缺点	依赖高质量标注数据	结果难以评估，主观性强	未标注数据质量影响性能	训练成本高，收敛困难

3. 算力：模型训练的物理支撑

算力决定了模型训练的可行性与效率，尤其在大规模深度学习时代至关重要。

（1）硬件加速。

GPU（图形处理器）：通过并行矩阵运算能力（如 CUDA 核心）显著加速神经网络训

练，尤其适用于卷积神经网络和注意力机制中的大规模张量操作。

TPU（张量处理器）：谷歌专为张量计算设计的 ASIC 芯片，采用脉动阵列架构，针对矩阵乘加运算进行硬件级优化，相比 GPU 能效比提升显著。

（2）分布式计算。

数据并行：将训练数据分片至多个计算节点，各节点同步梯度更新，适用于参数规模适中的模型。

模型并行：将网络层拆分至不同设备，解决显存瓶颈，常见于超大规模模型。

（3）优化技术。

混合精度训练：结合 FP16（加速计算）与 FP32（保持精度），通过芯片的 Tensor Core 实现吞吐量翻倍，需配合梯度缩放避免下溢。

梯度检查点：以计算时间换显存空间，仅保存部分中间激活值，反向传播时重新计算，显存占用可降低至平方根级别。

4. 任务：机器学习的最终目标

任务定义了模型需解决的问题范畴与评估标准，是算法设计的出发点，具有以下几个关键维度：

（1）任务类型。分类（如垃圾邮件识别）、回归（如房价预测）、生成（如文本生成）。

（2）损失函数。交叉熵（分类）、均方误差（回归）、策略梯度（强化学习）。

（3）评估指标。准确率、召回率、BLEU（机器翻译）、ROUGE（文本摘要）。

机器学习的四要素构成一个动态平衡的系统：优质数据是前提，高效算法是核心，强大算力是保障，明确任务是导向。唯有统筹优化四者，才能实现机器学习在科学研究与产业应用中的价值最大化。

3.1.3 机器学习的核心问题

在机器学习的实际应用中，两个核心挑战贯穿始终：如何提升模型的泛化能力，以及如何通过特征工程最大化数据价值。

1. 泛化能力与过拟合

泛化能力是指模型在未见数据上的表现能力。一个优秀的模型不仅需要在训练数据上表现良好，还需要在新数据上保持稳定性能。泛化能力差的模型虽然可能在训练集上达到高精度，但在实际应用中可能失效，导致预测偏差或决策错误。

过拟合是指模型在训练数据上表现极佳，但在测试数据上表现显著下降的现象。其主要成因包括：模型复杂度过高、训练数据不足、数据噪声或异常值、训练轮次过多等。与之相对的是欠拟合，即模型太过简单，在训练数据和测试数据上都表现不佳，欠拟合、拟合、过拟合示意图如图 3-2 所示。

想要提高模型的泛化能力，同时避免过拟合，可以采用以下方法。

（1）正则化。

L1/L2 正则化：在损失函数中加入权重惩罚项，限制模型复杂度。

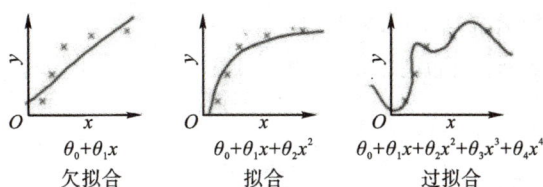

$\theta_0+\theta_1 x$　欠拟合　　$\theta_0+\theta_1 x+\theta_2 x^2$　拟合　　$\theta_0+\theta_1 x+\theta_2 x^2+\theta_3 x^3+\theta_4 x^4$　过拟合

图 3-2　欠拟合、拟合、过拟合

Dropout(随机丢弃)：在神经网络训练中随机屏蔽部分神经元，防止过度依赖特定特征。

(2)交叉验证。

K 折交叉验证：将数据分为 K 份，轮流用其中 $K-1$ 份训练，用剩余的 1 份进行验证。

留出法：固定划分训练集和验证集，适用于大数据场景。

(3)早停法。监控验证集性能，当模型表现不再提升时，提前终止训练，防止过拟合。

(4)数据增强。在计算机视觉中，通过旋转、裁剪、加噪声等方式扩充数据，提升模型鲁棒性。在自然语言处理中，可采用回译、同义词替换等方法扩充数据。

(5)集成学习。

Bagging：通过多个弱模型的投票降低方差。

Boosting：逐步修正前序模型的错误，提升泛化能力。

2. 特征工程

特征工程是指从原始数据中提取、构造和优化特征，以提高模型性能的过程。良好的特征工程可以增强模型对数据的理解能力，减少计算复杂度，提升模型的泛化能力，避免无关或冗余特征干扰学习。在传统机器学习(如 SVM、逻辑回归)中，特征工程对模型性能影响极大。常见的特征工程方法包括以下几种。

(1)特征选择。

过滤法：基于统计指标(如方差、卡方检验)选择重要特征。

包裹法：通过模型反馈选择最优特征子集(如递归特征消除)。

嵌入法：模型训练时自动选择特征(如 L1 正则化)。

(2)特征提取。

主成分分析：将高维数据投影到低维空间，保留主要信息。

线性判别分析：在降维的同时优化类别可分性。

(3)特征缩放。

标准化：使数据均值为 0，方差为 1。

归一化：将数据缩放到[0，1]区间，适用于梯度下降类算法。

3.2　机器学习的主要方法

机器学习方法根据数据结构和学习目标的不同，发展出了丰富多样的技术体系。

本节将系统性地介绍监督学习、无监督学习、半监督与强化学习等主流范式，分析这些方法的原理、适用场景及相互关系。

3.2.1 监督学习

监督学习作为机器学习中最经典且应用最广泛的范式，通过利用带有明确标注的训练数据，构建从输入特征到目标输出的映射关系。理解监督学习的核心思想和技术路线，是掌握机器学习的第一步。

1. 分类算法

(1)逻辑回归。逻辑回归的核心思想是通过数据预测事件发生的可能性。逻辑回归算法常用于处理二分类问题，其分类过程可分为以下四步：数据准备→模型训练→输出分类结果。下面我们通过一个具体的例子来理解逻辑回归是如何工作的。

案例 3-1　预测糖尿病风险

案例场景：假设我们有一组体检数据如表 3-3 所示。

表 3-3　血糖体检数据

样本编号	血糖水平/(mg/dl)	年龄/岁	是否患有糖尿病(1=患病，0=健康)
1	85	30	0
2	120	45	0
3	150	50	1
4	180	60	1
5	200	65	1

目标是使用逻辑回归方法根据这两个特征预测患者 A(血糖水平=130，年龄=40)和患者 B(血糖水平=90，年龄=25)是否患有糖尿病。

逻辑函数(Sigmoid 函数)：$\sigma(z)=\dfrac{1}{1+e^{-z}}$，其中 $z=\beta_0+\beta_1 x_1+\cdots+\beta_n x_n$。

预测过程：

①数据准备。如表 3-3 所示。

②模型训练。

模型公式：$P_{糖尿病}=\dfrac{1}{1+e^{-(\beta_0+\beta_1\times 血糖+\beta_2\times 年龄)}}$

训练后得到参数：$\beta_0=-8$、$\beta_1=0.05$、$\beta_2=0.1$。

③输出分类结果。

$$P_{患者A}=\frac{1}{1+e^{-(-8+0.05\times 130+0.1\times 40)}}\approx 0.92\rightarrow 预测为患糖尿病$$

$$P_{患者B}=\frac{1}{1+e^{-(-8+0.05\times 90+0.1\times 25)}}\approx 0.27\rightarrow 预测为未患糖尿病$$

代码示例：

```
import numpy as np
import matplotlib.pyplot as plt
from sklearn.linear_model import LogisticRegression
#数据
#特征：血糖＋年龄
x=np.array([[85，30]，[120，45]，[150，50]，[180，60]，[200，65]])
y=np.array([0，0，1，1，1])#标签
#训练模型
model=LogisticRegression()
model.fit(x，y)
#预测概率(血糖=130，年龄=40)
patient_A=np.array([[130，40]])
prob_A=model.predict_proba(patient_A)[:，1]#输出患病概率
print(f"患者A的患病概率：{prob_A[0]:.2f}")
#可视化决策边界
age_range=np.linspace(20，70，100)
glucose_boundary=(—model.coef_[0][1]*age_range—
model.intercept_)/model.coef_[0][0]
plt.scatter(x[:，0]，x[:，1]，c=y，cmap='bwr'，label='实际数据')
plt.plot(glucose_boundary，age_range，'k——'，label='决策边界')
plt.xlabel('血糖水平')
plt.ylabel('年龄')
plt.legend()
plt.show()
```

分类效果如图 3-3 所示。

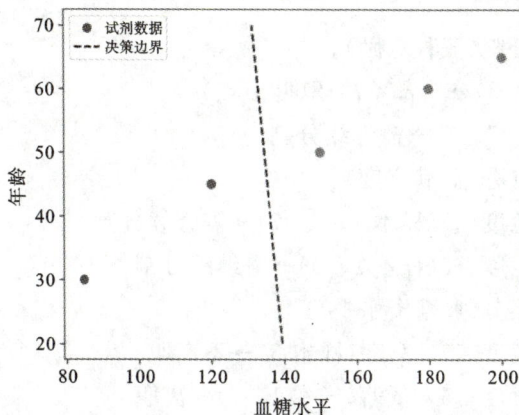

图 3-3　逻辑回归分类效果

（2）决策树。决策树是一种基于树形结构的监督学习算法。它的核心思想是通过一系列规则（if-then 条件）对数据进行分割，最终达到预测目标。决策树由以下四个部分组成。

根节点：树的起点，包含所有训练数据。

内部节点：表示一个特征或属性，用于划分数据。

叶节点：最终的决策结果。

分支：表示某个特征的取值路径。

下面我们通过一个具体的例子来理解决策树是如何工作的。

案例 3-2　预测员工是否离职

案例场景：假设你是某公司人事，希望根据表 3-4 所示数据预测新员工（薪资＝中，满意度＝6，无股权）的离职倾向。

表 3-4　员工数据

员工 ID	薪资水平	满意度	股权激励	是否离职（目标）
1	低	3	否	是
2	高	7	否	否
3	高	5	否	否
4	中	4	是	否
5	低	2	是	否
6	高	8	是	否
7	低	5	否	是
8	高	4	是	否
9	低	6	否	是

预测过程：

①数据准备。如表 3-4 所示。

②模型训练。

第一步，根节点分割（股权激励）。

是（样本 4、5、6、8）→全部不离职（叶节点）

否（样本 1、2、3、7、9）→需继续分割

第二步，内部节点分割（满意度）。

无股权激励，满意度≤5（样本 1、3、7）→需继续分割

无股权激励，满意度＞5（样本 2、9）→需继续分割

第三步，内部节点分割（薪资水平）。

无股权激励，满意度≤5，高薪（样本 3）→不离职

无股权激励，满意度≤5，低薪（样本 1、7）→离职

无股权激励，满意度＞5，高薪（样本 2）→不离职

无股权激励，满意度＞5，低薪(样本 9)→离职

最终决策树如图 3-4 所示。

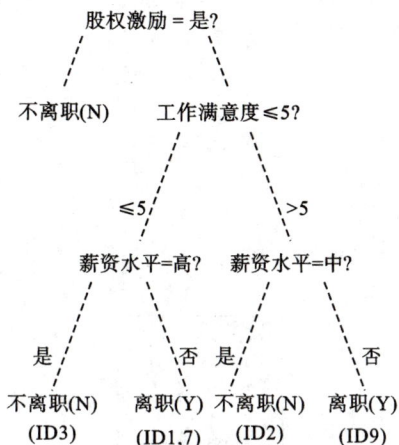

图 3-4 员工离职倾向决策树

③输出分类结果。

薪资＝中，满意度＝6，无股权→不离职

代码示例：

```
from sklearn.tree import DecisionTreeClassifier, plot_tree
import pandas as pd
import matplotlib.pyplot as plt
#最终数据
data={
"薪资水平"：[0, 1, 2, 1, 0, 2, 0, 2, 1], #低=0, 中=1, 高=2
"工作满意度"：[3, 7, 5, 4, 2, 8, 5, 4, 6],
"股权激励"：[0, 0, 0, 1, 1, 1, 0, 1, 0],
"是否离职"：[1, 0, 0, 0, 0, 0, 1, 0, 1]
}
df=pd.DataFrame(data)
#训练模型
model=DecisionTreeClassifier(
criterion="entropy",
max_depth=4,
min_samples_split=2
)
model.fit(df[["股权激励","工作满意度","薪资水平"]], df["是否离职"])
#可视化
```

```
plt.figure(figsize=(14, 8))
plot_tree(model,
feature_names=["股权激励","工作满意度","薪资水平"],
class_names=["离职","不离职"],
filled=True,
rounded=True,
fontsize=10)
plt.show()
```

显示结果如图 3-5 所示。

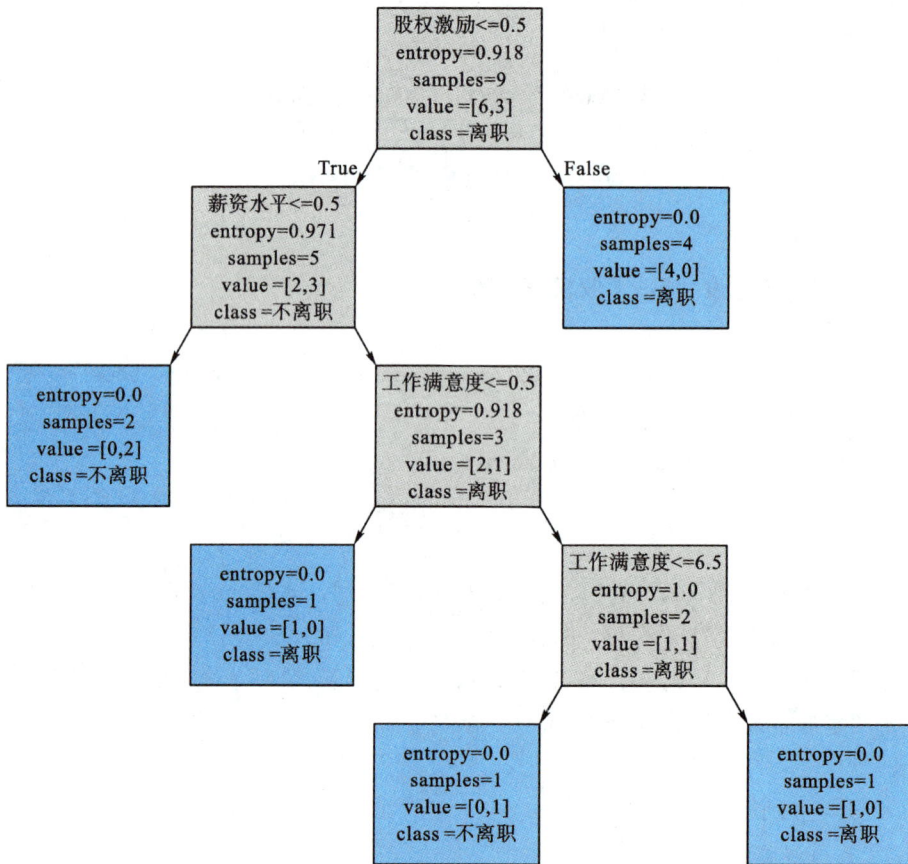

图 3-5 离职预测决策树

（3）支持向量机。支持向量机是一种强大的监督学习算法，主要用于分类和回归。其原理如图 3-6 所示，给定一组线性可分的数据，SVM 的目标是找到一个最优的超平面，将不同类别的数据分开。这个超平面不仅要能够正确分类数据，还要使得两个类别之间的间隔最大化。在二维空间中，超平面是一个直线；在三维空间中，超平面是一个平面；在更高维空间中，超平面是一个分割空间的超平面。

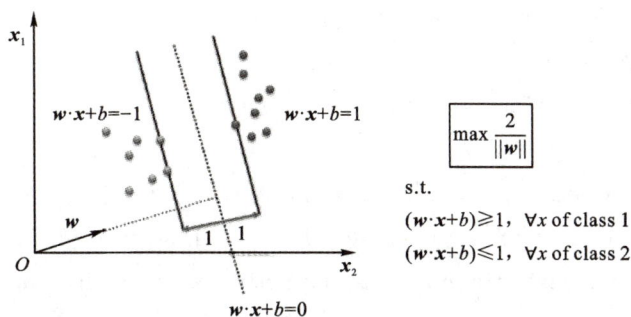

$$\max \frac{2}{\|\boldsymbol{w}\|}$$

s.t.

$(\boldsymbol{w}\cdot\boldsymbol{x}+b)\geqslant 1,\ \forall x$ of class 1

$(\boldsymbol{w}\cdot\boldsymbol{x}+b)\leqslant 1,\ \forall x$ of class 2

图 3-6　支持向量机原理图

SVM 分类流程：

①选择一个初始超平面。

②训练支持向量。

③通过最大化间隔来找到最优超平面。

案例 3-3　使用 scikit-learn 自带的鸢尾花(Iris)数据集训练一个 SVM 分类器

①数据准备。scikit-learn 自带的鸢尾花(Iris)数据集。

②模型训练。

```
import numpy as np
import matplotlib.pyplot as plt
from sklearn import svm, datasets
from sklearn.model_selection import train_test_split
from sklearn.metrics import accuracy_score
#加载鸢尾花数据集
iris=datasets.load_iris()
X=iris.data[:,:2]#只使用前两个特征
y=iris.target
#将数据集划分为训练集和测试集
X_train, X_test, y_train, y_test=train_test_split(X, y, test_size=0.3, random_state=42)
#创建SVM分类器
clf=svm.SVC(kernel='linear')#使用线性核函数
#训练模型
clf.fit(X_train, y_train)
#在测试集上进行预测
y_pred=clf.predict(X_test)
#计算准确率
accuracy=accuracy_score(y_test, y_pred)
```

```
print(f"模型准确率：{accuracy：.2f}")
＃绘制决策边界
defplot_decision_boundary(X, y, model)：
h＝.02＃网格步长
x_min, x_max＝X[:, 0].min()-1, X[:, 0].max()+1
y_min, y_max＝X[:, 1].min()-1, X[:, 1].max()+1
xx, yy＝np.meshgrid(np.arange(x_min, x_max, h), np.arange(y_min,
y_max, h))
Z＝model.predict(np.c_[xx.ravel(), yy.ravel()])
Z＝Z.reshape(xx.shape)
plt.contourf(xx, yy, Z, alpha＝0.8)
plt.scatter(X[:, 0], X[:, 1], c＝y, edgecolors='k', marker='o')
plt.xlabel('Sepallength')
plt.ylabel('Sepalwidth')
plt.title('SVM 决策边界')
plt.show()
plot_decision_boundary(X_train, y_train, clf)
```

③输出结果。分类结果显示如图 3-7 所示。

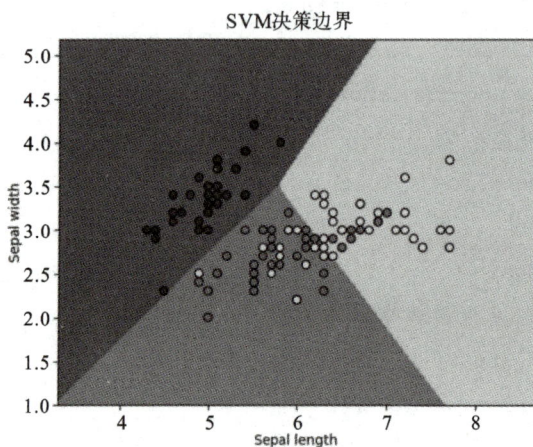

图 3-7　鸢尾花测试集 SVM 分类结果

2. 回归算法

(1)线性回归。线性回归是统计学和机器学习中最基础且广泛使用的预测方法之一，用于建立因变量(目标变量)与一个或多个自变量(特征变量)之间的线性关系模型。由图 3-8 可以看出，并不是所有数据集合都可以用线性回归来建模。

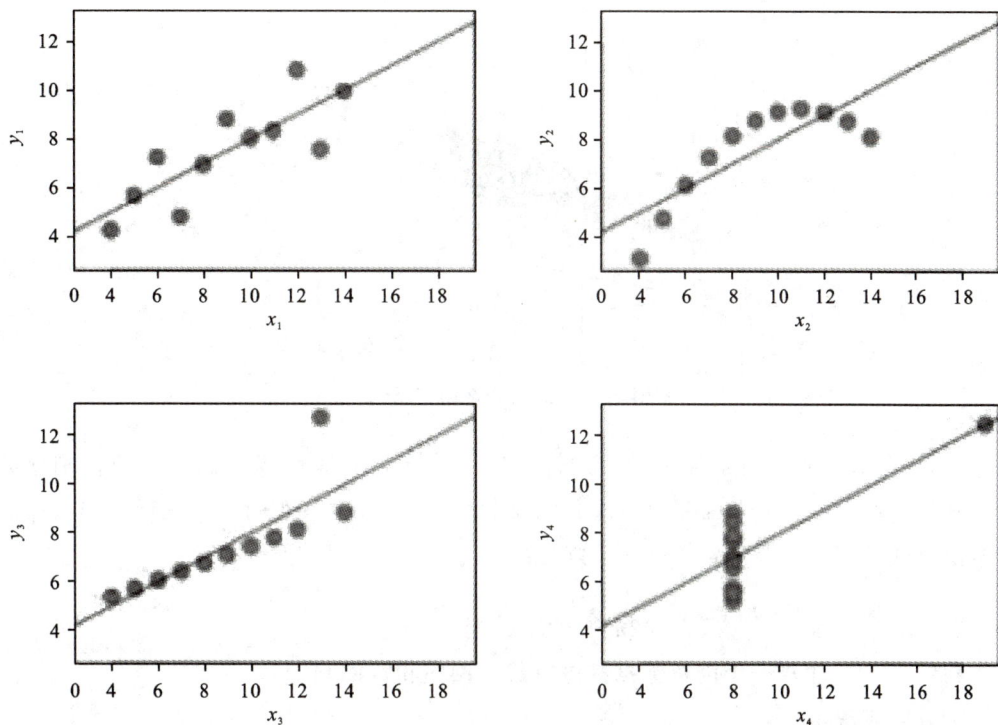

图 3-8　安斯库姆四重奏

这是因为，线性回归模型基于以下关键假设：

线性关系——因变量与自变量之间存在线性关系。

独立性——观测值之间相互独立。

同方差性——误差项的方差应保持恒定。

正态性——误差项应服从正态分布。

无多重共线性——自变量之间不应存在高度相关性。

给定一组观测数据 $\{(x_1, y_1), (x, y_1), \cdots, (x_n, y_n)\}$，线性回归试图找到一个线性函数：

$$y = w_0 + w_1 x_1 + w_2 x_2 + \cdots + w_p x_p + \varepsilon$$

其中：y 是因变量；$x_1, x_2, \cdots, x_n$ 是自变量；w_0 是截距（偏置）；$w_1, w_2, \cdots, w_n$ 是回归系数（权重）；ε 是误差项。其损失函数为：

$$J(w) = \frac{1}{2n} \sum_{i=1}^{n} (y_i - w^T x_i)^2$$

只需人为指定回归系数个数，即可用最小二乘法（ordinary least squares，OLS）找到一组参数 $w_1, w_2, \cdots, w_n$，使得残差平方和最小。图 3-9 所示为二元线性回归的三维示例。

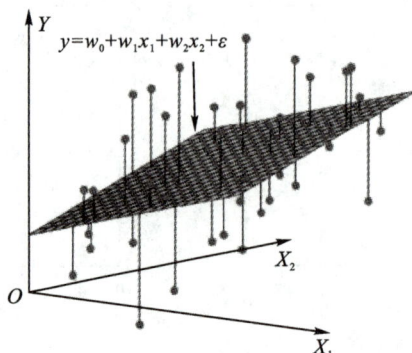

图 3-9 二元线性回归示例

（2）岭回归。岭回归是为了解决线性回归中的多重共线性问题而设计的正则化方法。其核心思想是在损失函数中加入 L2 正则化项，通过对系数的大小进行惩罚来控制模型复杂度，防止过拟合。其损失函数为：

$$J(w) = \frac{1}{2n} \sum_{i=1}^{n} (y_i - w^T x_i)^2 + \alpha \parallel w \parallel_2^2$$

案例 3-4　生成一组随机数据并进行线性回归和岭回归

①数据准备。

```
import numpy as np
import matplotlib.pyplot as plt
from sklearn.linear_model import LinearRegression
# 生成一些随机数据
np.random.seed(0)
x=2 * np.random.rand(100, 1)
y=4+3 * x+np.random.randn(100, 1)
# 可视化数据
plt.scatter(x, y)
plt.xlabel('x')
plt.ylabel('y')
plt.title('随机数据')
plt.show()
```

生成的随机数据显示如图 3-10 所示。

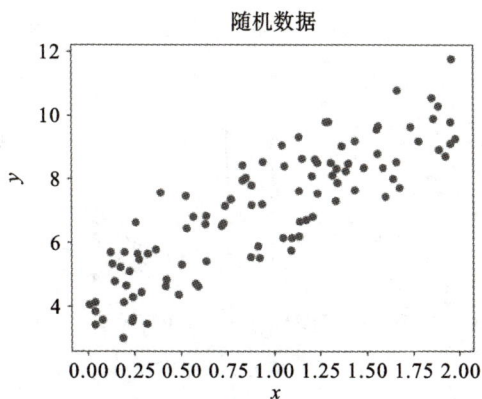

图 3 - 10　生成随机数据

②模型训练。

```
import numpy as np
import matplotlib.pyplot as plt
from sklearn.linear_model import LinearRegression
from sklearn.linear_model import Ridge
#创建回归模型
model=LinearRegression() #创建线性回归模型
#model=Ridge(alpha=1.0) #创建岭回归模型
#拟合模型
model.fit(x, y)
#预测
y_pred=model.predict(x)
#可视化拟合结果
plt.scatter(x, y)
plt.plot(x, y_pred, color='red') #plt.plot(x, y_pred, color='green')
plt.xlabel('x')
plt.ylabel('y')
plt.title('线性回归拟合') #plt.title('岭回归拟合')
plt.show()
```

③输出结果。分类结果显示如图 3 - 11 所示。

线性回归拟合　　　　　　　　岭回归拟合

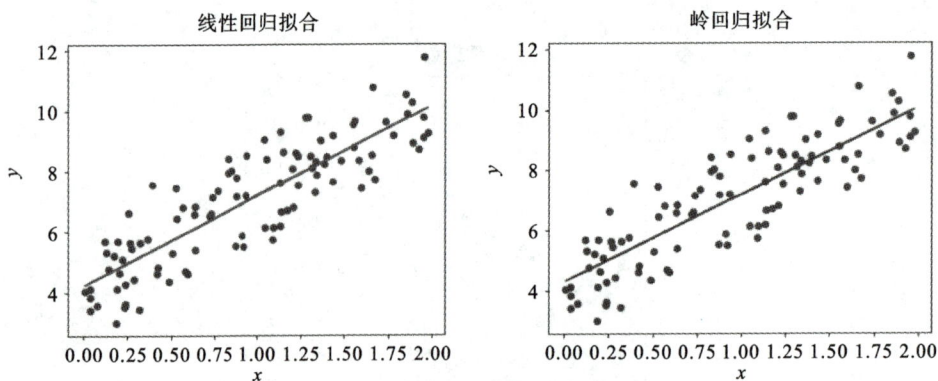

图 3-11　线性回归、岭回归拟合结果

3.2.2　无监督学习

当面对缺乏明确标注的海量数据时，无监督学习展现出其独特的价值。本节将聚焦无监督学习的两个主要方向——聚类与降维，这些方法在客户细分、异常检测、数据可视化等领域具有广泛应用，能够从原始数据中挖掘潜在的模式和知识。

1. 聚类算法

（1）K-means算法。K-means是一种无监督学习的聚类算法，用于将数据划分为 K 个互不重叠的簇。其核心思想是通过迭代优化，使同一簇内的数据点尽可能相似，不同簇的数据点尽可能不同。

算法步骤：

①初始化中心点。

②随机选择 K 个数据点作为初始簇中心（质心）。

③分配数据点到最近簇。

④计算每个数据点到所有质心的距离（通常用欧氏距离），并将其分配到最近的簇。

⑤重新计算质心。

⑥对每个簇，计算所有数据点的均值，更新为该簇的新质心。

⑦迭代优化。

⑧重复步骤②～③，直到满足停止条件（如质心不再变化，或达到最大迭代次数）。

K-means算法简单高效，适合大规模数据，但需预先指定 K 值，且对初始质心敏感、仅适用于凸形数据分布。

案例 3-5　随机生成一组数据，使用 K-means 算法进行分类，观察分类效果

示例代码：

```
from sklearn. cluster import KMeans
import matplotlib. pyplot as plt
import numpy as np
# 生成模拟数据
```

```
np.random.seed(42)
X＝np.vstack([
np.random.normal(0, 1, (100, 2)),
np.random.normal(5, 1, (100, 2)),
np.random.normal(10, 1, (100, 2))
])
#K-means 聚类
kmeans＝KMeans(n_clusters＝3, random_state＝42)
kmeans.fit(X)
labels＝kmeans.labels_
centers＝kmeans.cluster_centers_
#可视化
plt.scatter(X[:, 0], X[:, 1], c＝labels, cmap＝"viridis", alpha＝0.7)
plt.scatter(centers[:, 0], centers[:, 1], c＝"red", marker＝"X", s＝
200, label＝"质心")
plt.legend()
plt.title("K-means 聚类结果(K＝3)")
plt.show()
```

聚类结果显示如图 3-12 所示。

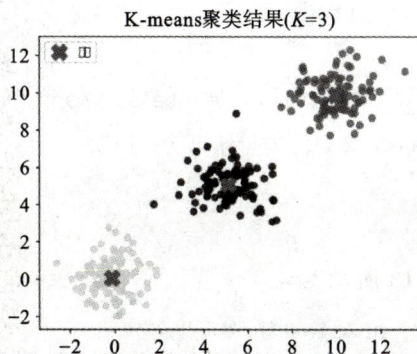

图 3-12　K-means 聚类结果

（2）DBSCAN 算法。DBSCAN 是一种基于密度的聚类算法，适用于发现任意形状的簇，并能够有效识别噪声点（离群值）。与 K-means 不同，DBSCAN 不需要预先指定簇的数量，而是通过数据分布的紧密程度来自动划分簇。

算法步骤：

①初始化。随机选择一个未访问的点，检查其邻域内（两点距离小于某固定值）的点数。

②判断核心点：如果某点邻域内点数大于最小簇样本量，标记为核心点并创建一个新簇。否则，暂时标记为噪声点。

③邻域扩展。对核心点的邻域内的所有点递归执行相同操作，扩展簇。

④算法终止。重复①～③，直至所有点都已访问后结束算法。

DBSCAN 算法无需预先指定簇数，但需要指定判定邻域的距离值和最小簇样本量，它能有效处理噪声和离群点，但对高维数据、类别密度不均的数据分类效果不佳。

案例 3-6　随机生成一组数据，使用 DBSCAN 算法进行分类，观察分类效果

示例代码：

```
from sklearn.cluster import DBSCAN
import numpy as np
import matplotlib.pyplot as plt
#生成数据(环形+噪声)
np.random.seed(42)
n_samples=300
X=np.concatenate([
np.random.randn(n_samples//3, 2)*0.5+[2, 2],
np.random.randn(n_samples//3, 2)*0.5+[-2, -2],
np.random.rand(n_samples//6, 2)*6-3, #噪声
])
#DBSCAN 聚类
dbscan=DBSCAN(eps=0.5, min_samples=5)
labels=dbscan.fit_predict(X)
#可视化
plt.scatter(X[:, 0], X[:, 1], c=labels, cmap="viridis", alpha=0.7)
plt.title("DBSCAN 聚类(噪声点标记为-1)")
plt.colorbar()
plt.show()
```

聚类结果显示如图 3-13 所示。

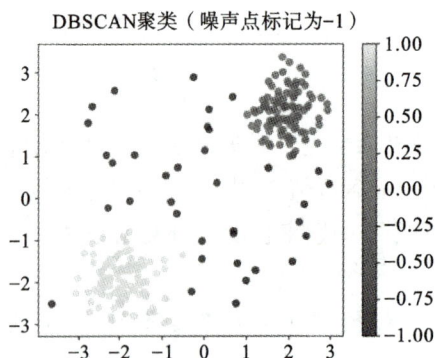

图 3-13　DBSCAN 聚类效果

2. 降维算法

(1)主成分分析(principal component analysis,PCA)算法。PCA 是一种经典的无监督降维方法,通过正交变换将高维数据投影到低维空间,保留最大方差的方向作为主成分。其核心思想是将原始特征空间中的相关变量转换为线性无关的主成分。通过对数据的协方差矩阵进行特征值分解,选择最大的几个特征值对应的特征向量作为新基,从而找到数据分布最"分散"的方向(方差最大),用少数维度近似表示原始数据。

算法步骤:

①数据标准化。对每个特征进行归一化和中心化,公式如下:

$$X_{std} = \frac{X - \mu}{\sigma}$$

其中 μ 为均值,σ 为标准差。

②计算协方差矩阵。公式如下:

$$\Sigma = \frac{1}{n} X_{std}{}^T X_{std}$$

③特征值分解。求解协方差矩阵的特征值和特征向量,公式如下:

$$\Sigma = W \Lambda W^T$$

其中 Λ 为对角矩阵,对角线上的元素为协方差矩阵的特征值,按从大到小排列;W 为特征向量矩阵,列向量为各主成分方向的特征向量。

④选择主成分。按特征值从小到大排序,保留前 k 个特征向量,公式如下:

$$X_{PCA} = X_{std} W_k$$

其中 W_k 为前 k 列特征向量组成的矩阵。

案例 3-7 对 scikit-learn 自带的鸢尾花(Iris)数据集进行主成分分析

示例代码:

```
from sklearn. decomposition import PCA

from sklearn. datasets import load _ iris

import matplotlib. pyplot as plt

♯加载数据

iris=load _ iris()

X=iris. data

♯PCA 降维(2 维)

pca=PCA(n _ components=2)

X _ pca=pca. fit _ transform(X)

♯可视化

plt. scatter(X _ pca[:, 0], X _ pca[:, 1], c = iris. target, cmap = "viridis")

plt. xlabel("PC1(方差占比:{:.2f}%)". format(pca. explained _ variance _ ratio _[0] * 100))
```

```
        plt.ylabel("PC2(方差占比：{:.2f}%)".format(pca.explained_variance
_ratio_[1]*100))
        plt.title("鸢尾花数据集 PCA 降维")
        plt.show()
```

代码显示结果如图 3-14 所示，图中点的颜色表示数据集中标注的鸢尾花类别，可以看出提取的两个主成分能较好地区分鸢尾花的种类，可以认为是用于鸢尾花分类的有效特征。

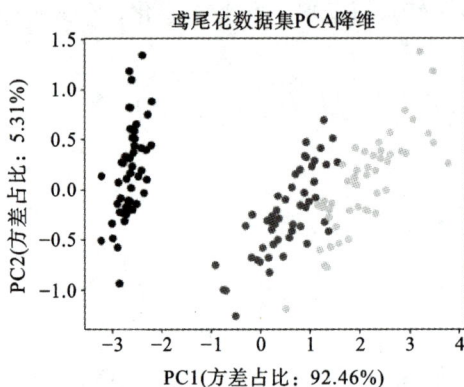

图 3-14 鸢尾花数据集 PCA 降维

（2）线性判别分析（linear discriminant analysis，LDA）算法。LDA 是一种经典的有监督降维方法，同时适用于分类和特征提取。其核心思想是将数据投影到低维空间，使得类间散布最大化，类内散布最小化。

算法步骤：

①计算类间散布矩阵。公式如下：

$$S_B = \sum_{i=1}^{c} N_i (\mu_i - \mu)(\mu_i - \mu)^{\mathrm{T}}$$

其中 c 表示类别数，N_i 表示第 i 类的样本数，μ_i 表示第 i 类的均值向量，μ 表示全局均值向量。

②计算类内散布矩阵。公式如下：

$$S_W = \sum_{i=1}^{c} \sum_{x \in C_i} (x - \mu_i)(x - \mu_i)^{\mathrm{T}}$$

③求解广义特征值问题。公式如下：

$$S_B \omega = \lambda S_W \omega$$

对 $S_W^{-1} S_B$ 进行特征分解，选择前 k 个最大特征值对应的特征向量组成投影矩阵 W。

④数据投影。公式如下：

$$X_{LDA} = XW$$

案例 3 - 8 对 scikit - learn 自带的鸢尾花(Iris)数据集进行线性判别分析

示例代码:

```
import numpy as np
import matplotlib.pyplot as plt
from sklearn import datasets
from sklearn.discriminant_analysis import LinearDiscriminantAnalysis
#加载鸢尾花数据集
iris=datasets.load_iris()
X=iris.data
y=iris.target
target_names=iris.target_names
#执行 LDA 降维(降到 2 维)
lda=LinearDiscriminantAnalysis(n_components=2)
X_r=lda.fit_transform(X, y)#LDA 是有监督方法,需要提供标签 y
#可视化结果
plt.figure()
colors=['navy', 'turquoise', 'darkorange']
lw=2
for color, i, target_nameinzip(colors, [0, 1, 2], target_names):
    plt.scatter(X_r[y==i, 0], X_r[y==i, 1], color=color, alpha=
.8, lw=lw,
        label=target_name)
plt.legend(loc='best', shadow=False, scatterpoints=1)
plt.title('鸢尾花数据集 LDA 降维')
plt.xlabel('LD1')
plt.ylabel('LD2')
plt.show()
```

程序运行结果如图 3 - 15 所示

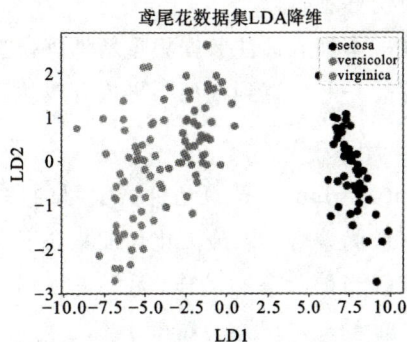

鸢尾花数据集LDA降维

图 3 - 15 鸢尾花数据集 LDA 降维

3.2.3　半监督学习与强化学习

在真实世界的复杂场景中，机器学习面临着标注数据稀缺或需要与环境动态交互的挑战。半监督学习通过巧妙利用少量标注数据和大量未标注数据，显著提升了模型性能；而强化学习则通过"试错–奖励"机制，使智能体能够在交互环境中自主学习最优策略。这些方法在自动驾驶、游戏 AI、机器人控制等领域取得了突破性进展，代表了机器学习技术的前沿发展方向。

1. 自训练模型

自训练(self – training)模型的核心思想是通过迭代方式，用已标注数据训练模型，预测未标注数据的伪标签，再将高置信度的预测结果加入训练集，逐步扩大标注数据规模。

算法步骤：

①初始训练。用少量标注数据训练初始模型。

②伪标注。用初始模型预测未标注数据，选择置信度高的样本(如预测概率＞阈值)。

③数据扩充。将伪标注样本加入标注数据集重新训练模型。

④迭代。重复步骤②～③，直到满足停止条件或达到最大迭代次数。

其优点是简单易实现，适合标注成本高的场景；缺点是具有错误累积风险，若初始模型偏差大，伪标签会放大误差。

2. 协同训练模型

协同训练(co – training)模型的核心思想是假设数据有两个充分且独立的视图，分别训练两个模型，互相为对方的未标注数据提供伪标签。

假设我们要构建一个电影分类器，判断一部电影是动作片还是爱情片。数据有两个独立视角：电影字幕(文本特征)、电影配乐(音频特征)。

算法步骤：

①用少量标注数据训练两个初始模型。

②互相给未标注数据打伪标签。

③互相学习。将伪标注样本加入标注数据集重新训练模型。

④迭代优化。重复步骤③—②，直到模型不再提升或达到最大迭代次数。

3. 强化学习

强化学习(reinforcement learning，RL)是机器学习的一个分支，智能体通过与环境交互，根据奖励信号学习最优策略，以最大化长期累积奖励。RL 问题通常建模为马尔可夫链，即未来状态仅依赖当前状态和动作(无历史依赖)。强化学习有以下四个关键要素：

状态(state)：环境的当前描述(如围棋棋盘布局)。

动作(action)：智能体的行为(如落子位置)。

奖励(reward)：环境对动作的即时反馈(如赢棋＋1，输棋－1)。

策略(policy)：状态到动作的映射(如"在状态 s 下选择动作 a 的概率")。

想象一个刚学会走路的孩子。他摇摇晃晃地迈出第一步，摔倒(负奖励)，爬起来；成功走到玩具前(正奖励)，开心地笑了。强化学习就像这个孩子，通过"试错"来学习如何与世界互动：

①观察环境。孩子看到地板、玩具和障碍物(状态)。

②尝试动作。决定迈左脚还是右脚(动作)。

③接收反馈。摔倒疼了(惩罚)，拿到玩具笑了(奖励)。

④调整策略。下次避开障碍物，直奔玩具(优化策略)。

4. 深度强化学习

如果孩子面对的不是客厅，而是一座复杂的迷宫(高维状态空间)，仅靠记忆每个位置的走法会力不从心——他需要更强大的"大脑"。深度强化学习(deep reinforcement learning，DRL)就像给孩子装上"超级大脑"，通过神经网络、经验回放和探索机制使机器更加智能。

神经网络：将海量状态(如游戏画面)压缩为抽象特征。

经验回放：像人"回忆"过去经历，避免遗忘重要片段。

探索机制：偶尔随机尝试新动作，避免陷入局部最优。

深度强化学习用神经网络取代了手工设计的规则，让机器能应对真实世界的混乱与高维。从 RL 到 DRL 的进化，正是 AI 学会"自主思考"的精彩旅程。

3.3　机器学习的应用现状

机器学习技术已深度渗透到各行各业，正在重塑现代社会的生产方式和生活方式。本节将全面剖析机器学习在金融、医疗等关键领域的落地应用，解读以大模型和 AutoML 为代表的前沿技术趋势。

3.3.1　行业应用案例

1. 机器学习在金融领域的应用案例

蚂蚁金服利用机器学习分析用户支付记录、社交数据、消费行为等，生成信用评分。模型动态更新，帮助评估贷款违约风险，并用于花呗、借呗等金融产品。

ZestFinance 公司用机器学习替代传统 FICO(finance control，财会控制)评分，通过非结构化数据预测信用风险，服务传统银行忽视的次级贷款人群。

招商银行"摩羯智投"通过算法提供个性化投资建议。

美国银行的 Erica 助手通过用户行为数据推荐理财方案。

Chainalysis 用机器学习追踪比特币交易流向，识别洗钱或黑客行为。

2. 机器学习在医疗领域的应用案例

腾讯觅影利用 AI 早期筛查食管癌、肺癌等，在广东等地区医院试点，检出率超 90%。

MayoClinic 通过分析 AppleWatch 的 ECG 数据，机器学习模型可提前预警房颤，减少中风风险。

斯坦福大学的"智能输液泵"通过强化学习动态调整重症患者的药物剂量。

约翰霍普金斯医院的 ICU 预警系统使用机器学习模型实时分析患者生命体征，预测脓毒症风险，可提前 12 小时预警。

3.3.2　热门技术趋势

1. 大模型

大模型（large language models，LLMs）是指参数量巨大、训练数据海量、计算资源需求高的深度学习模型，通常基于 Transformer 等先进架构，能够处理复杂任务并展现出强大的泛化能力。以 GPT、BERT、DeepSeek 为代表的大规模预训练模型的兴起不仅改变了技术研发范式，也正在重塑整个人工智能产业生态。代表模型有 ChatGPT（文本生成）、Sora（视频生成）、GitHubCopilot（代码辅助）、AlphaFold（蛋白质结构预测）等。

2. 自动化机器学习

自动化机器学习（automated machine learning，AutoML）是一种通过自动化技术简化机器学习流程的方法，目标是让没有专业 AI 背景的用户也能快速构建和部署高效的机器学习模型。它的核心思想是用算法替代人工操作，减少数据科学家在数据清洗、特征工程、模型选择和调参等环节的手动工作，从而降低 AI 应用门槛，提升开发效率。代表工具有 Auto SKlearn、Auto Keras、Google Cloud AutoML、Data Robot、AWS Sage Maker Autopilot、Azure AutomatedML 等。

大模型和 AutoML 是当前人工智能领域两大关键技术，各自有着鲜明的特点和应用价值。大模型在内容生成、企业服务、科研等领域展现出颠覆性潜力，比如智能客服、AIGC 创作工具等；而 AutoML 则在工业预测、零售分析等场景中实现快速落地，帮助企业在资源有限的情况下高效应用 AI。未来，二者可能会进一步融合——大模型提供强大的基础能力，AutoML 则优化具体场景的适配，共同推动人工智能技术的普及和产业升级。

> **本章总结**

本章系统介绍了机器学习的基本概念、核心方法与应用现状。从定义与发展历程出发，阐述了监督学习、无监督学习及深度学习等关键技术，并结合金融、医疗等场景说明其实际价值。未来，随着大模型和 AutoML 等技术的发展，机器学习将继续拓展边界。

综合实训

⭐ 基于机器学习算法进行银行客户信用风险评估

一、实训目的

(1)掌握支持向量机(SVM)算法的基本原理及其在分类问题中的应用。

(2)学习使用 Python 机器学习库(scikit – learn)实现 SVM 模型。

(3)培养数据预处理、特征工程、模型训练与评估的实践能力。

(4)掌握分类问题中常用的评估指标及其意义。

二、实训内容与步骤

1. 场景描述

某银行希望根据客户的特征预测其信用风险等级(高风险/低风险)。现有数据如表 3 – 5 所示。

表 3 – 5　银行客户数据

客户 ID	年收入/万元	负债比	逾期次数	房产抵押	信用风险
1	15	40%	2	否	高风险
2	45	20%	0	是	低风险
3	30	35%	1	否	高风险
4	60	15%	0	是	低风险
5	22	50%	3	否	高风险
6	38	25%	1	是	低风险
7	25	40%	2	否	?

请训练一个 SVM 模型,预测 7 号客户的信用风险等级。

2. 代码编写与程序运行

代码示例:

```
import pandas as pd
import matplotlib. pyplot as plt
import numpy as np
from sklearn. svm import SVC
from sklearn. preprocessing import StandardScaler
#原始数据
data={
"年收入": [15, 45, 30, 60, 22, 38],
```

```
    "负债比": [40, 20, 35, 15, 50, 25],
    "逾期次数": [2, 0, 1, 0, 3, 1],
    "房产抵押": ["否","是","否","是","否","是"],
    "信用风险": ["高风险","低风险","高风险","低风险","高风险","低风险"]
}
df=pd.DataFrame(data)
#数据编码
df["房产抵押"]=df["房产抵押"].map({"否": 0,"是": 1})
df["信用风险"]=df["信用风险"].map({"高风险": 1,"低风险": 0})
#特征和目标
X=df[["年收入","负债比","逾期次数","房产抵押"]]
y=df["信用风险"]
#标准化
scaler=StandardScaler()
X_scaled=scaler.fit_transform(X)
#训练模型
model=SVC(kernel="rbf", C=1.0, gamma=0.1)
model.fit(X_scaled, y)
#新数据预测(年收入7万,负债比25%,逾期2次,无房产)
new_data=[[7, 25, 2, 0]]#注意特征顺序
new_data_scaled=scaler.transform(new_data)
prediction=model.predict(new_data_scaled)
print(f"预测结果: {'高风险'if prediction[0]==1else'低风险'}")
#可视化(使用前两个特征)
plt.figure(figsize=(10, 6))
#绘制原始数据点
plt.scatter(X_scaled[:, 0], X_scaled[:, 1], c=y, cmap="bwr",
edgecolors="k", label="原始数据")
#绘制新数据点(黄色星形突出显示)
plt.scatter(new_data_scaled[:, 0], new_data_scaled[:, 1],
c='yellow', marker='*', s=200, edgecolors='k',
label=f'新数据(预测: {"高风险"if prediction[0]==1else"低风险"})')
#添加决策边界
xx, yy=np.meshgrid(np.linspace(X_scaled[:, 0].min()-1, X_scaled
[:, 0].max()+1, 100),
    np.linspace(X_scaled[:, 1].min()-1, X_scaled[:, 1].max()+1,
```

```
100))
    Z=model.predict(np.c_[xx.ravel(), yy.ravel(),
    np.zeros_like(xx.ravel()), np.zeros_like(xx.ravel())])#其他特征设
为0
    Z=Z.reshape(xx.shape)
    plt.contourf(xx, yy, Z, alpha=0.3, cmap="bwr")
    plt.xlabel("标准化年收入")
    plt.ylabel("标准化负债比")
    plt.title("信用风险分类(SVM)")
    plt.legend()
    plt.grid(True)
    plt.show()
```

程序运行结果示例如图 3-16 所示。

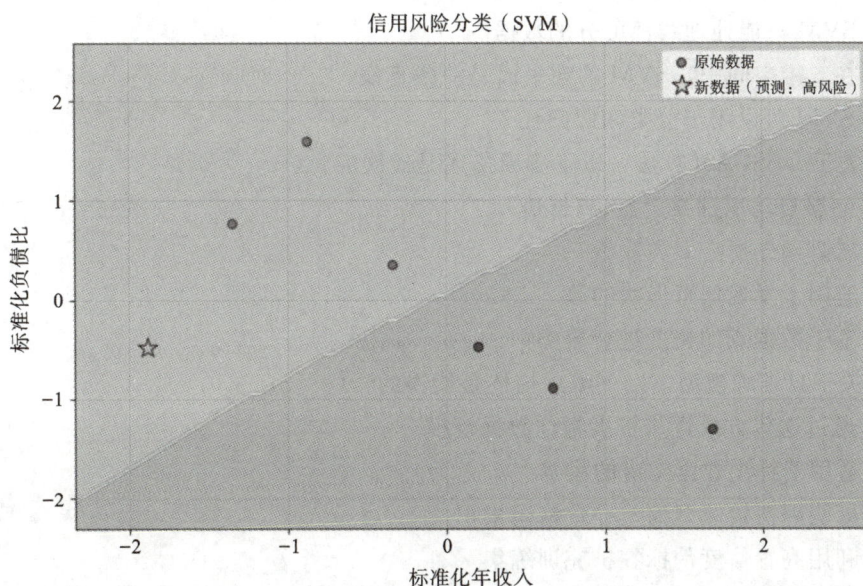

图 3-16　信用风险预测结果

3. 结果分析

(1)7 号客户的信用风险等级是?

(2)SVM 对 7 号客户的信用风险等级判断是否符合业务常识?

(3)分析模型是否存在过拟合或欠拟合现象?

(4)尝试用逻辑回归、决策树等其他算法进行预测。

课后练习题

一、选择题

1. 机器学习的核心要素不包括以下哪一项？（　　　）

A. 任务（T）　　　　　　　　　　　　B. 经验（E）

C. 性能度量（P）　　　　　　　　　　D. 硬件配置（H）

2. 以下哪种方法不能有效缓解过拟合问题？（　　　）

A. 增加模型参数量（如更深的神经网络）

B. 使用 L2 正则化

C. 采用 K 折交叉验证

D. 数据增强（如图像旋转、加噪声）

3. 关于支持向量机（SVM），以下哪项描述是错误的？（　　　）

A. SVM 的目标是找到一个最大化分类间隔的超平面

B. SVM 只能处理线性可分的数据

C. 在二维空间中，SVM 的超平面是一条直线

D. SVM 可以用于分类和回归任务

4. 关于 DBSCAN 算法，以下哪项描述是错误的？（　　　）

A. 能够自动识别噪声点（离群值）

B. 需要预先指定聚类数量

C. 适用于发现任意形状的簇

D. 基于数据点的密度进行聚类

5. 关于自训练模型，以下哪项描述是错误的？（　　　）

A. 通过迭代方式逐步扩大标注数据规模

B. 适用于标注数据丰富的场景

C. 可能因初始模型偏差导致错误累积

D. 利用高置信度伪标签扩充训练集

二、判断题

1. 深度学习是机器学习的子领域，而机器学习是人工智能的子领域。（　　　）

2. 线性回归模型要求误差项服从正态分布，否则模型估计将失效。（　　　）

3. PCA 降维的核心目标是保留数据中方差最大的方向。（　　　）

4. 协同训练要求数据的两个视图必须完全独立且均能单独完成分类任务。（　　　）

5. AutoML 的目标是完全替代数据科学家，实现流程的全无人化。（　　　）

第4章

机器人与人工智能

　　本章紧密围绕机器人与人工智能的核心内容，从基础概念到前沿技术，从理论知识到实践应用，带领我们走进一个充满创新与变革的科技领域，让我们深入了解机器人与人工智能如何相互融合，共同塑造未来的世界。

知识目标

◈掌握机器人的概念与发展历史。

◈了解机器人的主要类型和原理。

◈熟悉机器人的应用。

◈了解智能机器人的基本特征。

能力目标

◈理解机器人和人工智能的基本概念、原理和技术。

◈掌握机器人与人工智能融合的关键技术和方法。

◈了解机器人与人工智能在不同领域的应用现状和发展前景。

◈培养对机器人与人工智能领域的兴趣和创新思维。

素质目标

◈能够运用严谨的逻辑思维分析问题，具备批判性思考能力。

◈理解机器人和人工智能的基本概念、原理和技术。

◈深入理解机器人与人工智能发展带来的伦理道德问题。

◈认识到机器人与人工智能技术对社会的深远影响。

4.1 机器人的概念与发展历史

随着工业自动化和计算机技术的发展，机器人开始进入大量生产和实际应用阶段，这对机器人的智能水平提出了更高的要求，特别是在危险环境、人类难以胜任的场合更迫切地需要机器人，从而推动了从机器人到智能机器人的研究。

4.1.1 机器人的概念

联合国标准化组织采纳了美国机器人协会对机器人的定义——"一种可编程和多功能的操作机；或是为了执行不同的任务而具有可用计算机改变的和可编程动作的专门系统。"

传统机器人由三个部分组成：一个传感器集合、一个定义机器人的行为的程序、一个传动器和受动器集合。机器人接收来自传感器的输入，组合传感器信息，更新环境地图，然后调用程序根据当前掌握的环境地图制订计划，最后通过传动器和受动器集合执行动作。但是因为外部环境总在变化，所以很难让环境地图符合最新情况。

在研究和开发在未知及不确定环境下作业的机器人的过程中，人们逐步认识到机器人技术的本质是感知、决策、行动和交互技术的结合，智能机器人应运而生。智能机器人是指具备感知环境、自主决策、执行任务能力的机器人系统，通常结合人工智能技术、传感器技术、自动控制和机械工程等多学科技术，能够在动态环境中利用 AI 算法分析数据，做出适应性的决策，并通过学习优化行为。

4.1.2 机器人的发展历史

早在古代，人们就有制造自动装置的设想和尝试。例如，古希腊发明家希罗制造过一些以水、空气和蒸汽为动力的自动机械装置；中国古代也有类似的记载，如西周时期的偃师制造出能歌善舞的人偶、三国时期诸葛亮发明的木牛流马等，这些可以看作是机器人的雏形。

18 世纪至 19 世纪，随着工业革命的发展，机械技术不断进步，出现了一些更复杂的机械装置。1920 年，捷克作家卡雷尔·恰佩克在他的科幻小说《罗萨姆的万能机器人》中，首次使用了"机器人"(Robot)这个词，从此"机器人"一词被广泛传播和使用。

1954 年，美国人乔治·德沃尔制造出世界上第一台可编程的机器人"尤尼梅特"，如图 4-1 所示，并于 1961 年在通用汽车公司的生产线上投入使用，用于搬运零件，这标志着工业机器人时代的开始。

20 世纪 60 年代到 70 年代，机器人技术得到了进一步发展，出现了具有更多自由度和更高精度的机器人，同时，机器人的控制技术也不断改进，从简单的程序控制发展到计算机控制。20 世纪 80 年代，随着计算机技术、传感器技术和人工智能技术的快速发展，机器人的智能化程度不断提高，开始具备感知环境、自主决策和学习能力，服务机器人、医疗机器人等也逐渐进入人们的视野。

图 4-1　"尤尼梅特"机器人

进入 21 世纪，机器人技术日新月异，应用领域不断扩大。在工业领域，机器人实现了高精度、高速度和高可靠性的生产操作；在服务领域，机器人可以提供导览、接待、清洁、送餐等服务；在医疗领域，机器人辅助手术、康复治疗等技术也取得了显著进展；此外，机器人在太空探索、军事侦察、抢险救灾等领域也发挥着重要作用。

机器人学的研究推动了许多人工智能思想的发展。例如，关于机器人动作规划生成和规划监督执行等问题的研究，推动了规划方法的发展。此外，由于机器人是一个综合性的课题，除机械手和步行机构外，还要研究机器视觉、触觉、听觉等信息感知技术以及机器人语言和智能控制软件等。可以看出，这是一个涉及精密机械信息传感技术、人工智能的智能控制以及生物工程等学科的综合技术，对智能机器人的研究有利于促进各学科的相互结合，并大大推动人工智能技术的发展。

拓展阅读

春晚机器人扭秧歌的科技"秘籍"

2025 年蛇年春晚，一场由人与机器人共同表演的创意融合舞蹈《秧 BOT》令人眼前一亮。舞台大幕拉开，16 个人形机器人身着花袄，如图 4-2 所示，手持花绢，踏着节奏明快的舞步，与真人舞蹈演员一同上演了"AI 机器秧歌"。零帧起手转手绢，手绢抛出再收回，步伐堪比真人，扭胯、挑帘、甩手、摆臂、转手绢，形式丰富而活泼灵动的扭秧歌动作被机器人演绎得活灵活现，引得观众连连叫好。

此次蛇年春晚登台表演的人形机器人——宇树 H1，拥有 19 个关节，为了完成转手绢的动作，给每条手臂又额外增加了 3 个，使其拥有极高的灵活度和精准度，能完成许多真人表演者都难以实现的高难度动作。同时，宇树 H1 还配备了 360°全景深度感知技术，就像长了许多双眼睛，能将周围环境看得一清二楚，这为其完成转手绢、丢手绢等"技术活"提供了强大的适应性和稳定性。此外，技术团队还开发了一套编舞软件控制台，用来教机器人学跳舞、发布控制指令等。

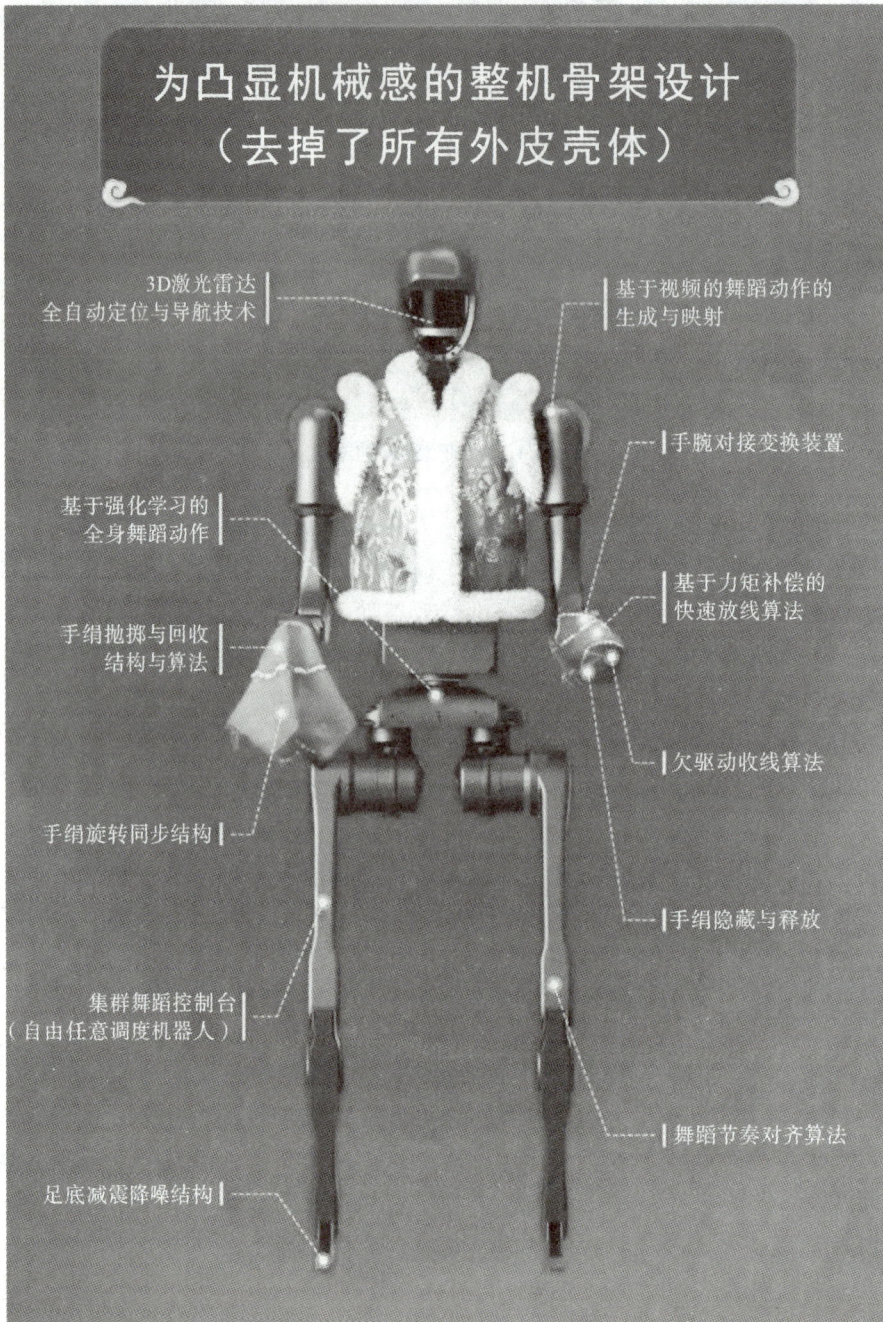

图 4-2 秧BOT

这场科技与艺术的跨界盛宴，不仅点燃了大众对机器人技术的热情，也为行业从业者、学生和爱好者提供了深度学习的契机。未来，机器人与 AI 的发展还能带给人们什么样的惊喜，我们一起拭目以待！

4.2　机器人的主要类型和应用

机器人的应用已经渗透到几乎所有行业,从工业制造到医疗健康,从农业到家庭服务,甚至太空探索。随着人工智能技术、传感器技术、5G 通信技术和材料科学的进步,机器人的类型和应用场景正在快速扩展。

4.2.1　机器人的主要类型

机器人的类型丰富多样,外形的设计直接决定了其运动能力和适用场景。以下主要根据机器人的外形对机器人进行分类,介绍各类型机器人的特征和原理。

1. 人形机器人

人形机器人模仿人类外形(头部、躯干、四肢)构造,具备双足行走或拟人化动作。通常用于服务接待、娱乐表演等场景,未来还可能用于家庭助手或危险环境作业。其主要原理是通过伺服电机、动态平衡和仿生关节实现平衡与运动。

2. 机械臂

机械臂通常为多关节串联结构,末端配备工具(如夹爪、焊枪)。通常用于工业焊接、汽车制造、电子装配、食品包装等工业场景。其主要原理是采用逆运动学计算关节角度,实现精准定位,通过示教编程或视觉引导实现操作控制。

3. 轮式/履带式机器人

轮式/履带式机器人通过轮子或履带移动,可以有针对性地适应平坦或粗糙地形。通常用于物流仓储搬运、送餐送货、环境探测等场景。主要原理有激光导航、差速驱动、实时建图与避障等技术。

4. 足式机器人

足式机器人外形多模仿动物或设计成多足行走,以适应非结构化地形,常见的有四足机器人、六足机器人等。通常用于野外勘探、救灾侦查等场景。主要原理有仿昆虫设计、冗余防跌倒设计、步态规划算法、力控反馈技术等。

5. 无人机/飞行机器人

无人机/飞行机器人一般通过旋翼或固定翼飞行,具备空中作业能力,如多旋翼无人机能够垂直起降、稳定悬停,固定翼无人机能够支撑长时间、长距离航行,可用于执行航拍、测绘、农业喷洒、物流配送、森林防火、应急救援、飞行表演等任务。主要原理有电机控制、精准悬停、航线跟踪等。

6. 软体机器人

软体机器人是一类由柔性材料制成、具有高度灵活性和适应性的机器人,其设计灵感常来自自然界中的软体生物(如章鱼、蠕虫、水母等)。可用于狭缝搜救/勘探、水下探索、血管介入等场景。主要原理有气动驱动、液压驱动、形状记忆合金、电活性聚合物、磁驱动等。

4.2.2 机器人的应用

1. 工业领域

在工业制造领域，机器人正发挥着关键作用。汽车制造环节的焊接、涂装和装配工序已普遍采用工业机器人完成，电子制造业中的印刷电路板生产和精密组装也实现了自动化作业。物流仓储方面，自动化分拣系统和智能搬运设备大幅提升了作业效率。在化工、核工业等特殊作业环境，机器人系统能够替代人工完成高危环境下的设备维护和检修任务。

2. 医疗领域

医疗健康领域是机器人技术应用的重要方向。手术辅助机器人系统为微创手术提供了精准稳定的操作支持，康复训练机器人可辅助患者进行规范化康复治疗。基于人工智能技术的诊断系统能够辅助医生进行医学影像分析，生命体征监测设备则为患者提供持续的健康监护。在医疗护理场景，服务型机器人可执行基础的护理辅助工作。

3. 家庭服务领域

民用服务领域见证了机器人技术的快速普及。家庭清洁机器人已实现地面清扫、窗户擦拭等日常家务的自动化，智能安防系统通过环境监测提供安全保障。在教育应用方面，机器人设备可作为教学辅助工具，在语言训练、科学实验等教学环节发挥特定功能。

4. 其他领域

农业生产的现代化转型也得益于机器人技术的应用。自动播种机、智能采摘设备等农业机器人显著提升了作业效率，基于机器视觉的水果分选系统实现了农产品品质的精准把控。

在特殊环境作业方面，机器人系统展现出独特优势。太空探索任务中，探测机器人承担着星球表面勘测、空间站维护等关键工作。深海探测领域，水下机器人系统能够执行长时间、大深度的海洋科考任务。

安全领域同样广泛应用机器人技术。无人侦察系统可执行危险环境监测任务，排爆机器人能够安全处置危险爆炸物。

机器人技术的持续创新正在推动各行业领域的智能化升级，机器人系统正在诸多专业领域创造新的技术解决方案。在未来，机器人应用的广度和深度将持续拓展，为社会发展注入新的技术动能。

泰山景区迎来"钢铁挑山工"!

2025 年 3 月，泰山景区迎来了一批特殊的"工作人员"——来自杭州宇树科技的四足机器人，如图 4-3 所示。这些科技感十足的"钢铁挑山工"正在用它们的"铁脚板"丈量泰山陡峭的山路，为景区运营带来全新变革。

实测数据显示，这些机器人的表现令人惊艳。

负重能力：轻松承载 120 kg 物资（相当于 4 桶桶装水）。

登山速度：红门到山顶仅需 2 h（比普通游客快一倍）。

地形适应：能稳健跨越 40 cm 障碍，在碎石、湿滑路面如履平地。

图 4-3　正在工作的机器狗

景区工作人员笑称："它们不知疲倦，风雨无阻，是我们最靠谱的新同事！"这些机器人不仅配备了先进的深度视觉系统，能像真正的登山者一样"眼观六路"，还能智能调整步伐，确保物资运输安全可靠。

目前，这批机器人主要承担垃圾清运和物资补给工作。但据景区透露，这只是智慧化建设的开始，未来还将开发更多实用功能，让科技更好地服务游客、保护环境。

4.3　智能机器人和自主无人系统

4.3.1　智能机器人

智能机器人正以其卓越的技术特性重塑着人机协作的边界。这些具备高度智能化和自主性的系统通过多模态感知、自主决策和持续学习等核心能力，正在多个领域展现出独特的技术价值。

1. 感知能力

智能机器人系统通过集成视觉、听觉、触觉等多源传感器阵列，构建了对物理环境的立体化认知能力。高分辨率摄像头捕捉视觉信息，精密麦克风阵列解析声学特征，而触觉传感器则实现了对物体纹理、硬度等物理特性的量化感知。这种多模态感知框架使机器人能够精确识别工作环境中的各类要素。

2. 学习能力

基于深度学习框架，机器人能够从海量操作数据中提取有效特征，通过强化学习不断优化决策模型，以适应不同的任务和环境变化。这种能力在工业质检、医疗诊断等专业领域已展现出显著优势，系统识别准确率随数据积累呈指数级提升。

3. 决策能力

基于感知到的信息和学习到的知识，智能机器人能够进行推理和决策。现代机器人采用分层决策架构，底层控制器处理实时动作规划，上层认知系统进行任务级决策。这种架构支持机器人在复杂环境中自主权衡多个目标函数，根据任务优先级、环境条件以及以往的经验来决定采取何种行动。

4. 自主性

智能机器人具有一定的自主性，能够在没有人类直接干预的情况下独立完成任务。自主性的实现依赖于机器人系统的闭环控制能力。从简单的定点移动到复杂的动态避障，现代机器人已能基于环境反馈和预设的目标和规则，自主规划行动步骤、调整行为方式，以适应环境的变化。

5. 交互能力

自然语言处理使语音指令识别率达到实用水平，计算机视觉实现了对肢体语言的精准解读。这使得智能机器人能够理解人类的语言指令、肢体动作、表情等，并以语音或其他方式进行回应，实现更加自然和便捷的人机交互。此外，一些智能机器人还能够与其他机器人进行通信和协作，共同完成复杂的任务。

6. 适应性

智能机器人能够适应不同的环境和任务需求。通过在线校准和自适应控制算法，它们可以根据环境的变化自动调整自身的行为和参数，以确保在各种复杂和动态的场景中都能正常工作，并且能够根据任务的变化快速切换工作模式或学习新的技能。

4.3.2 自主无人系统

自主无人系统是指能够在无人直接干预的情况下，通过环境感知、自主决策和任务执行来完成预定目标的智能系统。这类系统融合了人工智能、自动控制、传感器技术等多学科知识，代表了现代智能装备的最高水平。

1. 自主无人系统的架构

典型的自主无人系统采用分层式架构，由感知系统、决策系统、执行系统、通信系统组成。

感知系统由各类传感器如摄像头、雷达、激光雷达、超声波传感器等组成，负责实时感知周围环境信息，包括目标物体的位置、形状、运动状态，以及环境的地形、地貌、气象等数据。

决策系统基于感知系统获取的信息，运用复杂的算法与模型进行分析、推理和决策。根据任务目标和环境状况，制订出最优的行动方案，如完成路径规划、任务分配、行为选择等。

控制系统负责将决策系统生成的决策指令转化为具体的动作，控制无人系统的执行机构和执行部件，如无人机的螺旋桨、无人车的车轮、机器人的手臂等，直接完成各种物理动作，实现任务目标。

通信系统承担着系统内部各模块间以及系统与外部环境的信息交互任务。该系统通过有线或无线通信方式，确保感知数据、控制指令和状态信息的高效可靠传输。

2. 自主无人系统的发展趋势

(1)智能化程度不断提高。随着人工智能技术的不断发展，自主无人系统将具备更强的学习能力和智能决策能力，能够处理更复杂的任务和环境。

(2)多系统协同合作。多个自主无人系统之间的协同合作将成为发展趋势，通过网络通信和协同控制技术，实现多机器人、多无人机等的编队飞行、协同作业，完成更大型、复杂的任务。

(3)小型化和轻量化。为了提高自主无人系统的机动性和隐蔽性，其硬件设备将朝着小型化、轻量化方向发展，同时不降低性能和功能。

(4)安全性和可靠性增强。在军事和民用等关键领域的应用，要求自主无人系统具备更高的安全性和可靠性。研发人员将通过改进硬件设计、优化软件算法、加强故障诊断和容错控制等技术手段，确保系统在各种恶劣环境和复杂情况下的稳定运行。

本章总结

本章从机器人核心概念出发，介绍了机器人的发展历程、主要类型、应用领域，以及智能机器人、自主无人系统的相关知识。未来人机协作会更紧密，对机器人交互性能与安全性能的要求将进一步提升，人工智能将融合多领域技术，拓宽应用范畴。

综合实训

了解我国智能机器人发展现状

一、实训目的

(1)了解我国智能机器人产业的技术发展、市场应用及政策支持情况。

(2)培养信息检索、数据分析、团队协作及报告撰写能力。

(3)增强对前沿科技的兴趣，提升产业认知和职业规划能力。

二、实训内容

(1)调研我国智能机器人产业规模、主要企业及全球竞争力。

(2)梳理智能机器人核心技术创新点。

(3)了解智能机器人在工业、医疗、服务、农业等领域的典型应用案例。

(4)了解国家及地方政策对智能机器人产业的扶持措施。

(5)思考智能机器人当前面临的技术瓶颈、市场机遇及未来发展方向。

三、实训步骤

1. 资料收集与整理

(1)线上调研：

—查阅工信部、科技部等政府发布的智能机器人产业报告。

—搜索行业龙头企业的技术白皮书。

—收集学术论文、专利数据。

(2)案例研究：选取 2～3 个典型应用案例分析其技术特点、市场表现及社会影响。

2. 数据分析与讨论

(1)对比国内外智能机器人技术差距。

(2)讨论相关政策对产业发展的影响。

(3)制作图表展示我国机器人市场规模增长趋势。

(4)绘制技术应用分布图。

3. 报告撰写与汇报

报告内容：

—行业现状总结(500 字以内)。

—分析技术突破与典型案例(重点部分)。

—结合政策与市场需求预测我国智能机器人未来发展趋势。

汇报展示，投票选出"最佳调研报告"和"最具创新性案例"。

课后练习题

一、选择题

1. 人工智能应用中，用于处理语音信号并转化为文本的技术是(　　)。

A. 计算机视觉　　　　B. 自然语言生成　　C. 语音识别　　　　D. 知识图谱构建

2. 工业机器人的主要应用场景不包括(　　)。

A. 产品装配　　　　　B. 医疗手术　　　　C. 物料搬运　　　　D. 焊接加工

3. 在传统的机器人定义中，机器人的部分组成不包括(　　)。

A. 一个传感器集合

B. 一个定义机器人的行为的程序

C. 一个控制器和一个运算器

D. 一个传动器和受动器集合

4. 以下哪种机器人具有拟人化的外观和行为？(　　)

A. 轮式机器人　　　　B. 人形机器人　　　C. 履带式机器人　　D. 足式机器人

5. 自主无人系统架构不包括(　　)。

A. 感知系统　　　　　B. 决策系统　　　　C. 传送系统　　　　D. 通信系统

二、简答题

1. 简述机器人和智能机器人的区别。

2. 请列举一些机器人代替人类工作的案例。

3. 简要概括自主无人系统的结构特点。

4. 机器人智能的提升会产生怎样的影响?

5. 挑选一个角度展望机器人与人工智能未来的发展方向。

第 5 章

人工智能的应用

本章导读

本章将深入探讨人工智能（AI）在多个领域的广泛应用，从医疗保健到娱乐产业，再到工业制造和安全领域等。我们不仅会看到 AI 如何改变这些行业的工作方式，提高效率和准确性，还将了解 AI 技术如何影响我们的日常生活，掌握其在不同场景下的具体应用。

知识目标

◈掌握人工智能在各领域的主要应用场景。

◈了解大模型技术的基本概念及其在实际中的应用。

◈熟悉小模型的具体应用案例。

◈了解人工智能应用的发展趋势。

能力目标

◈能够分析并选择合适的人工智能技术解决特定行业的问题。

◈具备评估不同 AI 模型在实际项目中适用性的能力。

◈能够设计简单的 AI 应用场景。

◈能够从多个角度审视 AI 技术带来的正面与负面影响。

素质目标

◈培养对新兴技术的好奇心和探索精神。

◈提升批判性思维能力。

◈加强团队合作意识，在项目实践中与他人协作完成复杂任务。

◈提高对前沿技术的关注度和探索热情。

5.1　人工智能的应用场景

5.1.1　医疗保健

1. 疾病诊断

(1)辅助医生决策。人工智能系统可以通过分析大量的病例数据，包括患者的症状、体征、实验室检查结果等多源信息，辅助医生对患者进行诊断，避免误诊和漏诊。

(2)早期发现潜在疾病。以心血管疾病为例，AI 可以通过分析患者的心电图数据，识别出微小的心律不齐，这种变化可能在常规检查中被忽略，但却是心血管疾病的早期预警信号。

(3)个性化诊断方案。每个患者都是独特的个体，人工智能可以根据患者的基因特征、生活方式等因素制订个性化的诊断方案。在肿瘤诊断领域，通过对患者肿瘤组织的基因测序数据进行分析，AI 可以确定肿瘤的特定突变类型。

2. 医疗影像分析

(1)快速精准定位病变区域。在医学影像(如 X 光片、CT 影像、MRI 影像等)中，人工智能算法可以对影像进行高效处理，迅速标记出可疑病变区域。如图 5-1 所示，精准定位微小结节，大大提高诊断效率，减少了医生的工作负担。

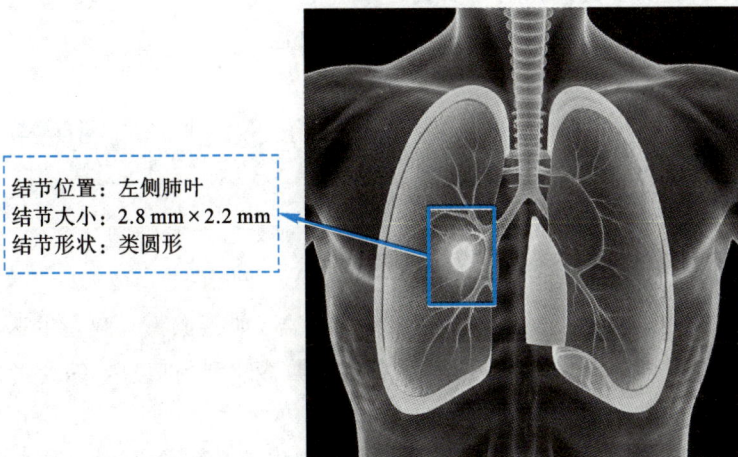

图 5-1　AI 标记可疑病变区域示意图

(2)病变性质判断。除了定位病变区域，人工智能还可以辅助判断病变的性质。例如，在骨科影像中，AI 能够准确判断骨折的类型(如粉碎性骨折、裂缝骨折等)，为后续的治疗方案选择提供依据。

(3)影像质量提升与标准化。人工智能技术可以用于改善影像质量，例如去除噪声、增强对比度等。对于不同医院、不同设备采集的影像数据，AI 可以帮助实现标准化处理，方便医生进行远程会诊和跨机构协作。

3. 药物研发辅助

（1）靶点发现与验证。人工智能可以通过分析大规模的生物医学文献、基因组数据、蛋白质结构数据等，预测可能的药物靶点，然后，再通过计算机模拟实验对这些靶点进行初步验证，筛选出最有潜力的靶点用于后续的药物研发工作。

（2）药物分子设计与优化。人工智能可以根据已知的药物分子结构和活性数据构建模型，预测新的药物分子结构及其活性。还可以对药物分子进行优化，调整其化学结构以提高药效、降低毒性。

（3）临床试验预测与风险评估。人工智能可以根据历史数据以及患者的人口统计学特征、基因特征等因素，预测新药在临床试验中的表现，从而帮助研究人员合理设计临床试验方案，提高药物研发的成功率，减少不必要的资源浪费。

拓展阅读

DeepMind 开发的 AlphaFold 是蛋白质结构预测领域的重大突破。AlphaFold 通过深度学习模型，能够准确预测蛋白质的三维结构，如图 5-2 所示，这一技术在 2020 年 CASP1 竞赛中展示了其卓越性能。它的成功不仅加速了蛋白质结构解析的进程，也为新靶点的发现提供了重要帮助。AlphaFold 的应用已经使得研究人员能够更快速地识别潜在靶点蛋白质，进而推动了新药开发的进展。

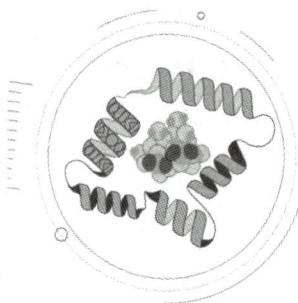

图 5-2　蛋白质结构预测

5.1.2　交通出行

1. 自动驾驶

（1）感知与决策。自动驾驶系统通过各种传感器（如摄像头、激光雷达、毫米波雷达等）来感知周围环境，如图 5-3 所示。然后根据感知到的信息，综合考虑车辆的速度、距离障碍物的距离等多种因素，做出决策。

（2）路径规划。自动驾驶汽车可以通过人工智能算法综合考虑交通流量、道路限速、路况（如施工路段）、天气状况等因素，实时为驾驶员规划到达终点的可行路线。

（3）提高交通安全性和舒适性。人工智能系统可以精准地控制车辆的加减速和转向操作，在紧急情况下，自动驾驶系统能够在极短时间内采取制动措施，减少碰撞的可能性。

图 5－3　车载传感器

2. 智能交通管理系统

（1）交通流量监测与预测。智能交通管理系统利用安装在道路上的各种传感器收集交通流量数据，人工智能算法对这些海量数据进行分析处理，不仅能够实时监测当前的交通流量状况，还能对未来一段时间内的交通流量进行预测。

（2）信号灯优化控制。智能交通管理系统借助人工智能技术，通过对各个路口的交通流量进行实时监测，可以根据实际需求动态调整信号灯的时长，有效提高路口的通行效率，减少车辆的等待时间，降低交通拥堵程度。

（3）交通违章检测与管理。视频监控设备结合人工智能图像识别技术，可以自动检测交通违章行为，如图 5－4 所示。一旦检测到违章行为，系统会记录下车辆的相关信息（如车牌号码），并将违章证据发送给交通管理部门。

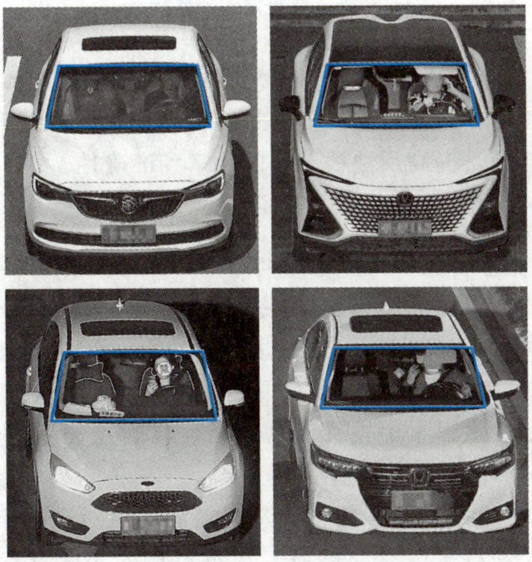

图 5－4　驾驶员接打电话违章检测示意图

5.1.3　金融领域

1. 风险预测

(1)信用风险评估。人工智能可以通过整合大量多源数据，利用机器学习算法构建信用评分模型，更精准地量化借款人的违约概率，从而为银行等金融机构确定贷款额度、利率等提供依据，降低不良贷款率。

(2)市场风险预测。人工智能技术可以对宏观经济指标、行业动态、市场情绪等多种因素进行综合分析，捕捉时间序列数据中的长期依赖关系，预测市场的走势趋势，使金融机构能够及时调整资产配置策略。

(3)操作风险防范。金融机构内部的操作流程复杂，人工智能可以监控员工的操作行为，当员工的操作偏离正常范围时，及时发出警报。还可以对信息技术系统的运行状态进行实时监测，提前发现可能的安全隐患。

2. 欺诈检测

(1)交易欺诈识别。在支付领域，人工智能可以对每一笔交易的数据进行全面分析，识别出一些隐藏在数据背后的欺诈模式，并在发现异常情况时发出预警，以保护消费者财产安全。图5-5为某金融平台的交易欺诈风险提示。

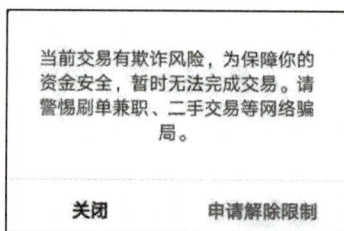

当前交易有欺诈风险，为保障你的资金安全，暂时无法完成交易。请警惕刷单兼职、二手交易等网络骗局。

关闭　　　申请解除限制

图5-5　交易欺诈风险提示

(2)身份验证与反洗钱。人工智能可以综合分析各种信息对客户身份进行核实，同时对资金来源、资金流向、交易对手等信息进行深度挖掘，构建客户之间的关系网络，发现异常的资金转移链条，提高反洗钱工作的效率和准确性。

3. 投资决策辅助

(1)量化投资策略。人工智能在量化投资领域展现出巨大潜力。人工智能算法可以处理海量的金融数据，从中挖掘出有价值的投资信号。一些量化投资基金已经将人工智能融入投资流程，实现了超越市场的收益水平。

(2)个性化投资建议。每个投资者都有不同的风险偏好、投资目标和财务状况。人工智能可以根据这些个性化因素为投资者构建个性化的投资组合优化模型，提供定制化的投资建议。

(3)宏观经济环境下的投资策略调整。宏观经济环境对金融市场有着深远的影响。人工智能可以实时跟踪全球宏观经济数据，根据市场的实际反馈不断优化投资策略，以适应不断变化的宏观经济环境。

拓展阅读

身份验证机制必须符合相关法律法规和行业标准，以确保系统的合法性和用户数据的安全。下面是《中华人民共和国网络安全法》第二十四条和第二十六条的内容：

第二十四条　国家实施网络可信身份战略，支持研究开发安全、方便的电子身份认证技术，推动不同电子身份认证之间的互认。网络运营者为用户办理网络接入、域名注册服务，办理固定电话、移动电话等入网手续，或者为用户提供信息发布、即时通讯等服务，在与用户签订协议或者确认提供服务时，应当要求用户提供真实身份信息。用户不提供真实身份信息的，网络运营者不得为其提供相关服务。

国家实施网络可信身份战略，支持研究开发安全、方便的电子身份认证技术，推动不同电子身份认证之间的互认。

第二十六条　开展网络安全认证、检测、风险评估等活动，向社会发布系统漏洞、计算机病毒、网络攻击、网络侵入等网络安全信息，应当遵守国家有关规定。

从国家层面看，这体现了网络安全认证在构建整个网络空间信任体系中的基础性地位。国家通过支持安全便捷的电子身份认证技术研发，旨在从根本上提升用户身份的真实性验证水平。推动不同电子身份认证之间的互认，有助于打破不同认证系统之间的壁垒，提高身份认证的效率和通用性，从而更好地维护网络安全环境下的身份秩序。

对于网络运营者而言，其必须严格执行提供相关服务时要求用户提供真实身份信息的规定。这是网络安全认证在具体业务场景中的体现，是确保网络行为可追溯、防止网络犯罪的重要手段。如果用户不提供真实身份信息就不为其提供服务，这种强制性的规定将有效促使用户遵守网络安全认证的要求，保障网络空间的有序运行。

上述两个条款表明网络安全认证不仅是维护网络安全的手段，更是法律规定的强制性义务，且有着严格的法律规定来保障其执行。

5.1.4　教育领域

1. 智能辅导系统

智能辅导系统(intelligent tutoring systems，ITS)是基于人工智能技术开发的教学工具，它能够根据学生的学习进度和表现，动态调整教学内容和难度，为学生提供一对一的个性化辅导。这类系统的基本结构如图5-6所示。

2. 个性化学习路径规划

每个学生的知识基础、学习能力和学习风格都存在很大差异，传统的"一刀切"式教学方

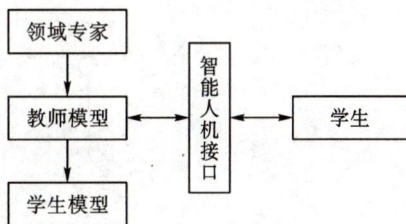

图 5-6　ITS 的四模块结构

法难以满足所有学生的需求。人工智能通过收集学生的学习数据，构建起全面的学生画像，可以为每个学生量身定制个性化的学习路径。

3. 智能化教学管理与评估

人工智能还可以应用于教学管理和评估环节。通过对大量教学数据的分析，帮助学校和教师更科学地制订教学策略，优化课程设置，提高教学质量。同时，智能化的评估系统能够更加客观、全面地评价学生的学习成果。

5.1.5 娱乐产业

1. 游戏中的智能角色

(1)逼真的行为表现。在现代游戏中，NPC(non-player character，非玩家角色)不再是按照固定脚本机械行动的木偶。借助人工智能技术，它们能基于情境和玩家特征展现出更加逼真的动态交互，使游戏世界更加鲜活。

(2)学习与适应能力。一些先进的游戏已经开始采用机器学习算法来赋予智能角色学习能力。这些角色能够通过不断地与玩家互动，总结经验并调整策略，就像真正的对手一样不断成长和进化，极大地提高了游戏的可玩性和趣味性。

2. 内容推荐系统

(1)海量数据挖掘下的精准匹配。内容推荐系统利用人工智能强大的数据处理能力，从多维度数据中挖掘出用户的偏好，不仅节省了用户寻找心仪内容的时间，还提高了用户发现优质内容的概率。

(2)个性化推荐与社交融合。除了依据个人喜好进行推荐外，现代的内容推荐系统还将社交元素融入其中。例如，当一位用户的好友分享了一首歌曲或者一部电影时，该用户就有很大可能会被推荐相关类型的内容，如图5-7所示。

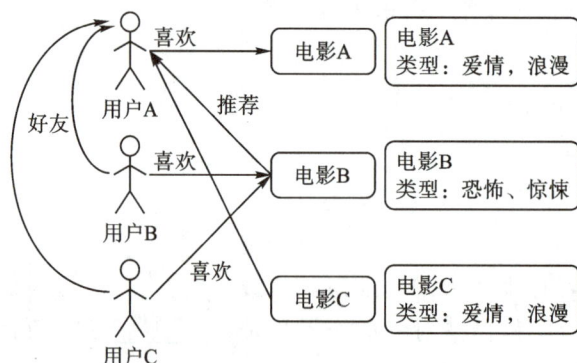

图5-7 个性化电影推荐

5.1.6 制造业

1. 质量控制

(1)实时监测与缺陷检测。人工智能通过机器视觉技术，可以对生产线上的产品进行实时监测。例如，在电子元件制造中，智能质检系统能够快速识别电路板上微小的缺陷、偏差，如图5-8所示，大大提高了出品效率和稳定性。

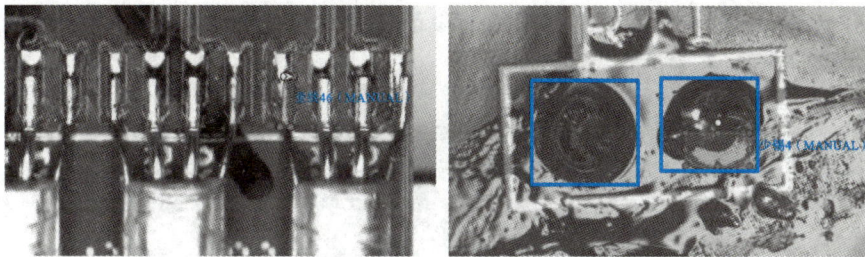

图5-8 电子元件焊点检测

(2)预测性质量分析。人工智能可以从大量的历史生产数据中挖掘出潜在的质量影响因素，建立质量预测模型。当新的生产任务开始时，根据当前使用的原材料和设定的工艺参数，及时调整生产流程，避免产生大量不合格品。

2. 供应链优化

(1)需求预测。准确的需求预测对于制造业的供应链管理至关重要。人工智能可以根据市场趋势、季节变化、宏观经济环境等多种因素构建复杂的需求预测模型。帮助企业合理安排原材料采购计划，减少库存积压，提高资金周转率。

(2)供应商选择与评估。在众多供应商中选择合适的合作伙伴是供应链优化的重要环节。人工智能可以通过数据分析，建立供应商评估指标体系，从多个维度对潜在供应商进行评分，帮助企业筛选出优质供应商。

(3)物流优化。人工智能可以优化制造业供应链中的物流配送环节。智能物流系统可以综合考虑交通状况、运输成本、时间限制等因素，确定最佳的配送路线和运输方式，并实时跟踪货物运输状态，以便及时应对突发情况。

3. 机器人自动化生产

(1)高精度作业。人工智能赋予了机器人更高的作业精度。在半导体芯片的生产过程中，机器人可以在微米甚至纳米级别进行操作，如图5-9所示。这种高精度的自动化生产可以提高产品的质量一致性，减少人为操作失误带来的损失。

图5-9 全自动机器正在进行晶圆电气特性检测

（2）自适应生产流程。借助人工智能技术，机器人可以实现自适应生产流程。它们能够像熟练工人一样灵活应对各种生产任务，大大提高生产效率的同时也降低了生产过程对人工技能的依赖程度。

5.1.7　安全领域

1. 监控与预警系统

（1）智能视频监控。人工智能能够通过计算机视觉技术对监控视频中的人员行为进行实时分析，快速准确地检测出监控画面中的特定目标，如车辆、行人等，并对其进行持续跟踪，如图 5-10 所示。

图 5-10　智能视频监控示例

（2）环境风险预警。在自然环境中，人工智能系统通过对地震波、气象数据等数据的学习，建立自然灾害预测模型，提前预警台风、暴雨等灾害性天气，为政府和民众提供充足的时间进行防灾减灾准备。

2. 网络安全防御

（1）威胁检测与分类。人工智能可以通过对恶意软件的行为模式进行学习，来检测未知的恶意软件。还能够识别多种类型的网络攻击，并及时通知网络安全防护系统采取相应的防御措施。

（2）用户身份认证与权限管理。在身份认证方面，人工智能可以辅助实现更高级别的多因素身份认证。还可以对用户的登录行为进行分析，根据用户的行为和上下文环境动态调整其在网络系统中的权限，防止权限滥用带来的安全风险。

5.2　人工智能大模型

5.2.1　图像识别与处理

1. 图像分类与标注

图像分类与标注是计算机视觉领域中的重要任务之一，旨在通过训练深度学习模型来自动识别和分类图像中的物体,并为其添加相应的标签。即给定一幅输入图像,通过某种分类算法来判断该图像所属类别,如图 5－11 所示。广泛应用于自动识别和归类图像内容,如图像检索、智能相册管理、医疗影像诊断、社交媒体内容审核等。

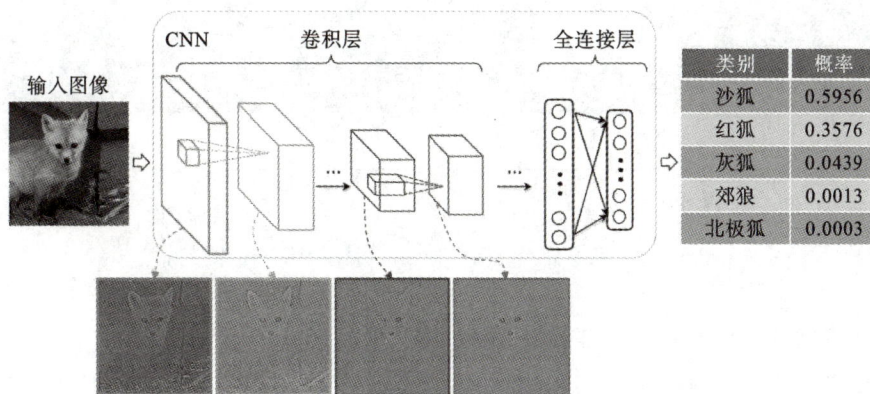

图 5－11　图像分类模型的一般结构

图像分类的主要过程包括图像预处理、特征提取和分类器设计。在图像分类的领域,深度学习中的卷积神经网络可谓大有用武之地。相较于传统的图像分类方法,其不再需要人工对目标图像进行特征描述和提取,而是通过神经网络自主地从训练样本中学习特征。

2. 目标检测与定位

目标检测与定位是计算机视觉系统的一个重要内容,其功能是在图片或视频中找出所有感兴趣的对象,并给出它们的位置信息。如果说图像分类与标注解决了"是什么"的问题,那么目标检测与定位就解决了"在哪里"以及"是什么"的问题。二者的对比如表 5－1 所示。

表 5－1　图像分类模型与目标检测模型的对比

特征对比	图像分类	目标检测
输出	每张图片输出单个标签	多标签与检测框
空间信息	无	提供目标位置信息
复杂度	相对简单	检测多目标,更复杂
使用场景	识别主要目标	识别与定位多个目标
流行算法	CNN	YOLO、Faster R－CNN、SDD

目标检测与定位模型通常通过边界框、关键点或其他形式的几何描述,帮助计算机视觉系统知道图像中有哪些物体,以及这些物体的具体位置和大小,如图 5－12 所示,这对于许多应用场景(如自动驾驶、安防监控、医疗影像分析等)至关重要。

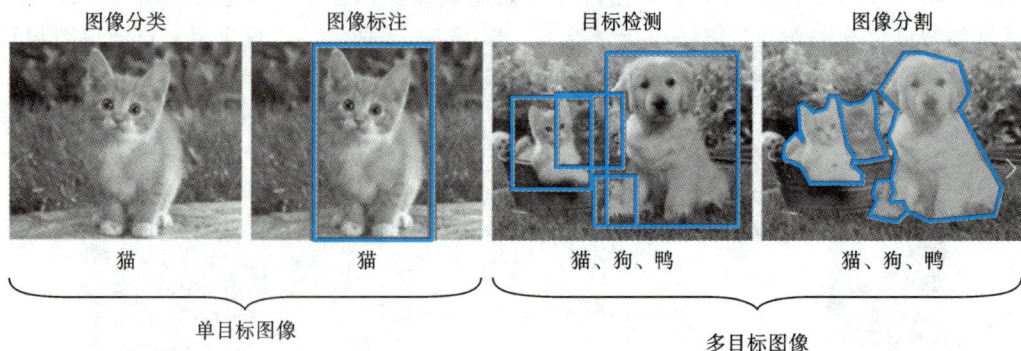

图 5-12　图像分类、图像标注、目标检测与图像分割

3. 图像生成与编辑

借助于生成对抗网络(GANs)、变分自编码器(VAEs)以及其他相关技术，现代 AI 大模型能够在不同层次上创造逼真的图像，例如合成具有特定风格的人脸图像、物体图像、风景图像等。

图像编辑同样受益于这些进展，用户只需提供简单指示就能让系统按照意图修改现有图片。例如，Deepfake 技术虽然存在争议，但确实体现了强大的换脸功能，如改变发型、年龄、表情等；而像 Adobe Photoshop 这样的专业软件也开始集成 AI 驱动的功能，如智能填充、去背景等，极大地提高了工作效率。

4. 图像理解与场景分析

要使得机器真正"看懂"一幅画作，仅仅依靠上述提到的技术还不够。还需要让机器具备更高层次的理解能力，包括但不限于识别人物之间的互动关系、推断事件发生的因果链条、感知环境氛围等。

人工智能图像理解与场景分析可以通过让机器模拟人类的视觉感知和认知过程，对图像中的物体、场景元素及其相互关系进行识别、分类、定位和解释，例如根据文本提示检索最相似的图片、根据图片生成相关文字描述、进行图文混合的持续性的问答交流等。

借助深度学习等先进算法，系统还可以从海量数据中自动学习特征表示，实现对复杂场景下目标的精准检测，并对整个场景内容形成高层次的理解，例如判断事件的发生、人物的行为意图等，从而为自动驾驶、智能监控、医疗影像诊断等诸多应用场景提供核心技术支撑。

拓展阅读

以下是一个较为通用的使用 AI 生成图像的描述公式：

主体＋状态＋颜色＋风格＋场景＋视角＋构图＋光影

示例：一只小猫＋正在睡觉＋粉色的毛发，白色的爪子＋动画风格＋在一个花园里＋45°俯视视角＋光线明亮。生成的图片如图 5－13 所示。

图 5－13　AI 生成的小猫图片

请尝试写一句类似的描述，并使用任意 AI 工具通过该描述生成图片，如果对生成的图片不满意，你可以尝试提供更详细的描述词，或使用平台提供的编辑工具调整图片的细节。

5.2.2　语音识别与合成

1. 语音识别

语音识别（automatic speech recognition，ASR）是将人类的语音信号转换为计算机可读的文本或命令的技术。其基本原理涉及声学模型和语言模型，常应用于智能家居、语音输入系统中。声学模型负责从语音信号中提取能够表征语音信号的音色、音调等信息的特征参数，然后通过训练大量的语音数据，建立语音特征与音素之间的映射关系。语言模型则根据上下文预测最有可能出现的单词序列。

2. 语音合成

语音合成（text to speech，TTS）是将文本信息转化为自然语音输出的过程。早期的语音合成主要基于规则方法，从预先录制好的语音片段库中挑选合适的片段进行拼接组合。现代的语音合成更多地采用基于深度学习的方法，通过大量的语音数据训练，学习语音中的韵律、语调、发音等规律，生成更加自然流畅的语音。有声读物、汽车导航等都应用了语音合成技术。

3. 语音交互

语音交互是一种人机交互方式，它融合了语音识别和语音合成技术，让用户能够通过自然的语音对话与设备或软件进行交流，如图 5－14 所示。其特点是更加符合人类的交流习惯，不需要复杂的操作界面，用户只需说出自己的需求即可。目前，语音交互已经在很多领域得到应用，如智能音箱、智能手机助手等。同时，也面临着环境噪声干、语义理解不深入、口音识别和合成不准确等问题。

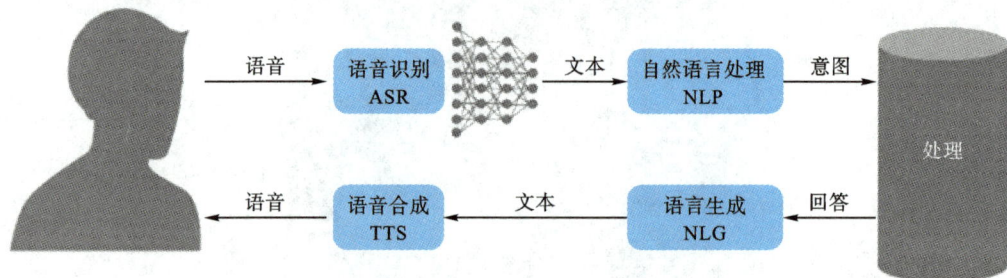

图 5 - 14　语音交互系统

5.2.3　多模态融合

多模态融合是指将来自不同感官或数据源(如图像、文本、音频、视频等)的多种信息进行整合，通过统一的模型结构来处理和理解这些异构数据。它的核心特点是：跨模态——能够处理不同类型的数据格式；互补性——不同模态的信息可以相互补充；协同性——多种模态共同作用提升识别准确率。多模态 AI 模型包含多模态理解和多模态生成两个大类。

1. 多模态理解

多模态理解是指人工智能系统能够处理和解析来自不同感官或来源的数据，并从中提取出有意义的信息。例如，在一个智能安防系统中，它需要同时理解监控摄像头拍摄的视频图像(视觉模态)以及环境中的声音信号(听觉模态)，判断是否有异常或安全隐患；在一个医疗诊断系统中医生可以利用多模态理解技术，通过 X 光片(视觉模态)、心电图(听觉模态)以及病历文本(文本模态)等信息来综合分析，发现单一模态难以察觉的问题，提高诊断的准确性。

2. 多模态生成

多模态生成是根据给定的一种或多种模态的数据，生成新的其他模态的数据。例如，根据一段描述风景的文字(文本模态)，生成对应的风景画(视觉模态)。变分自编码器(VAE)和生成对抗网络(GAN)等深度学习模型被广泛应用于图像和文本等模态的生成任务，通过复杂的神经网络结构来捕捉文本和图像模态之间的联系，并基于这种联系生成目标图像。

3. 多模态生成融合模型的发展方向

多模态融合模型的发展存在不同模态的数据表示差异大、模态间语义难以对齐等问题。突破这些难题之后，多模态融合模型有望向更高效的跨模态预训练模型、轻量化的多模态架构、增强现实与虚拟现实领域的应用，以及在物联网环境下实现多设备的高效协同等方向发展。

课堂练习

以下是多模态融合模型应用场景的若干示例。在日常生活中，还有哪些多模态融合模型的应用实例？你能列举一些吗？

智能语音助手——融合语音和视觉信息

自动驾驶——融合摄像头、雷达等多传感器数据

医疗影像分析——融合 X 光、CT 等不同成像方式

视频内容理解——综合分析画面与声音

_____

_____

_____

5.2.4　其他大模型应用

1. 智能决策与预测

智能决策与预测的大模型采用循环神经网络、变体长短期记忆网络、门控循环单元等能够处理时间序列数据的算法，基于大量的历史数据进行训练，解决具有时序特性的决策问题，如库存管理、传染疾病的防控、金融趋势分析等。智能决策与预测流程示意图如图 5-15 所示。

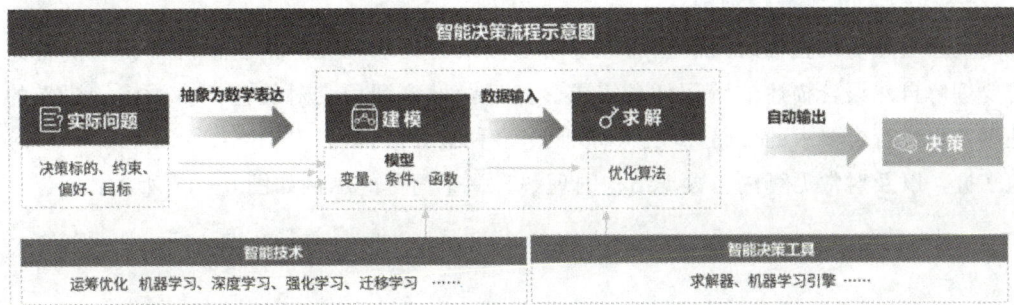

图 5-15　智能决策与预测流程示意图

2. 智能推荐系统

智能推荐系统大模型主要依赖于协同过滤、基于内容的推荐和混合推荐方法。

协同过滤又分为基于用户的协同过滤和基于物品的协同过滤，如图 5-16 所示。基于用户的协同过滤是寻找与目标用户兴趣相似的其他用户，然后将这些用户喜欢的项目推荐给目标用户；基于物品的协同过滤则是根据用户对不同物品的评价，找出相似的物品，如果用户喜欢某个物品，就可能也喜欢与其相似的其他物品。

基于内容的推荐则是根据物品的内容特征（如文本、图像等）和用户的偏好特征来进行匹配。混合推荐则是结合多种推荐方法的优势，提高推荐的准确性和多样性。

"人以群分"的基于用户的协同过滤　　　　　　"物以类聚"的基于物品的协同过滤

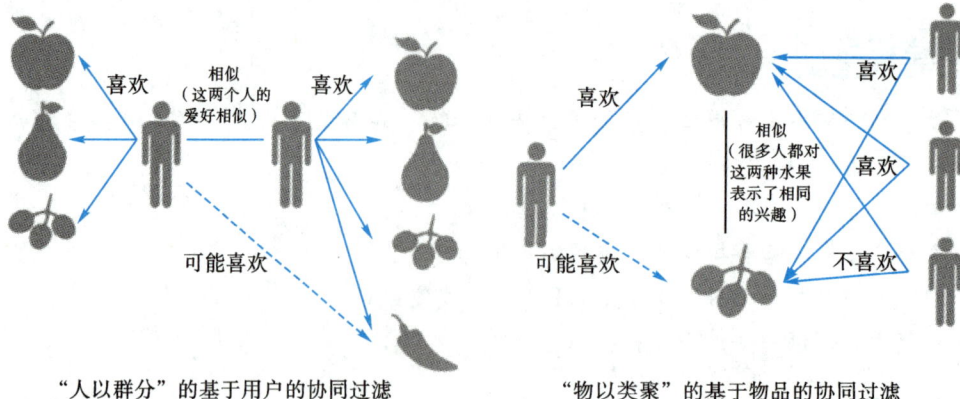

图 5 - 16　协同过滤的原理示意图

课堂练习

　　在你的日常生活中，接触过哪些智能推荐系统？它们的推荐效果怎么样？请试着分析它们推荐效果好/坏的原因。

_____

_____

_____

3. 代码生成与编程辅助

　　代码生成与编程辅助大模型通常基于自然语言处理和程序语言的理解。它们首先需要理解自然语言描述的编程任务需求。然后，模型利用其对编程语言语法、语义的理解，生成符合要求的代码片段。这涉及对多种编程语言（如 Python、Java、C＋＋等）的掌握，以及对常见算法、数据结构的理解。一个简单的示例如图 5-17 所示。

图 5 - 17　使用 AI 模型生成 Python 代码

一些先进的模型还可以提供代码调试建议。当检测到代码可能存在错误时，能够指出可能的问题所在，如变量未定义、语法错误等，并给出修正提示。对于刚刚接触编程的学习者来说，这类大模型可以作为很好的辅助工具。对于专业程序员来说，也可以使用这些模型来加速开发过程。

4. 机器人控制与交互

机器人控制与交互大模型需要整合多个技术领域。在控制方面，它涉及运动学和动力学建模，模型要根据机械臂的关节结构、长度等参数建立运动学方程，以确定各个关节的角度如何变化才能使机械臂末端到达指定位置。在交互方面，主要是基于语音识别、自然语言处理和计算机视觉等技术。语音识别将用户的语音指令转换为文本；自然语言处理用于理解文本的语义，从而确定机器人的响应动作；计算机视觉则可以让机器人感知周围环境，以便更好地与环境互动。常见的应用场景有：在酒店、餐厅等场所可以通过与顾客的语音交互来提供服务的服务机器人、在工厂车间里执行各种生产任务的工业机器人等，如图 5 – 18 所示。

图 5 – 18　餐厅服务机器人和焊接机器人

5.3　人工智能小模型

5.3.1　金融领域

1. 信用风险评估模型

传统的信用风险评估主要依赖于一些固定的指标，如收入、资产、负债等。而基于人工智能的模型可以处理更复杂的数据类型。深度学习模型(如卷积神经网络或循环神经网络)可以分析客户的非结构化数据，通过挖掘隐藏在数据中的模式来创建用户画像，更准确地评估客户的还款意愿和能力，如图 5 – 19 所示。

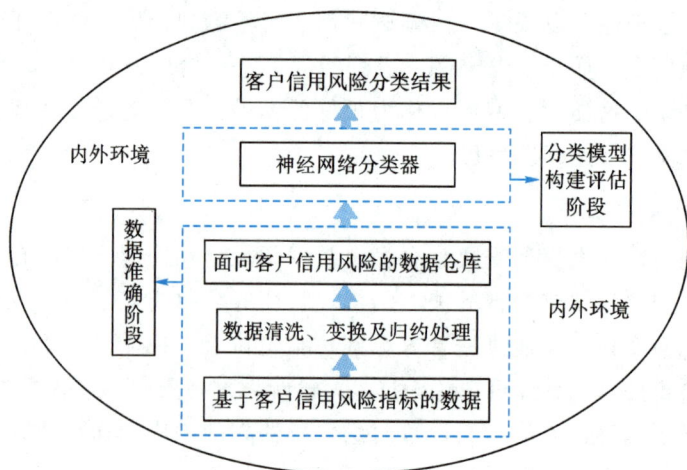

图 5 - 19　信用风险评估模型的结构

2. 市场风险预测

在金融市场中，价格波动是市场风险的重要体现。人工智能模型如支持向量机（SVM）、随机森林等可用于预测股票、债券等金融产品的价格走势；长短期记忆网络（LSTM）等时间序列分析模型可以利用历史汇率数据以及相关的宏观经济数据，捕捉其中复杂的动态关系，从而提前预警汇率可能出现的大幅波动。

5.3.2　医疗领域

1. 疾病诊断辅助

常用的机器学习算法如决策树（图 5 - 20）、随机森林（图 5 - 21）等可用于构建疾病诊断辅助模型。以决策树为例，它通过一系列的规则对患者数据进行分类判断。比如，在判断肺炎时，根据体温是否超过一定阈值、咳嗽的频率和性质（干咳还是有痰）、血常规中的白细胞计数等特征，沿着决策树的分支逐步确定最可能的诊断结果。

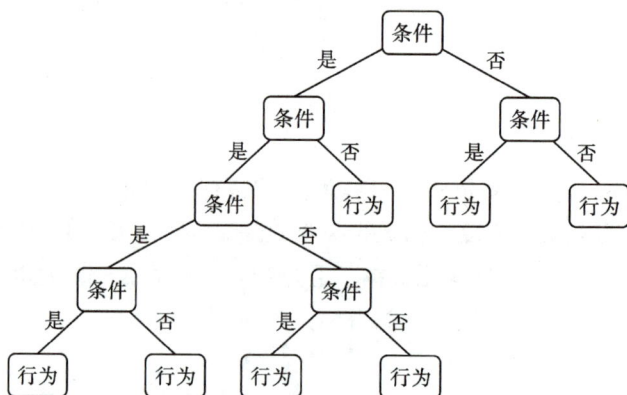

图 5 - 20　决策树示例

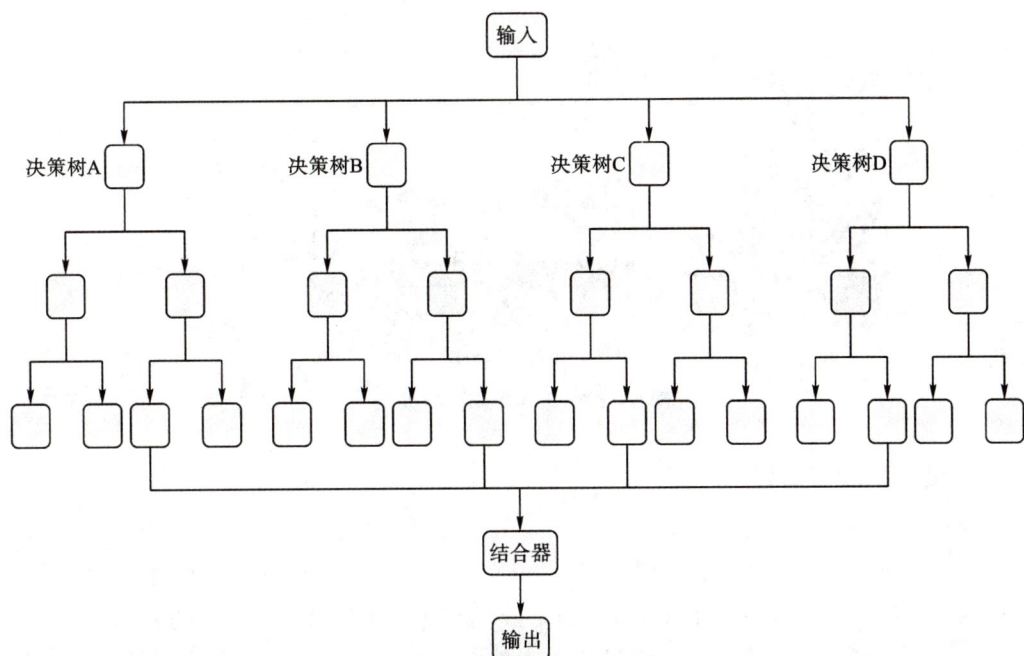

图 5-21　随机森林示例

深度学习中的神经网络也在疾病诊断辅助方面发挥着重要作用。例如，卷积神经网络（CNN）可以处理结构化的医学数据，并且能够自动学习到更深层次的特征组合。在一些罕见病的诊断中，深度学习模型可以挖掘出传统方法难以发现的复杂关联模式。

2. 医学影像分析

医学影像涵盖了多种类型，如 X 光片、计算机断层扫描图像（CT）、磁共振成像（MRI）、超声波图像等。不同的影像类型有不同的特点和挑战。例如，X 光片虽然简单快捷，但其二维投影特性可能会使某些病变被遮挡或模糊不清；CT 能够提供断层图像，但辐射剂量相对较高；MRI 对软组织分辨率高，但成像时间长且成本较高；超声波图像实时性强，但受操作者经验影响较大。

对于 X 光片，人工智能模型可以通过特征学习、迁移学习及图像识别技术检测骨折、肺部结节等病变，如图 5-22 所示。基于深度学习的目标检测算法，如 YOLO 系列或 FasterR-CNN，可以在 X 光片上快速定位异常区域并给出初步判断。在 CT 影像分析方面，3D 卷积神经网络可以对整个三维体积数据进行处理。最终实现计算机生成自动化诊断报告、肺部疾病热感识别、CT 肺结节自动标注与分析、智能文本纠错、胸片实时质控、磁共振血管斑块诊断评估以及脑部 CT 脑出血自动检测等功能。

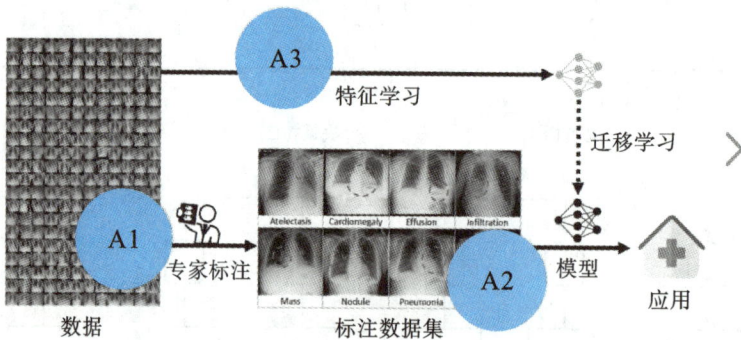

图 5-22 医学影像分析模型

3. 健康监测与预警

现代可穿戴设备如智能手环、智能手表等能够通过内置的传感器持续收集用户的生理参数，包括心率、血压、睡眠状态、运动量等，如图 5-23 所示。此外，还有一些专业的家用健康监测设备，如远程血压计、血糖仪等，可以将数据上传到云端。

人工智能模型可以根据长期积累的个人健康数据建立个性化的健康预测模型。例如，通过分析一个人的心率变异性、血压波动趋势等数据，预测心血管疾病发作的风险。如果发现某用户的心率突然出现异常升高或降低，并且这种变化与日常活动不符，系统就会触发预警机制，提醒用户及时就医或采取相应的措施。同时，基于用户的年龄、性别、家族病史等个体差异，人工智能可以提供个性化的健康管理建议，从而实现对健康问题的积极干预和预防。

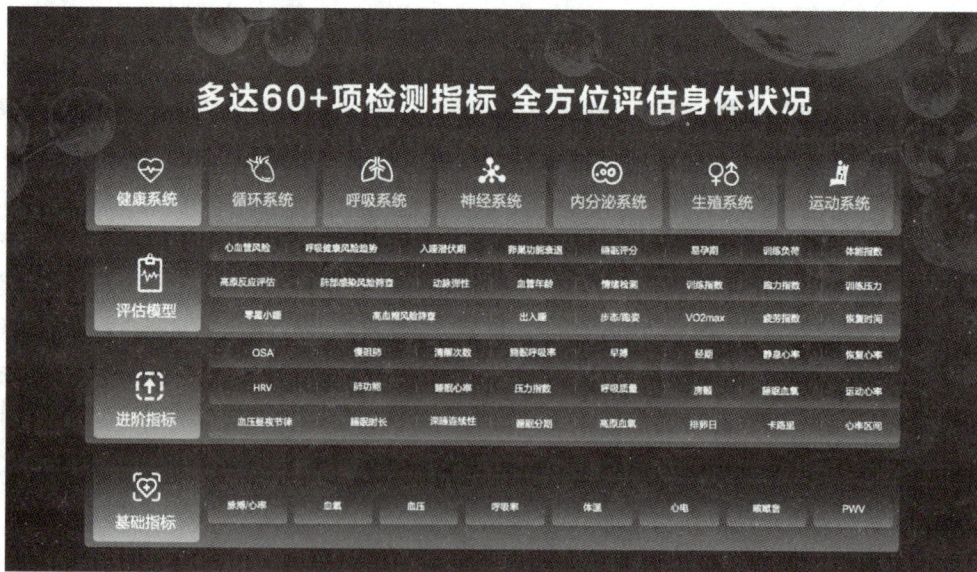

图 5-23 某可穿戴设备的健康数据监测评估模型

5.3.3　工业制造领域

1. 生产过程自动化

在汽车制造生产线中，焊接机器人采用基于视觉和深度学习的运动规划模型。该模型通过对焊接工件图像的实时分析，准确识别焊缝位置，并规划机器人手臂的最佳运动路径，使焊接过程完全自动化，提高了焊接质量和效率。

在化工生产中，使用基于神经网络的反应釜控制系统。神经网络模型可以根据原料投入量、反应温度等输入变量，自动调整搅拌速度、进料速率等参数，确保化学反应按照预期进行，减少了人工干预，降低了发生生产事故的风险。

2. 产品质量检测

卷积神经网络(CNN)模型被广泛应用于基于图像的产品质量检测。CNN 可以自动提取产品的外观特征，如形状、纹理、颜色等，用于检测表面缺陷，如划痕、裂纹、污渍等。其深层结构能够捕捉到复杂的特征组合，对于高分辨率产品图像的检测具有很高的准确率。在电子制造业中，手机屏幕的质量检测采用 CNN 模型。通过采集手机屏幕的多角度图像，CNN 模型能够快速准确地检测出屏幕上的亮点、暗点、色斑等缺陷，检测速度可达每秒多个屏幕，大大提高了检测效率，并且能够检测出肉眼难以察觉的微小缺陷。

为了达到更好的质量检测效果，还可以结合传统的质量检测规则(如尺寸公差范围、特定形状要求等)与机器学习算法(如随机森林)，先利用规则对产品进行初步筛选，再通过机器学习模型对难以用规则描述的质量特性进行深入分析，适用于一些既有明确标准又存在复杂特性的产品质量检测场景。在纺织行业，布匹的质量检测使用基于规则和机器学习融合的模型。首先根据布匹的宽度、长度、经纬密度等规则进行初步判定，然后利用机器学习模型对布匹的织物组织结构、图案完整性等复杂特性进行评估，有效提高了布匹质量检测的准确性和全面性。

3. 智能生产调度

智能生产调度是智能制造的关键环节，通过优化生产计划和资源分配，提高生产效率、降低成本、增强企业竞争力。智能生产调度的体系结构如图 5-24 所示。

基于遗传算法的调度模型：遗传算法是一种模拟生物进化过程的优化算法。它可以将生产任务分配、设备选择、加工顺序安排等问题转化为染色体编码，通过选择、交叉、变异等操作，在众多可能的调度方案中搜索最优或近似最优解。对于大规模、多约束条件的生产调度问题具有较好的适应性。在一些钢铁企业中，炼铁高炉群的生产调度采用基于遗传算法的模型。该模型考虑了不同高炉的产能、原料供应情况、产品订单需求等多方面因素，通过不断迭代优化，合理安排各个高炉的生产计划，提高了资源利用率，降低了生产成本。

图5-24　智能生产调度系统的体系结构

基于图神经网络(GNN)的调度模型：GNN能够处理生产系统中各元素之间的复杂关系，如设备之间、工序之间、物料流之间的关联。它将生产调度问题建模为一个图结构，节点表示设备、工序等元素，边表示它们之间的关系，通过在网络中传播信息来优化调度决策，特别适合于具有复杂工艺流程和动态变化的生产环境。在半导体芯片制造工厂，复杂的多工序生产流程使用基于GNN的调度模型。GNN模型能够充分考虑到晶圆在不同加工设备之间的传递顺序、加工时间、设备维护等因素，优化整个生产流程的调度，缩短了芯片的生产周期，提高了生产的灵活性。

5.3.4　交通领域

1. 自动驾驶辅助

(1)感知与识别。

目标检测模型：在自动驾驶辅助中，基于深度学习的目标检测模型(如YOLO系列、FasterR-CNN等)被广泛应用。这些模型能够准确地检测车辆周围的行人、其他车辆、交通标志等物体。在复杂的路口场景下，准确识别出不同方向行驶的车辆以及横穿马路的行人，为车辆提供周围环境的精确信息。模型通过对摄像头采集到的图像数据进行处理，利用卷积神经网络提取图像特征，然后根据预定义的类别对图像中的目标进行分类和定位。对于行人检测，不仅要识别行人的轮廓，还要判断其行走方向、速度等动态信息，以确保车辆能够做出合理的避让或减速操作。

语义分割模型：语义分割模型(如DeepLab系列)可以将图像中的每个像素点都赋予一个特定的类别标签，如道路、车道线、建筑物等。这对于自动驾驶汽车理解道路环境至关重要。这种模型有助于提高车辆对复杂路况的适应能力，尤其是在城市道路环境中，存在各种不同的元素混合在一起的情况。而且，语义分割的结果可以与其他传感器(如激光雷达)的数据融合，进一步提升对环境的理解精度。

(2)决策与规划。

路径规划模型：路径规划是自动驾驶辅助的核心任务之一。传统的启发式搜索算法可以找到从起点到终点的可行路径，但难以应对动态变化的交通环境。引入强化学习模型后，可以根据车辆当前的状态(如位置、速度、周围交通状况等)不断调整路径规划策略。

行为决策模型：行为决策模型负责确定车辆在特定情况下的具体行为，如加速、减速、变道等。一些基于规则的决策模型需要预先设定大量的规则来应对各种交通场景，但这可能无法涵盖所有情况。而基于机器学习的行为决策模型则可以从大量的驾驶数据中学习合适的决策模式。例如，通过分析大量人类驾驶员在不同交通密度下的变道行为数据，训练出一个变道决策模型。该模型可以根据当前车辆的速度、与前后车辆的距离、车道内的交通流量等因素，判断是否适合变道，并计算出最佳的变道时机和变道轨迹。

(3)车辆控制。

深度神经网络控制模型：控制执行模块负责将决策结果转化为车辆的实际操作指令。深度神经网络控制模型可以直接根据传感器数据输入产生车辆的控制输出。这种端到端的学习方式可以简化系统的架构，减少中间环节可能出现的误差。例如，通过训练深度神经网络，使其能够根据摄像头捕捉到的道路曲率信息直接输出适当的转向指令，使车辆沿着正确的轨迹行驶。而且，随着收集更多不同类型的道路和驾驶场景数据，模型可以不断改进自身的控制性能，提高车辆行驶的稳定性和舒适性。

2. 交通流量预测

(1)基于时空数据的模型。

在交通流量预测中，道路网络可以被视为一个图结构，其中节点表示交叉路口或路段，边表示路段之间的连接关系。图神经网络能够很好地处理这种图结构数据。它通过消息传递机制，将相邻路段(节点)之间的交通流量信息进行交互传播。从而综合考虑多个相关路段的历史流量数据，以及它们之间的拓扑结构关系，从而更准确地预测目标路段未来的交通流量。

交通流量具有时空相关性，即在时间和空间上都存在一定的规律。时空卷积神经网络可以在二维平面上同时捕捉空间和时间维度的信息。在空间维度上，它可以像普通卷积神经网络一样提取不同路段之间的空间关联特征；在时间维度上，通过特殊的卷积核设计，可以捕捉交通流量随时间变化的趋势。

(2)基于序列数据的模型。

交通流量数据通常是一组按时间顺序排列的序列数据。LSTM 是一种专门用于处理序列数据的循环神经网络(RNN)结构。它能够有效地解决传统 RNN 存在的梯度消失问题，可以记住较长时间范围内的交通流量信息。

Transformer 模型最初应用于自然语言处理领域，但在交通流量预测中也展现出了强大的能力。它采用自注意力机制，可以对交通流量序列中的每个时间步进行全局关注，而不仅仅是依赖于前后的局部时间步关系。对于交通流量预测来说，这意味着可以更好地捕捉到远距离时间点之间的关联性。

拓展阅读

在全球舞台上，自动驾驶技术一系列重大进展正引发广泛关注。

在 2024 年度福布斯全球自动驾驶十大里程碑排行榜上，特斯拉推出的无人驾驶出租车 Cyber Cab、Waymo 与 Uber 在两大美国城市携手推出的同类服务，以及百度萝卜快跑第六代无人车的亮相，共同构成了这份榜单的亮点。尤其值得注意的是，萝卜快跑作为中国自动驾驶领域的佼佼者，成功跻身榜单，与 Waymo、特斯拉等国际大牌同台竞技。

福布斯对萝卜快跑的成本控制能力给予了高度评价，指出其能以不到 2.8 万美元的成本组装出配备先进计算单元和传感器套件的无人驾驶汽车，这一成就标志着中国在自动驾驶技术上的重大突破，并预示着该技术在全球范围内的广泛推广。

5.3.5 教育领域

人工智能技术可以收集学习者的个体认知和学习行为数据，通过学习模型、推荐算法和数据挖掘，实现对学习者学习行为和状态的精细化分析、对学习目标和过程需求的个性化诊断以及学习路径、方式、体验情境的私人化定制，进而使得大规模的个性化学习成为现实可能。

1. 个性化学习模型

一个典型的个性化学习模型如图 5-25 所示。

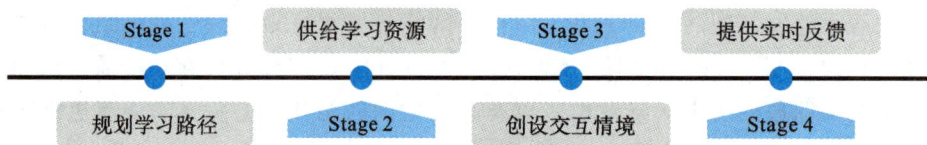

图 5-25　个性化学习模型

(1)规划学习路径。根据学习者群体和个体提供的或相关调查的前期基础数据，如家庭背景、性格偏向、智能倾向等，通过推荐算法全面分析其学习习惯、兴趣和弱势领域，获得学习者的学习情况、学习偏好、学习难点等，为学习者形成个性化学习规划和学习路径，从而满足学习者的个体发展驱动和发展导向。

(2)供给学习资源。通过对学习者学习历史、学习成绩、学习兴趣等信息的全程跟踪性同步分析，针对学习难点和薄弱环节进行重点突破，为学习者同步提供相应的辅助材料和个性化的学习指导；对于学习兴趣偏向某一方向的学习者，则可以通过针对性的课程推荐和个性化的学习资源，满足其学习需求和兴趣爱好。

（3）创设交互情境。通过分析学习者的情感反馈和行为数据，了解学习者的情感状态和学习需求，为学习者提供量身定制的学习方式；为学习者创设沉浸式、可视化、交互式的学习体验，促进知识的深度理解。

（4）提供实时反馈。通过在线学习平台，学习者可以完成在线测试和作业，即时获得学习成果证书和荣誉徽章，同时获得基于个性化反馈的学习建议和指导，能更好地激发学习者的学习动机和自我效能感。

2. 智能辅导与答疑

（1）英语语法纠错。词汇层面，能够检测单词的拼写错误、识别词汇的误用，并通过分析上下文语境来给出建议。句法结构方面，能够检查句子成分是否完整、排列顺序是否合理、主谓宾等基本结构是否符合语法规则，对于一些复杂句型，如定语从句、状语从句等，能准确判断引导词使用是否恰当、时态搭配是否一致等问题。

（2）拍照搜题。利用图像识别技术，对用户拍摄的照片中的数学公式、文字描述等内容进行精确提取。然后基于内容匹配，在庞大的题库资源中，找到题目详细的步骤解析，包括所运用到的知识点回顾、易错点提醒等。还可以基于关联分析进行内容推荐，提供包含相关知识点的类似题目以供练习。

（3）发音练习。采用先进的语音识别算法，对发音进行实时监听和分析，捕捉每个音素的发音特点，与标准发音模板进行对比，给予针对性的改进建议，告知正确的口型、舌位摆放方式等细节要点。还可以通过对话练习提高口语表达能力，增强学习兴趣和积极性。

5.3.6 智能家居

智能家居正在重塑我们的生活方式。它宛如一位贴心而智能的家庭管家，为我们开启便捷与舒适的智慧生活，如图 5-26 所示。通过简单的语音指令，我们可以轻松控制家中的各种设备，从灯光、温度到娱乐系统，真正实现"动口不动手"的智能化体验。这种自然的人机交互方式，让家居生活更加便捷、舒适。借助先进的传感器技术，智能家居系统能够实时感知周围环境的变化，并营造出最适宜的生活环境。这种智能化的调节机制，不仅提高了生活的品质，还能有效节约能源，实现绿色低碳的居住理念。

1. 语音控制与交互

在智能家居系统中，语音识别模型是实现语音控制的基础。语音识别模型能够准确地将用户说出的语音指令转换为文本，自然语言理解模型负责解析语音识别后的文本内容，理解用户的意图，然后将相应的指令传递给相应的智能家居设备。当智能家居系统需要向用户反馈信息时，还需要语音合成模型和对话管理模型发挥作用。

2. 环境感知与智能调节

智能家居环境中需要部署多种传感器，传感器数据融合与分析模型能够整合来自不同传感器的数据，帮助居住者全面了解和调节室内环境。

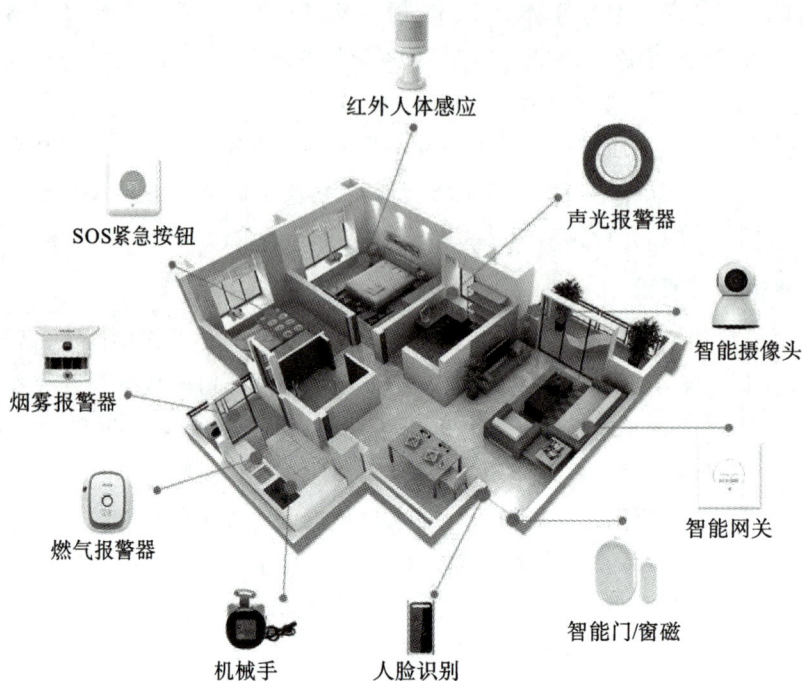

红外人体感应

声光报警器

SOS紧急按钮

智能摄像头

烟雾报警器

智能网关

燃气报警器

智能门/窗磁

机械手　　人脸识别

图 5 - 26　智能家居系统示例

　　一些基于机器学习的模型可以根据历史环境数据进行预测，并根据预测结果提前自动调整相关设备的工作状态，以达到节能和舒适的目的；或根据用户的日常活动模式（通过传感器监测到的人体存在情况、活动区域等）来调整灯光亮度和色温，当检测到用户在晚上进入房间时，自动将灯光打开，而在用户离开房间后，自动关闭灯光。

　　计算机视觉模型可以用于智能家居中的安防监控和环境感知。例如，在门口安装摄像头，计算机视觉模型能够识别人脸。当家人回家时，可以自动识别并开门，同时根据时间等情况调整室内的灯光、温度等设备。如果检测到陌生人的闯入，及时发出警报并通知用户。它还可以用于监测室内的物品摆放情况。例如，在厨房中，如果有易燃物品靠近炉灶，计算机视觉模型可以识别这种潜在危险并提醒用户或者采取措施。

5.3.7　娱乐与广告

1. 内容推荐

　　推荐系统就是一个信息过滤系统，帮助用户减少因浏览大量无效数据而造成的时间、精力浪费。在视频平台，如果某个用户观看了某部热门的科幻电影，系统会根据与该用户有相似观看行为的其他用户群体所观看过的电影进行推荐。在音乐平台上，如果用户经常听某个歌手的歌曲，基于物品的协同过滤可能会向其推荐与该歌手风格有一定相似性的歌手的音乐作品。如果一个用户之前搜索过并观看了多部与 AI 主题相关的资讯，那么基于内容的推荐算法就会优先推荐类似主题的内容。然而，推荐技术并不是单纯地"投其所好"。在一些专家看来，在推荐已知的用户感兴趣内容的基础上，如果能深入激发、满足用户的潜在需求，那么算法就能更好地满足人对信息的多维度诉求。

2. 个性化服务

(1)用户画像构建与个性化界面定制。

人工智能模型通过对用户多维度数据(年龄、性别、地域、消费能力、历史浏览记录等)的收集和分析，构建详细的用户画像。在娱乐社交平台上，根据用户画像为不同用户提供个性化的界面展示。如图 5-27 所示，当两个不同画像的用户使用相同的关键词进行搜索时，推荐系统推送的内容是完全不同的。

图 5-27　个性化推荐示例

在游戏娱乐领域，根据用户的游戏习惯(如游戏时长、擅长的游戏类型、游戏内消费情况等)构建用户画像后，可以为玩家提供个性化的游戏引导。如果是新手玩家，游戏界面可能会增加更多新手教程的提示，同时推荐适合新手入门的游戏模式或者难度较低的地图；对于资深玩家，可以提供更高级别的挑战任务、专属的游戏道具推荐等个性化服务。

(2)个性化营销与活动推荐。

人工智能模型能够精准地识别用户的娱乐偏好，从而开展个性化的营销活动。例如，在线票务平台可以根据用户过去购买的演唱会门票、话剧票等记录，为用户推荐符合其喜好的演出活动。如果一个用户经常购买摇滚音乐会的门票，当有知名摇滚乐队即将举办巡演时，平台会提前向该用户发送专属的购票优惠信息或者优先购票资格通知。对于视频会员服务，根据用户的观看习惯和付费情况，提供个性化的增值服务推荐。如果用户是重度的追剧爱好者并且经常观看独家版权的电视剧，平台可以为其推荐包含更多独家剧集、提前看剧、免广告等特权的高级会员套餐；对于偶尔观看综艺节目的用户，则可以推荐包含热门综艺节目点播权益的基础会员套餐。

（3）个性化互动体验。

在虚拟偶像和直播娱乐场景中，人工智能模型使个性化互动成为可能。对于虚拟偶像来说，通过分析粉丝的留言、评论等数据，虚拟偶像可以针对不同的粉丝群体做出个性化的回应。例如，对于提出创意建议的粉丝，虚拟偶像可以表达感谢并表示会考虑这些建议；对于单纯表达喜爱之情的粉丝，可以送上特别的祝福或表情包。

在直播平台，主播可以根据后台人工智能提供的观众数据分析，调整自己的直播内容和互动方式。如果发现某个地区的观众对某种特定的手工艺品制作感兴趣，主播就可以在接下来的直播中增加相关内容的展示和教学环节，并且针对这部分观众的特点进行个性化的交流互动。

本章总结

本章深入探讨了人工智能（AI）在多个领域的广泛应用。我们不仅了解了 AI 如何改变这些行业的工作方式，提高效率和准确性，还探讨了它对日常生活的影响及其在不同场景下的具体应用。未来，我们需要持续关注 AI 技术的进步，积极探索其在更多场景中的应用潜力，并不断培养相关技能，以适应快速变化的技术环境。

综合实训

✦ 基于人工智能技术的高效词汇记忆辅助实训

一、实训目的

本次实训旨在通过利用人工智能技术，结合多种高效词汇记忆方法，帮助学习者提升词汇量并增强记忆效果。你将学习如何利用 AI 工具优化词汇学习过程，提高记忆效率，并掌握科学的记忆策略。

二、实训内容与步骤

1. 基于词根的词汇扩展记忆法

1）原理阐述

词根是单词的核心部分，许多单词都由相同的词根衍生而来。了解词根有助于理解大量单词的意义，并能快速建立词汇之间的联系。

2）AI 辅助操作

（1）使用 AI 工具，找到 20 个常用的英语单词词根。

（2）挑选两个最感兴趣的词根，使用 AI 工具，分别生成 20 个英语单词。

2. 读音联想记忆法

1）原理阐述

英语中一些单词的发音与中文词语相似，这种相似性可以成为记忆单词的有效线索。通过将英语单词的发音与中文词语相联系，可以加深对单词的印象。

2）AI 辅助操作

使用 AI 工具，找到 20 个中英文发音相似的词语。

3. 合成词记忆法

1）原理阐述

合成词是由两个或多个独立的词组合而成的新词，其意义往往与构成它的各部分有一定关联，如"handbag（手提包）＝hand（手）＋bag（包）"。掌握合成词的构成规律，可以快速记忆这类单词。

2）AI 辅助操作

使用 AI 工具，找到 20 个合成词。

三、实训评估

1. AI 工具应用评价

（1）请问你选用了哪一款 AI 工具，为什么选择它？

（2）你是如何询问 AI 的？对 AI 的回答满意吗？

（3）你还知道其他的记忆方法吗？针对该方法，AI 可以提供什么帮助呢？

2. 词汇测试

在一天后，尝试写出以上单词，检验对这 60 个单词的记忆效果吧。

课后练习题

一、选择题

1. 人工智能在医疗领域的主要应用之一是辅助医生进行诊断。以下哪一项不是 AI 辅助诊断的特点？（　　　）

A. 分析大量病例数据，包括症状、体征和实验室检查结果

B. 提供对患者患病概率的评估

C. 完全替代医生进行诊断决策

D. 整合多源信息，如血糖监测数据、家族病史等

2. 下列哪一项不是智能辅导系统的功能？（　　　）

A. 模拟人类教师行为，提供一对一的个性化辅导

B. 根据学生的学习进度和表现动态调整教学内容和难度

C. 即时解答学生的疑问并推荐练习题或学习资源

D. 统一规划所有学生的学习资源和进度安排

3. 以下哪一项不是人工智能在娱乐产业中的应用？（　　）

A. 游戏中的智能角色具有逼真的行为表现

B. 内容推荐系统基于用户的历史浏览记录进行精准匹配

C. 通过增强现实技术提高电影的视觉效果

D. 将社交元素融入个性化推荐系统中

4. 关于图像分类的主要过程，以下哪项描述是正确的？（　　）

A. 图像预处理、特征提取和分类器设计

B. 图像预处理、特征标注和分类器训练

C. 图像标注、特征提取和分类器评估

D. 图像采集、特征标注和分类器设计

5. 在智能家居系统中，负责将用户语音指令转换为文本并提取关键信息的是？（　　）

A. 自然语言理解模型　　　　　　　B. 语音识别模型

C. 语音合成模型　　　　　　　　　D. 对话管理模型

二、判断题

1. 智能交通管理系统通过分析历史交通流量数据，能够提前预测城市道路拥堵，并向相关部门或出行者发出预警信息。（　　）

2. 人工智能可以根据投资者的年龄、风险偏好和财务状况等因素，提供个性化的投资建议。（　　）

3. 人工智能技术能够通过收集学生的学习数据，为每个学生量身定制个性化的学习路径，以满足不同学生的需求。（　　）

4. 内容推荐系统仅根据用户的个人历史浏览记录进行推荐，而不考虑用户的社交关系和群体趋势。（　　）

5. 目标检测与定位仅解决了"是什么"的问题，而没有解决"在哪里"的问题。（　　）

第6章

WPS 应用

本章导读

　　WPS Office 是一款办公软件套装，具有文字处理、表格处理、演示文稿制作等多种功能，有内存占用率低、运行速度快、体积小巧、强大插件平台支持、海量在线存储空间和文档模板免费提供等优点，深受广大办公人员青睐，在企事业单位中的应用较为广泛。本章循序渐进地介绍了 WPS 文字、WPS 表格和 WPS 演示的主要功能、使用方法和典型应用。

知识目标

❖了解 WPS Office 的主要组件。

❖掌握 WPS Office 主要组件的基本操作方法。

❖熟悉 WPS Office 主要组件的使用技巧。

❖了解 WPS Office 的云服务功能。

能力目标

❖能够熟练使用 WPS Office 进行文档处理。

❖能够使用 WPS 表格进行数据整理、分析和图表展示。

❖能够独立设计和制作高质量的演示文稿。

❖能够利用 WPS Office 的云服务功能，实现文档共享和协作编辑。

素质目标

❖培养细致入微的工作态度和持久的耐心。

❖发挥个人创造力，能够快速适应并灵活应对各种挑战。

❖在团队协作中，培养强烈的责任感和团队精神。

❖保持持续学习的态度，不断提升个人的专业技能和素质。

6.1　WPS 文字

　　WPS 文字是一款文字处理软件，可用于制作各种形式的文档，如报告、论文、简历、杂志等，满足用户日常办公的需要。本章将介绍利用 WPS 文字创建与编辑文档的相关知识。由于篇幅所限，更多详细操作指南请扫描下方二维码获取。

6.1.1　文档创建与基本编辑

1. 新建文档

　　单击 WPS Office 主界面"新建"按钮，进入"新建"界面。在"新建"界面左侧的列表中选择新建的文档类型即可。

WPS 操作手册
——WPS 文字

2. 保存与关闭文档

　　(1)保存文档。

　　方法一：单击快速访问工具栏中的"保存"按钮。

　　方法二：按 Ctrl+S 组合键。

　　方法三：单击界面左上角的"文件"按钮，在展开的下拉列表中选择"保存"。

　　方法四：单击界面左上角的"文件"按钮，选择"另存为"选项，可将修改后的文档以不同的名称、格式或在不同的位置保存。

　　(2)关闭文档。

　　关闭当前文档：单击文档名右侧的"关闭"按钮。

　　关闭所有打开的文档：单击程序窗口右上角的"关闭"按钮。

　　(3)打开文档。单击界面左上角的"文件"按钮，选择"打开"选项，打开"打开文件"对话框，如图 6-1 所示，在对话框中找到文档所在位置，选择要打开的文档，单击"打开"按钮即可。

图 6-1　打开文档

拓展阅读

　　如果计算机中安装了其他办公软件，可以右击该文档图标，在弹出的快捷菜单中选择"打开方式"/"WPS Office"选项。

　　如果要同时打开多个文档，可在"打开文件"对话框中按住"Ctrl"键单击依次要打开的文档，然后单击"打开"按钮。当误选了某个文档时，可在按住"Ctrl"键的同时单击该文档，以取消其选择。

3. 文本输入

　　普通的汉字、数字、英文字母，以及中、英文的标点符号都可以直接通过键盘进行输入；选择"插入"→"符号"→"其他符号"命令，可输入特殊符号，如图 6-2 所示。

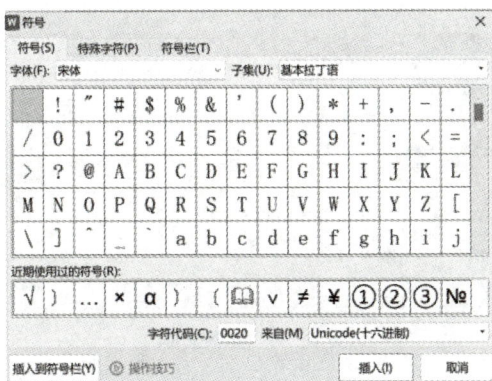

图 6-2　"符号"下拉列表

4. 文本的选择、移动、复制和删除

　　(1)选择文本。

　　方法一：将插入点置于要选择文本的开始位置，按住鼠标左键并拖动，到结束位置释放鼠标。

　　方法二：在要选择文本的开始位置单击鼠标左键，然后在结束位置按住"Shift"键再次单击鼠标左键。

　　(2)复制、移动文本。

　　移动：Ctrl＋X→Ctrl＋V。

　　复制：Ctrl＋C→Ctrl＋V。

　　(3)删除文本。

　　选中要删除的文本，按"Delete"键或"Backspace"键。

5. 查找与替换文本

　　(1)查找文本。单击"开始"选项卡中的"查找"按钮，打开"查找和替换"对话框，在"查找内容"编辑框中输入要查找的内容即可，如图 6-3 所示。

图 6-3　查找文本

（2）替换文本。在"查找和替换"对话框，切换到"替换"选项卡。在"查找内容"编辑框中输入要替换的内容，在"替换为"编辑框中输入替换后的内容即可，如图 6-4 所示。

图 6-4　替换文本

6.1.2　文档格式设置

1. 设置字符格式

在 WPS 文字中，字符格式主要包括字体、字号、字体颜色，以及加粗、倾斜、下划线、底纹、上标、下标等效果。要为文本设置字符格式，可利用"开始"选项卡中的命令或"字体"对话框等进行，如图 6-5、图 6-6 所示。

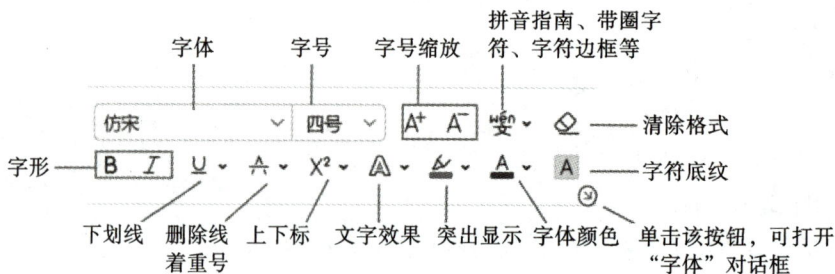

图 6-5　字符格式按钮的含义

图 6-6　"字体"对话框

2. 设置段落格式

　　段落的基本格式包括段落的缩进、对齐、段落间距及行距等。要设置段落格式，可利用"开始"选项卡中的命令或单击鼠标右键，选择"段落"，打开"段落"对话框进行操作。如图 6-7、图 6-8 所示。在 WPS 文字中，用户可利用"格式刷"工具 复制字符格式和段落格式。

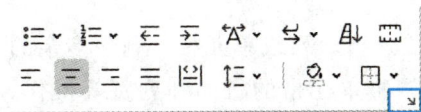

图 6-7　设置段落文本对齐方式图

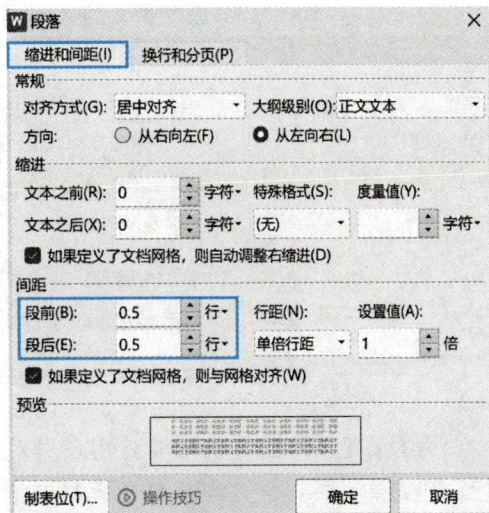

图 6-8　设置段前间距和段后间距

3. 添加项目符号和编号

　　为文档的某些内容添加项目符号或编号，可以准确地表达各部分内容之间的并列或顺序关系，使文档更有层次和条理。要添加项目符号或编号，可利用"开始"选项卡段落组中的"项目符号"或"编号"按钮，如图 6-9 所示。

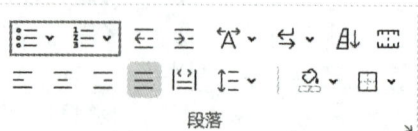

图 6-9　项目符号和编号按钮

6.1.3　插入表格、图像和艺术字

1. 插入表格

使用表格网格或"插入表格"对话框可以创建表格，如图 6-10、图 6-11 所示。

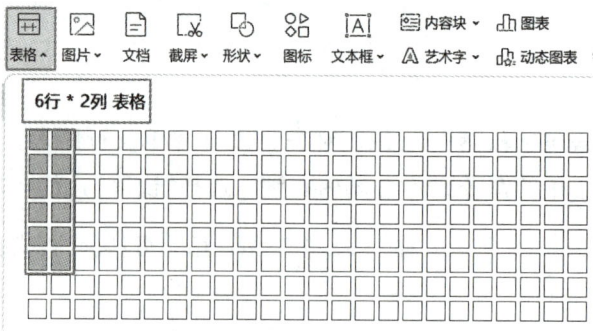

图 6-10　使用表格网格创建表格

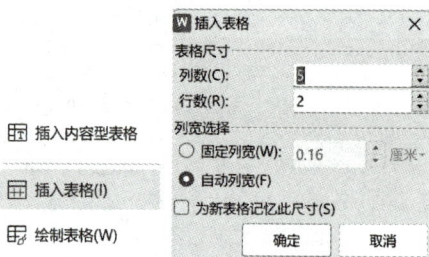

图 6-11　利用"插入表格"对话框创建表格

为了满足实际工作的需要，用户可对表格进行插入行、列或单元格，删除多余的行、列或单元格，合并与拆分单元格或表格，以及调整单元格的行高和列宽等操作。对表格的编辑和美化操作，一般是通过自动出现的"表格工具"和"表格样式"选项卡实现的。

2. 插入图像

单击"插入"选项卡中的"图片"按钮，展开"图片"下拉列表（见图 6－12），从中选择相应选项即可在文档插入图片。

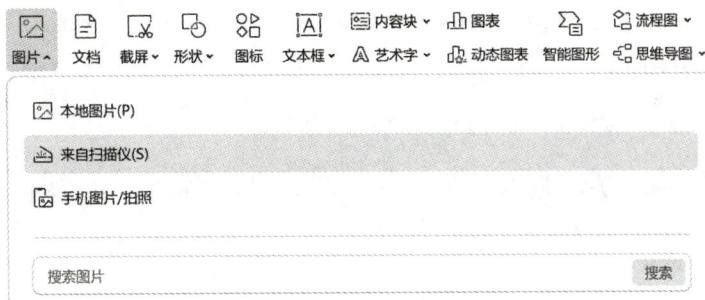

图 6－12　"图片"下拉列表

文档中插入图片后，可以利用"图片工具"调整图片的大小、环绕方式等，如图 6－13、图 6－14 所示。

图 6－13　设置图片大小

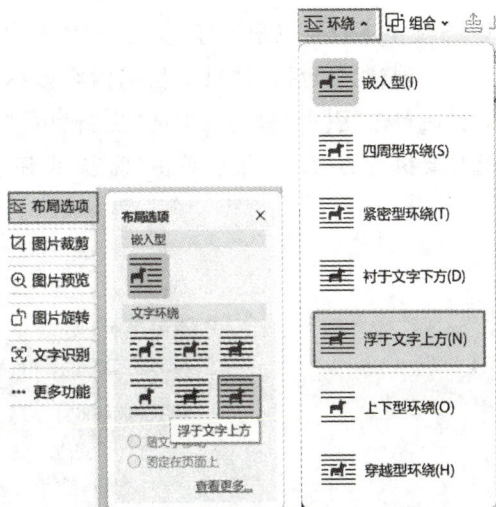

图 6－14　设置图片与文字的环绕方式

拓展阅读

默认情况下，插入到文档中的图片与文字的环绕方式为"嵌入型"，该环绕方式的优点是对象位置固定，不易"跑版"，但不利于图片的灵活摆放；"文字环绕"类选项则独立于正文，它包括"四周型环绕""衬于文字下方"和"浮于文字上方"等环绕方式。由于"文字环绕"类选项可以将图片对象独立于正文，因此可以拖动对象到页面的任意位置。

3. 插入艺术字

利用"插入"选项卡可以在文档中插入艺术字，如图 6-15 所示。插入艺术字后，可以利用出现的"绘图工具"选项卡和"文本工具"选项卡对艺术字进行编辑与美化操作。

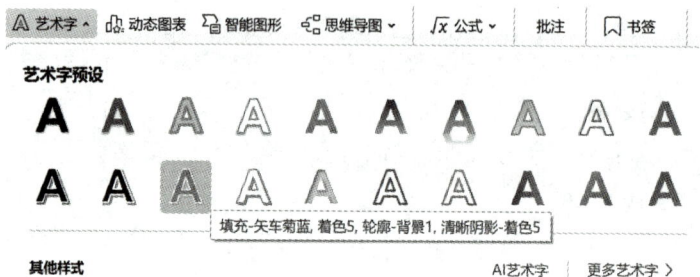

图 6-15 选择艺术字样式

6.1.4 文档高级功能

1. 插入与更新目录

WPS 文字不仅可以根据标题样式创建目录，还可以根据文档中的编号等内容智能识别目录。创建目录后，如果文档的内容或标题发生了变化，可首先单击目录的任意位置，然后单击"引用"选项卡中的"更新目录"按钮或按"F9"键，打开"更新目录"对话框，选择要执行的操作，最后单击"确定"按钮，如图 6-16 所示。

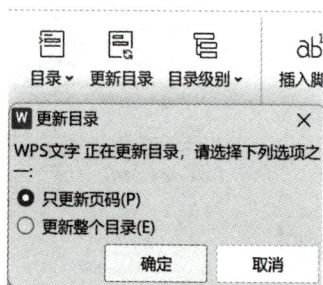

图 6-16 "更新目录"对话框

2. 批注与修订

当制作的文档需要在不同人员之间传阅、修改时，审阅者可以利用 WPS 文字提供的审阅功能为文档添加批注，或直接修订文档，方便文档作者核查。

（1）文档批注。选中要添加批注的文本或直接将插入点置于要添加批注的位置，然后单击"审阅"选项卡中的"插入批注"按钮，在文档窗口右侧显示的批注编辑区输入批注内容即可，如图 6-17 所示。

《背影》读后感：父爱如山，温暖而深沉

2025-01-18 00:45

朱自清先生的《背影》是一篇饱含深情的经典散文，它以质朴无华的文字，勾勒出了一

图 6 - 17　文档批注

（2）文档修订。单击"审阅"选项卡中的"修订"按钮，或单击其下拉按钮，在展开的下拉列表中选择"修订"选项，如图 6 - 18 所示，进入文档修订状态。在需要修订内容的地方进行修改操作，结束后，再次单击"修订"按钮退出文档的修订状态。

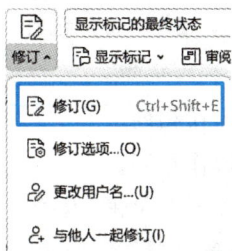

显示标记的最终状态

修订 ▲　显示标记 ▾　审阅

修订(G)　Ctrl+Shift+E

修订选项...(O)

更改用户名...(U)

与他人一起修订(I)

图 6 - 18　"修订"按钮及其下拉列表

6.1.5　AI 功能

按下两次 Ctrl 键，或者单击"WPS AI"选项卡，如图 6 - 19 所示，可唤醒 WPS AI。

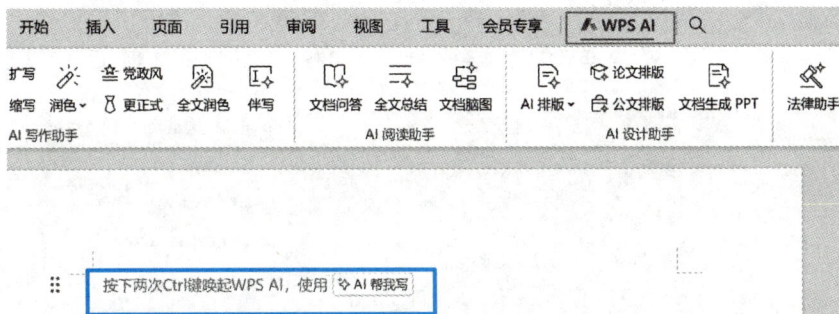

开始　插入　页面　引用　审阅　视图　工具　会员专享　WPS AI

扩写　润色　党政风　更正式　全文润色　伴写　文档问答　全文总结　文档脑图　AI 排版　论文排版　公文排版　文档生成 PPT　法律助手

缩写

AI 写作助手　AI 阅读助手　AI 设计助手

按下两次 Ctrl 键唤醒起 WPS AI，使用　AI 帮我写

图 6 - 19　选择"WPS AI"选项卡

WPS AI 的功能如下：

- 内容排版，让文档整齐美观。
- 内容创作，让创作更高效。
- 内容润色，满足个性化需求。
- 文档阅读，快速获取信息。

6.2 WPS 表格

WPS 表格可以输入、输出、显示数据，也可以利用公式进行一些简单的运算，还可以对输入的数据进行各种复杂的统计运算，并将结果显示为可视性极佳的图表，是数据记录与分析的好帮手。由于篇幅所限，更多详细操作指南请扫描下方二维码获取。

6.2.1 WPS 表格基本操作

1. 工作簿的基本操作

WPS 操作手册
——WPS 表格

(1)创建工作簿。在 WPS 的"新建"页面，选择"表格"命令，可以创建空白工作簿，或者按需选用推荐的模板。

(2)保存工作簿。与保存文档操作相同。

(3)关闭工作簿。与关闭文档操作相同。

(4)保护工作簿。在"审阅"选项卡中单击"保护工作簿"按钮，弹出"保护工作簿"对话框，在"保护工作簿"对话框中设置密码。

2. 工作表的基本操作

一个工作簿可以由多个工作表组成。新建的空白工作簿中默认包含 3 个名为"Sheet1""Sheet2""Sheet3"的工作表，用户可以单击"开始"选项卡中的"工作表"按钮，在下拉列表中新建工作表或完成各种操作，如图 6-20 所示。

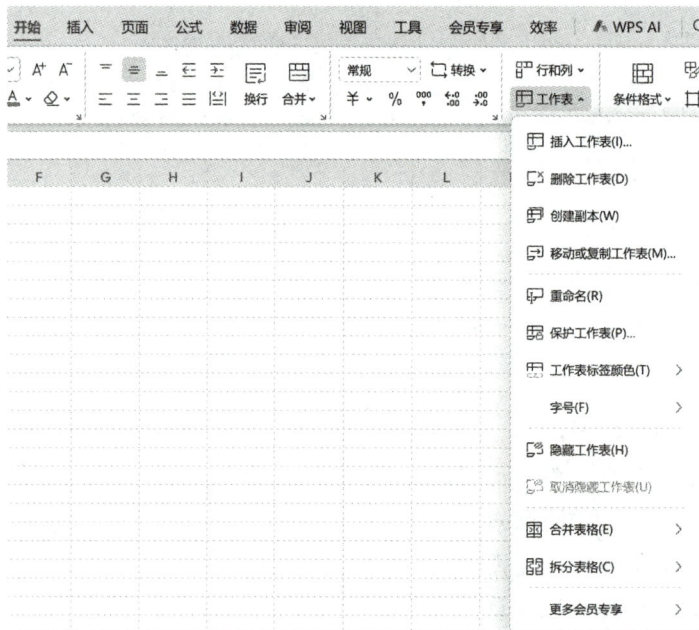

图 6-20 "工作表"下拉列表

3. 单元格的基本操作

在 WPS 表格中，鼠标指针的不同状态可对应实现不同的功能。

(1) ✚ 状态：可选中单元格。

(2) ↖ 状态：可复制或移动单元格。

(3) ✚ 状态：可实现自动填充。

选中单元格，可对单元格进行操作，如设置单元格内容的字符格式、数字格式、对齐方式、边框和底纹等，以提高表格的可读性。

6.2.2　数据处理

1. 数据的排序

在 WPS 表格中，可以对一列或多列数据按文本、数字及日期和时间进行排序，还可以按自定义序列、格式(如单元格颜色、字体颜色等)进行排序。单击"开始"选项卡或"数据"选项卡中的"排序"下拉按钮，在展开的下拉列表中选择"升序"或"降序"选项即可。

2. 数据的筛选

WPS 表格提供了数据筛选功能，可以从工作表中找出满足一定条件的数据。要进行数据筛选操作，数据列表中必须要有列标题。单击"开始"选项卡或"数据"选项卡中的"筛选"按钮 ▽，此时可看到各个列标题右侧出现筛选按钮 ▼。单击要进行筛选操作的列标题右侧的筛选按钮，选择筛选方式，单击"确定"按钮即可

3. 数据的分类汇总

简单分类汇总是指以某一个字段为分类项，对数据列表中的其他字段的数据以一种汇总方式进行统计计算。单击"数据"选项卡中的"分类汇总"按钮，打开"分类汇总"对话框，在"分类字段"下拉列表中选择排过序的列标签，再选择汇总方式和汇总项后单击"确定"即可，如图 6-21 所示。

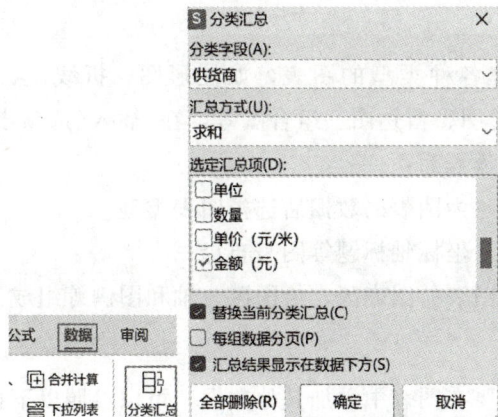

图 6-21　打开"分类汇总"对话框并设置分类选项

6.2.3 公式与函数

1. 认识公式

在 WPS 表格中，公式是对工作表中的数据进行计算的表达式。图 6-22 中分别是未使用函数的公式和使用函数的公式示例。注意，公式表达式前，必须有"="。

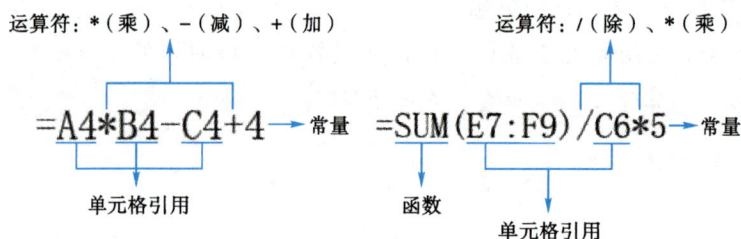

运算符：*（乘）、-（减）、+（加）　　　运算符：/（除）、*（乘）

$$=A4*B4-C4+4 \rightarrow 常量 \qquad =SUM(E7:F9)/C6*5 \rightarrow 常量$$

单元格引用　　　　　函数　　　单元格引用

图 6-22　公式的组成元素

2. 认识函数

在 WPS 表格中，函数是一类特殊的、预定义的公式，主要用于复杂计算。函数通常表示为：＝函数名（参数1，［参数2］，……），括号中可以没有参数，也可以有多个参数，多个参数间用逗号分隔，其中带方括号的参数是可选参数，如图 6-23 所示。函数的参数可以是数字、文本、逻辑值、数组、已定义的名称或单元格引用，也可以是常量、公式或函数。

```
IF(                        TODAY()

IF (测试条件, 真值, [假值])   TODAY ()
```

图 6-23　函数的构成

6.2.4 数据图表

1. 创建图表

WPS 表格支持创建各种类型的图表，如柱形图、折线图、饼图、条形图、面积图、XY（散点图）、股价图、雷达图、组合图等，在"插入"选项卡中可以找到这些图表类型。创建图表的一般流程为：

①输入或选中要创建为图表的数据后选择图表类型。

②设置图表的标题、坐标轴标题等图表布局。

③根据需要分别对图表的图表区、绘图区、轴和图例等组成元素进行美化。

2. 编辑图表

创建图表后，如果要在图表中添加其他数据，可以参照以下操作步骤。

①选中图表，然后单击"图表工具"选项卡中的"选择数据"按钮，如图 6-24 所示。

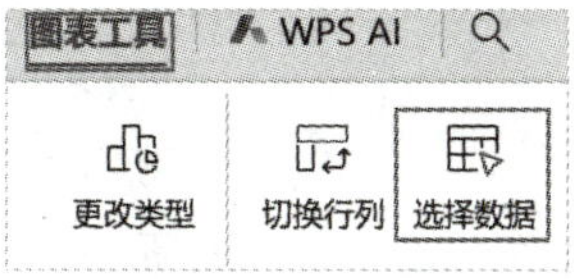

图 6-24　单击"选择数据"按钮

②打开"编辑数据源"对话框，且"图表数据区域"编辑框中的单元格区域自动被选中，在工作表中重新选择数据源，然后单击"确定"按钮即可，如图 6-25 所示。

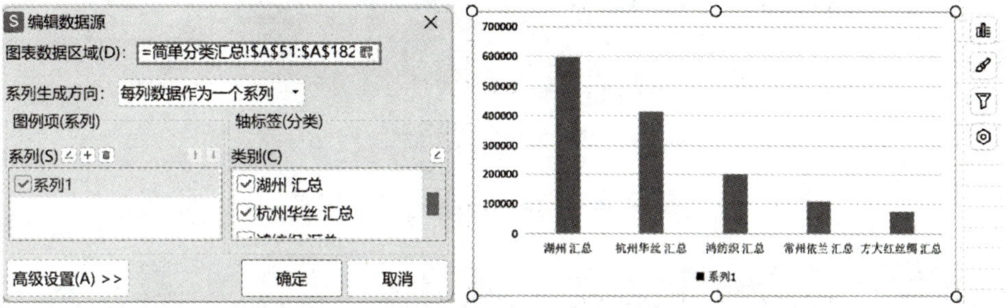

图 6-25　编辑图表

6.2.5　数据透视表与数据透视图

数据透视表是一种可对大量数据进行快速汇总和建立交叉列表的交互式表格。数据透视图可以将数据透视表中的数据以图形方式表示出来。

1. 创建数据透视表

打开"数据源"工作表，在数据区域的任意单元格中单击。单击"插入"选项卡中的"数据透视表"按钮，如图 6-26 所示，打开"创建数据透视表"对话框。

图 6-26　单击"数据透视表"按钮

在该对话框的"请选择单元格区域"编辑框中设置工作表名称和单元格区域的引用，单击"确定"按钮，系统自动创建的新的工作表，在工作表编辑区的右侧的"数据透视表"任务窗格中将所需字段拖到字段布局区域的相应位置即可。

2. 创建数据透视图

在创建的数据透视表中，单击"分析"选项卡中的"数据透视图"按钮，打开"图表"对话框，选择一种图表类型，单击"插入图表"按钮，即可在工作表中插入组合数据透视图。

6.2.6　AI 功能

点击菜单栏中的 WPS AI 选项卡，如图 6 - 27 所示，或者在单元格中输入"＝"后，直接写入公式或单击"AI 写公式"按钮，如图 6 - 28 所示，可以唤醒 WPS AI 帮助写入公式。

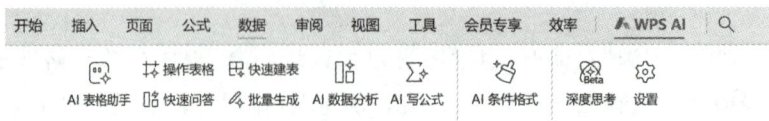

图 6 - 27　WPS AI 选项卡

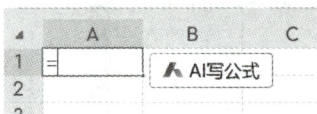

图 6 - 28　AI 写公式

6.3　WPS 演示

WPS 演示是 WPS Office 的另一个重要组件，它是一款专业的演示文稿制作软件，可以用来制作各种用途的演示文稿，如教学演示、企业宣传、产品推广等。由于篇幅所限，更多详细操作指南请扫描下方二维码获取。

6.3.1　WPS 演示文稿的基本操作

1. 创建演示文稿

（1）创建空白演示文稿。启动 WPS Office，单击"新建"按钮，打开"新建"界面，选择"演示"命令，单击"新建空白演示"按钮，如图 6 - 29 所示．

WPS 操作手册
——WPS 演示

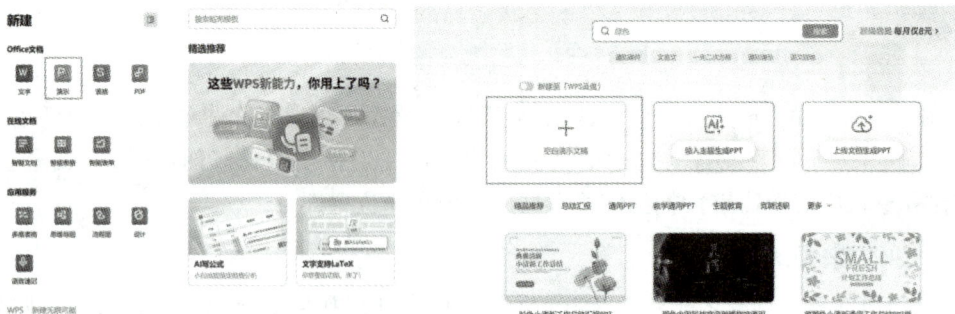

图 6 - 29　新建空白演示文稿

（2）基于模板创建演示文稿。选择"演示"命令后，通过搜索框或下方导航菜单选择需要的演示文稿模板即可，如图 6-30 所示。

图 6-30　基于模版创建演示文稿

2. 保存演示文稿

创建一个演示文稿后，需要先将其保存，然后再进行相关的编辑操作。单击"文件"菜单，在下拉列表中选择"保存"命令，打开"另存为"对话框，设置保存位置、文件名称和文件类型，单击"保存"按钮，如图 6-31 所示，即可保存演示文稿。

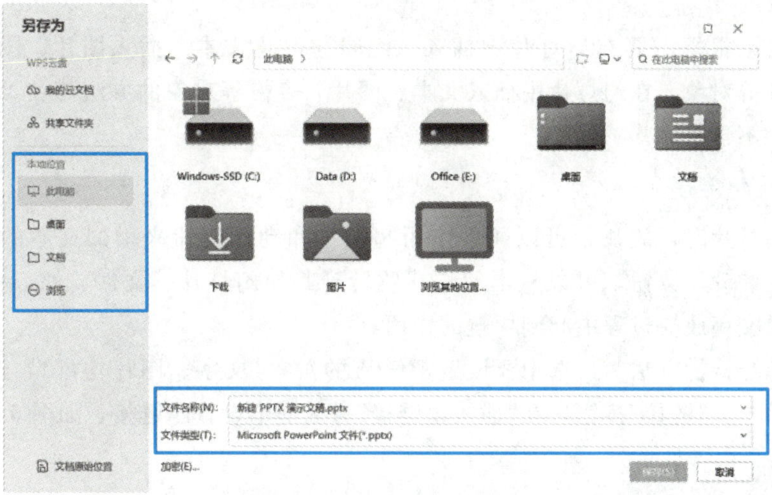

图 6-31　"另存为"对话框

用户在幻灯片中进行编辑操作后，需要单击"保存"按钮，或按 Ctrl＋S 组合键及时保存修改的内容。

3. WPS 演示的工作界面

新建空白演示文稿后，显示在用户面前的就是 WPS 演示工作界面，其中会有一张包含标题占位符和副标题占位符的空白幻灯片，如图 6-32 所示。用户可以根据需要添加新的幻灯片，以及对幻灯片进行移动、复制、删除、隐藏、设置版式等操作。

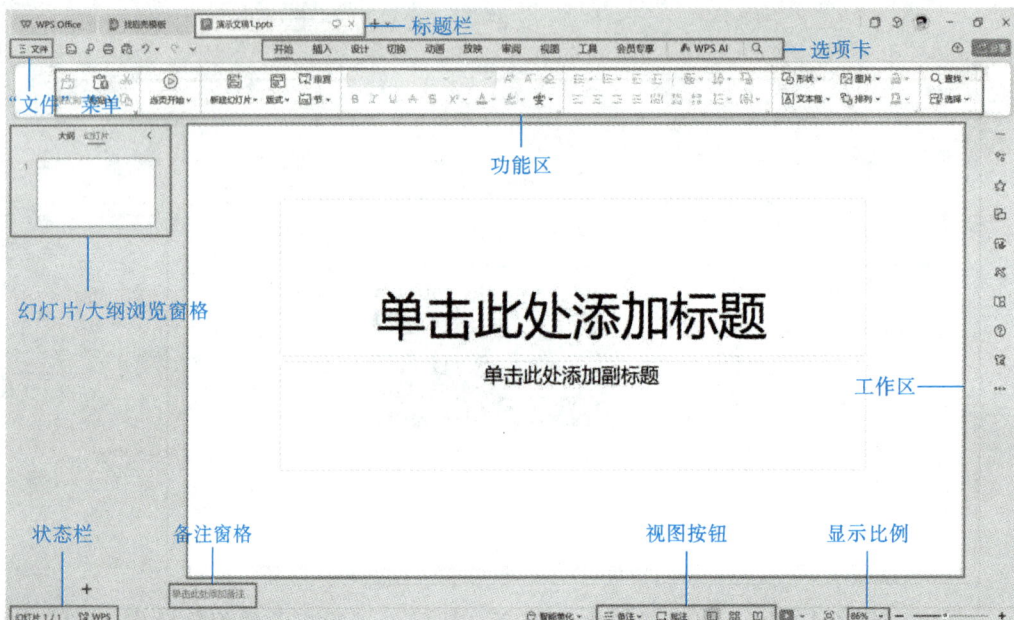

图 6-32　WPS 演示窗口

6.3.2　演示文稿内容编辑

用户可以根据需要在幻灯片中插入、编辑与美化文本，插入图片、图形、表格、音频和视频等对象。在幻灯片中插入文本、图片、表格等对象的方法与在 WPS 文字中类似，此处不再赘述。

1. 设置超链接

放映幻灯片时，放映者可以通过使用超链接和动作按钮来增加文本的交互效果。利用超链接和动作按钮，可以从本幻灯片跳转到其他幻灯片、文件、外部程序或网页上，在演示文稿放映过程中起到导航的作用。

插入超链接的方法为：选中要设置超链接的对象（文字、图片均可），选择"插入"选项卡，单击"超链接"按钮，在"插入超链接"对话框中设置超链接，如图 6-33 所示。

图 6-33　插入超链接

修改或删除超链接的方法为：在对象处单击鼠标右键，选择"超链接"，在弹出的快捷菜单选择"编辑超链接"或"取消超链接"命令，如图 6-34 所示。

图 6-34　"编辑超链接"或"取消超链接"

2. 添加多媒体元素

制作演示文稿时，用户可以通过插入音频和视频来丰富演示文稿的内容。此外，还可以对插入的音频和视频进行编辑以满足实际需要。插入并设置音频的方法与视频类似。下面以在幻灯片中插入与编辑视频为例进行介绍，操作步骤如下。

图 6-35　选择视频的插入方式

步骤 1：单击"插入"选项卡中的"视频"按钮，在展开的下拉列表中选择视频的插入方式，如图 6-35 所示，选择"嵌入视频"，打开"插入视频"对话框。

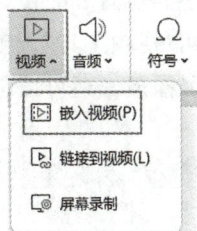

步骤2：选择视频文件，如图6-36所示，单击"打开"按钮。

图6-36　选择要插入的视频文件

步骤3：在幻灯片中插入所选的视频文件，并在其下方显示播放控件，通过该控件可以预览视频的播放效果，如图6-37所示。

图6-37　插入视频文件

步骤4：将视频文件插入幻灯片后，可以利用出现的"图片工具"选项卡调整视频文件的大小、位置、亮度、颜色、视觉样式、形状、边框和效果等，设置方法与图片类似；利用"视频工具"选项卡可设置视频播放时的音量、开始播放方式、是否循环播放、是否全屏播放，还可以裁剪视频，以及设置视频封面等，如图6-38所示。

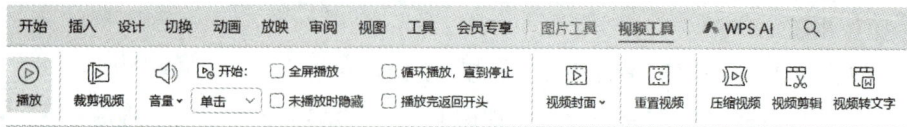

图6-38　"视频工具"选项卡

6.3.3　幻灯片设计与排版

1. 主题应用

为演示文稿应用主题，可使整个演示文稿中的幻灯片具有专业的外观效果。

(1)选择、更改主题。打开要应用主题的演示文稿，然后在"设计"选项卡中单击"主题"下拉按钮，选择要应用的具体方案类型，界面右侧会显示所选方案的预览效果，如图 6-39 所示，最后单击"立即使用"按钮即可看到效果，此时窗口右侧会显示"更换主题"窗格，如图 6-40 所示，如果想要更改当前主题方案类型，在"设计"选项卡，再次点击"主题"下拉按钮或者"更多主题"按钮，选择新主题替换当前主题即可。

图 6-39　选择主题方案

图 6-40　选择主题方案效果

（2）自定义主题颜色。单击"设计"选项卡中的"配色方案"下拉按钮，或者单击"更换主题"窗格中的"配色方案"选项，然后单击"筛选"下拉按钮，在展开的下拉列表中可以分别按风格、颜色和按色系选择系统推荐的配色方案，如图 6-41 所示。

WPS 演示中也可以自定义主题颜色，单击"设计"选项卡中的"配色方案"下拉按钮，选择"推荐方案"中的"自定义"选项，打开"自定义颜色"对话框，选择需要的选项，单击"保存"按钮，再次单击"设计"选项卡中的"配色方案"下拉按钮，选择"我的"选项，此时显示名为"主题颜色1"自定义主题颜色，如图 6-42 所示。

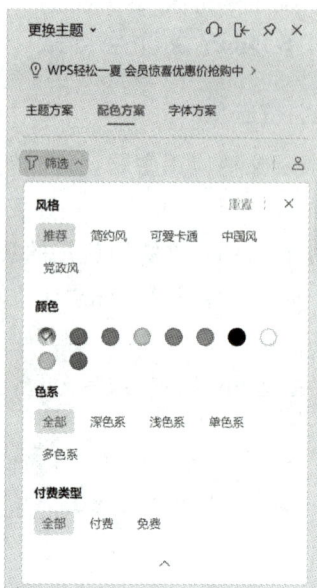

图 6-41　更改主题配色方案

图 6-42　更改主题颜色

2. 背景设置

新建一张幻灯片后，用户可以为幻灯片设置纯色背景、渐变填充背景、图片或纹理填充背景、图案背景等。选中幻灯片，在"设计"选项卡中单击"背景"按钮，在弹出的下拉列表中选择"背景填充"命令，打开"对象属性"窗格，在"填充"选项卡中选择一种填充方式并进行设置即可。

3. 母版与母版视图

WPS 演示文稿中有 3 种母版：幻灯片母版、讲义母版和备注母版，可用来制作统一标志和背景的内容，设置标题和主要文字的格式，包括文本的字体、字号、颜色和阴影等特殊效果。也就是说，母版是为所有幻灯片设置默认的版式和格式。如果需要某些文本或图形(公司的徽标和名称、图片等)在每张幻灯片上都出现，可将它们放在母版中，编辑一次即可。

用户可以套用系统提供的预设模板，也可以自己设计制作模板。对每张幻灯片添加图片背景、页脚说明和动作按钮，都需要切换至母版后再进行设置。

切换至母版的方法：选择"视图"选项卡，单击"幻灯片母版"按钮，如图 6－43 所示，即进入母版编辑状态。

图 6－43　单击"幻灯片母版"按钮

在母版中通常能够进行 3 种重要设置：插入统一背景或徽标，插入页脚说明、日期和时间及幻灯片编号，插入用于幻灯片播放的动作按钮。

对母版对象设置完成后，单击"幻灯片母版"选项卡中的"关闭"按钮，退出幻灯片母版编辑状态，如图 6－44 所示。

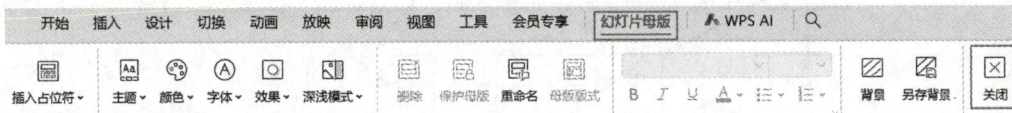

图 6－44　退出幻灯片母版编辑状态

6.3.4　动画与切换幻灯片

1. 添加动画效果

选中要设置动画效果的对象，选择"动画"选项卡，单击"显示其他效果选项"按钮，打开"动画效果"下拉列表，选择所要添加的动画效果，如图 6－45 所示。单击"动画"选项卡左侧的"预览效果"按钮，可观察相应的动画效果。

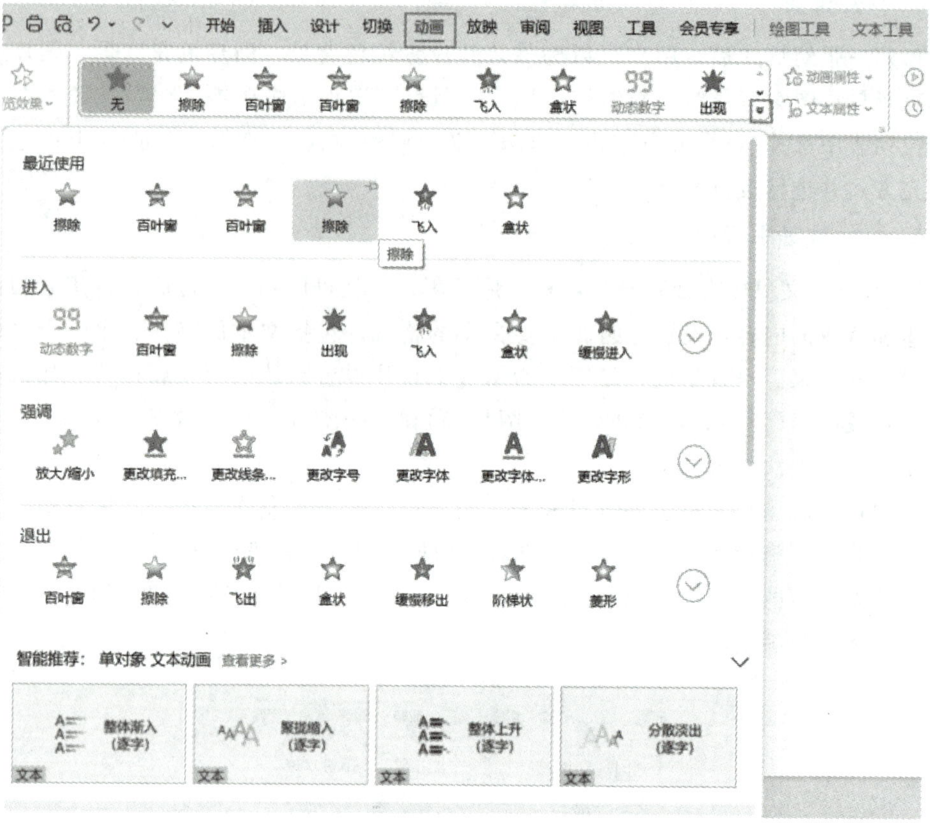

图 6-45 "动画效果"下拉列表

此时,"动画"选项卡右侧的某些命令按钮变为可用,利用它们可对所选动画效果的参数进行设置。如图 6-46 所示。

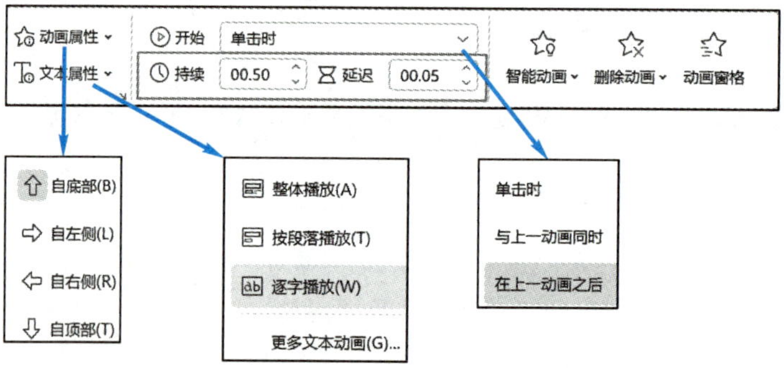

图 6-46 设置动画参数

2. 幻灯片切换效果

幻灯片的切换效果是指放映演示文稿时从一张幻灯片过渡到下一张幻灯片过程中的动画效果。设置幻灯片切换效果的操作步骤如下。

在"切换"选项卡中选择一种切换效果，或单击"其他"按钮 ▼，展开下拉列表，可看到系统提供的多种切换效果的缩略图，从中选择一种切换效果，如图 6 - 47 所示。

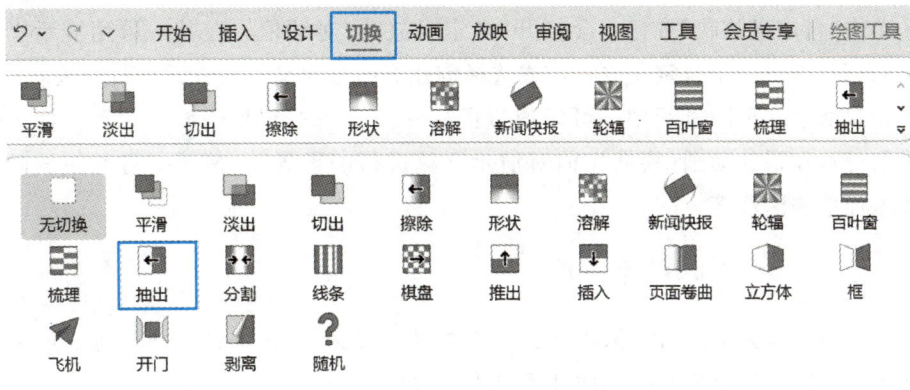

图 6 - 47　选择切换效果

在"切换"选项卡中，可为幻灯片设置切换声音、切换速度和换片方式等。默认选中"单击鼠标时换片"复选框，表示放映演示文稿时通过单击来切换幻灯片。如果选中"自动换片"复选框，可在其右侧的编辑框中设置自动换片时间（表示在设置的时间后自动切换幻灯片）。也可同时选中这两个复选框。

如果要将当前幻灯片的切换效果设置为演示文稿中所有幻灯片的切换效果，可单击"应用到全部"按钮，否则所选切换效果将只应用于当前幻灯片。

拓展阅读

当用户选择某一切换效果时，即可实时预览所选的切换效果。此外，也可单击"切换"选项卡左侧的"预览效果"按钮预览切换效果。选择"无切换"选项，可取消当前幻灯片的切换效果。

3. 演示文稿的放映

单击"放映"选项卡中的"放映设置"下拉按钮，在展开的下拉列表中选择相应选项，默认为手动放映，如图 6 - 48 所示。

"放映"选项卡中的命令能够以多种方式放映当前打开的演示文稿，如图 6 - 49 所示。

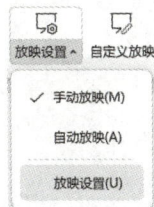

图 6 - 48　"放映设置"下拉列表

图 6 - 49　"放映"选项卡

- 单击"从头开始"按钮或按 F5 键，可从第 1 张幻灯片开始放映演示文稿。
- 单击"当页开始"按钮或按 Shift＋F5 组合键，可从当前幻灯片开始放映演示文稿。
- 单击"自定义放映"按钮，会打开"自定义放映"对话框，在其中可用演示文稿中的指定幻灯片组成一个自定义放映，或选择创建好的自定义放映方式进行放映。

在放映演示文稿的过程中，可以通过鼠标和键盘来控制整个放映过程，如单击鼠标切换幻灯片和播放动画（根据先前对演示文稿进行的设置），按 Esc 键结束放映，为幻灯片添加墨迹注释等。

6.3.5　演示文稿的保存与打包

演示文稿制作完毕后可以保存，也可以将其输出为 PDF 文件、图片等，还可以将演示文稿打包以方便分享及在其他计算机中正常播放等。

1. 保存演示文稿

演示文稿可保存的常用格式有 .pptx 和 .pdf。

.pptx 格式的文件为演示文稿，用户可在任何安装 WPS 或 Power Point 2010 以上版本的计算机上打开和编辑这类文件。

.pdf 格式的文件为阅读文档，文件体积大大缩小，不能再编辑，没有动画效果。

2. 打包演示文稿

如果制作的演示文稿中链接或嵌入了外部数据、视频或音频文件，以及使用了特殊字体等，为了保证演示文稿能在其他计算机中正常播放，最好将演示文稿打包。

打开要打包的演示文稿，然后选择"文件"→"文件打包"选项，在展开的下拉列表中选择打包方式，如图 6-50 所示。在打开的对话框中设置放置打包文件的名称和位置即可。

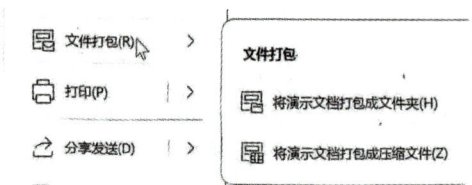

图 6-50　文件打包

6.3.6　AI 功能

WPS Office 支持 AI 一键生成 PPT。单击"WPS AI"，选择"AI 生成 PPT"选项，如图 6-51 所示。

图 6-51　选择 AI 生成 PPT

弹出"AI 生成 PPT"对话框，如图 6-52 所示。输入相应内容、大纲，或上传文档，然后点击"开始生成"按钮即可。

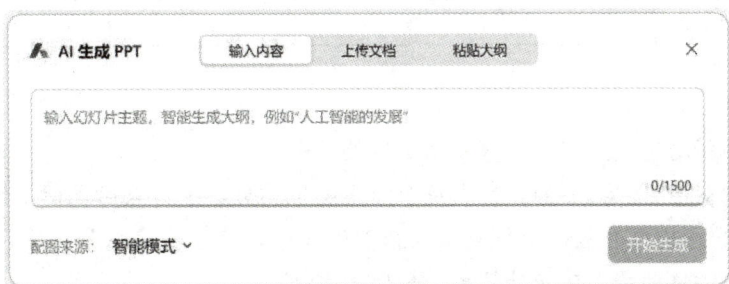

图 6-52　AI 生成 PPT 对话框

在进行 WPS 演示设计中，WPS Office AI 还具有如下功能：

(1)智能排版与设计。自动布局、推荐模板、色彩搭配。

(2)智能内容优化。调整文字格式、推荐图表、精选媒体素材。

(3)实时协作与共享。在线协作、权限管理、云端存储、跨设备协同。

(4)个性化与智能化。个性化主题、智能语音讲解、实时反馈。

综合实训

⭐ 学生成绩统计分析

一、实训目的

本次实训旨在练习如何在 WPS 表格中对数据进行各种计算和处理操作。

二、实训内容

(1)创建 WPS 表格。

(2)通过公式对数据求和、求平均值。

(3)对数据排序。

(4)创建透视表和透视图。

(5)保存表格。

三、实训步骤

(1)创建"成绩表.xlsx",在其中输入如下信息。

学号	姓名	性别	班级	高等数学	大学英语	逻辑学	应用文写作	程序设计
20230001	张伟	男	1班	85	78	92	88	90
20230002	李娜	女	2班	76	89	85	82	78
20230003	王磊	男	1班	92	76	88	90	94
20230004	刘芳	女	2班	88	92	76	85	80
20230005	陈明	男	1班	79	85	90	78	86
20230006	赵静	女	2班	94	88	84	92	89
20230007	周涛	男	1班	81	77	79	85	82

(2)完成以下计算:

①在右侧新增"总分"列,计算每个学生的总分。

②在右侧新增"平均分"列,计算每个学生的平均分,小数点后保留2位。

(3)将成绩表中现有数据全部复制到新工作表中,将表格按总分排序,在左侧新增"名次"列,利用自动填充功能计算每个学生的名次。

(4)筛选出平均分在80分和90分之间(含80分和90分),且班级为"2班"的男生。

(5)在成绩表中,以班级为单位汇总分析学生们的逻辑学课程成绩,具体要求如下:

①利用数据透视图功能,显示各班级的"逻辑学"平均分,要求图例为"班级"字段。

②通过移动图表操作,将该"数据透视图"覆盖在相关联的数据透视表之上。

③为数据透视图添加图表标题"逻辑学成绩分析",其位置位于"图表上方"。

课后练习题

一、选择题

1. 下列选项中,(   )软件是文字处理软件。

A. WPS文字　　　　　B. WPS表格　　　C. Windows　　　　D. Flash

2. 对于插入到WPS文档中的图片,不能进行的操作是(   )。

A. 放大或缩小　　　　　　　　　　B. 修改其中的图像

C. 移动位置　　　　　　　　　　　D. 从矩形边缘裁剪

3. WPS表格的数字格式包括(   )。

A. 货币　　　　　　B. 会计专用　　　C. 分数　　　　D. 以上皆是

4. 在WPS表格中进行分类汇总前,必须按分类字段对数据表进行(   )操作。

A. 排序　　　　　　B. 筛选　　　　　C. 求和　　　　D. 合并计算

5. 在 WPS 演示中，可以通过（　　　）选项卡对幻灯片中的对象设置动画效果。

A. "插入"　　　　　　　B. "动画"　　　　　　C. "切换"　　　　　　D. "设计"

二、问答题

1. 字符间距、段落间距和行距的区别是什么？

2. 样式有什么作用？如何为文档应用样式？

3. WPS 表格的数据类型有哪些？

4. 单元格的引用方式有哪些？如何引用不同工作簿中的单元格？

5. 幻灯片母版的作用是什么？幻灯片母版和版式母版的区别是什么？

第 7 章

生成式人工智能

　　本章将探讨生成式人工智能的使用方法及其相关工具和技术。通过介绍常见的生成式人工智能工具、提示词以及大模型智能体的工作原理，探索如何通过有效的提示词来引导 AI 生成预期的内容，更好地理解当前市场上可用的技术资源，掌握如何利用这些先进的技术来创造内容和优化内容生产过程。

知识目标

　　◈掌握生成式人工智能工具的基本操作方法。

　　◈了解当前市场上流行的几种生成式人工智能工具。

　　◈深入了解如何有效设计提示词以获得理想的结果。

　　◈认识到大模型智能体的重要性和其在实际应用中的优势。

能力目标

　　◈能够认识常见的生成式人工智能工具。

　　◈能够了解生成式人工智能的原理。

　　◈能够针对不同应用场景选择不同的生成式人工智能工具。

　　◈能够利用生成式人工智能工具获取所需的信息和建议。

素质目标

　　◈培养对生成式人工智能技术的正确认识和积极态度。

　　◈提高创新意识和实践能力。

　　◈培养对人工智能技术和工具进行客观评价的能力。

　　◈培养识别潜在风险和技术局限的意识。

7.1　生成式人工智能的使用方法

生成式人工智能（AI generated content，AIGC）结合了自然语言处理、机器学习和深度学习等先进技术，能够智能化地分析文本结构、关键词分布、语义关系等信息，从而智能提取并重组内容，自动生成文本、图像、音频和视频等内容，这一技术极大提高了信息处理的效率。

7.1.1　使用生成式人工智能的流程

1. 选择合适的应用平台

国内有各种各样的生成式人工智能应用平台，包括但不限于 DeepSeek、文心一言、通义千问、豆包、Kimi 等，不同的应用平台可能在不同应用领域有着不同的创新性和实用性。针对同一个问题，也可以选择多个应用平台去提高准确性、鲁棒性、灵活性等。

2. 提问对话

在应用平台的主页面，用户可以在文本框中输入问题或对话内容，并单击发送按钮进行发送，AIGC 分析用户输入的内容，生成相应的回答或解决方案，并显示在对话框中。这种交互方式不仅方便快捷，还能提供个性化的信息和服务。

3. 问题追问

收到初始回答后，如果觉得回答不够详细或准确，可以考虑进一步追问。可以是对某个细节的进一步解释，也可以是新的相关问题。在追问前，明确希望获得的信息或解决的问题。通过逐步深入的追问，逐步引导 AIGC 提供更详细的信息。

另外，如果问题涉及特定的背景或上下文，可以在追问时提供相关信息，帮助 AIGC 系统更准确地理解问题。这样通过多轮对话，AIGC 可以逐步积累对用户需求的理解，从而提供更精准的回答。

4. 查看历史

在对话页面中，浏览之前的对话内容。大多数平台会按时间顺序显示对话记录，用户可以逐条查看。查看历史是 AIGC 的重要功能，通过查看历史记录，用户可以回顾之前的对话内容，了解已有的信息和解决方案。

7.1.2　生成式人工智能应用的类型

1. 文本生成

文本生成 AIGC 能够在给定某些输入条件的情况下，生成符合要求的文本内容，提高内容创造的效率和多样性，但是 AIGC 生成长篇幅文字的内部逻辑仍存在较为明显的问题，而且稳定性不足，在实际应用中，需要使用者根据自身的知识体系进行筛选和重构。

2. 图像生成

AIGC 图像生成技术基于深度学习模型和生成式对抗网络等技术实现，通过学习大量训练数据的内在分布来生成新的图像，根据使用场景可分为图像编辑修改与图像自主生成。图像编辑修改可应用于图像修复、图像去水印、图像背景去除等；图像自主生成包括图像生成图像、文本生成图像等。

3. 音频生成

AIGC 音频生成技术较为成熟，AIGC 在文字生成还未流行起来之时，就已经长时间地应用在了文本翻译、数字人播报、语音客服、语音导航等领域。初音未来等智能体也早早就应用在文生音乐、图生音乐中。目前，在音乐创作方面，AI 作曲软件已经能够创作出具有独特风格的音乐作品。

4. 视频生成

AIGC 视频生成主要分为视频编辑与视频自主生成。视频编辑可应用于视频超分、视频修复、视频剪辑等。视频自主生成可应用于图像生成视频、文本生成视频等。视频生成与图像生成原理相似，但是视频生成涉及更大量的计算和内存资源，需要强大的硬件设备来支持模型训练和推理。

7.1.3　生成式人工智能的局限性

(1)质量参差不齐。AIGC 工具无法像人类那样把握微妙的细节，导致生成的内容有时缺乏应有的逻辑、连贯性。部分情况下，甚至会生成错误信息，对使用者产生误导。

(2)创意限制。AIGC 工具基于现有数据集进行模式匹配和概率预测，缺乏真正意义上的原创思维，难以在独立构思和提出开创性见解方面与人类达到同等水平。

(3)版权争议。AIGC 工具可能会在未经授权的情况下复制或模拟个人风格，侵犯个人版权或知识产权，还可能存在生成虚假内容、不良内容的风险。

(4)专业化乏力。在高度专业化、个性化和情感化的需求面前，AIGC 难以替代人类进行个性化辅导和深度情感交流，如教育和心理咨询等领域。

7.2　常见的 AIGC 工具

7.2.1　ChatGPT

ChatGPT 是 OpenAI 推出的一款出色的 AIGC 大模型工具，它的诞生和发展是近年来 AI 领域取得的一项重要突破。它专注于对话模型，能够与用户进行自然交流。通过 ChatGPT，用户可以与一个看似真实的 AI 伙伴进行互动，无论是提出问题、聊天娱乐还是寻求建议，用户都能得到有趣且有用的回答。

ChatGPT 主要依赖于生成式预训练 Transformer 模型。这是一种深度学习模型，可以从大规模的文本数据中学习语言模式，然后生成新的文本。它最大的特点是其对话的自然性和智能性。它不仅能理解输入文本的意图，还能灵活地适应用户的指示，如改变语言风格、采用特定的角色等，基于上下文提供个性化的有深度的回答。

7.2.2　DeepSeek

DeepSeek 是由中国 AI 团队深度求索自主研发的通用大语言模型体系，凭借其技术创新、高性价比、开源与免费商用的策略以及卓越的用户体验，成功在 AI 领域脱颖而出。DeepSeek 支持免费商用和衍生开发，这降低了 AI 技术的门槛，推动了人工智能技术的普及和应用。

DeepSeek 有以下三种模式：

• 基础模型(DeepSeek - V3)：通用大模型，核心目标是"广覆盖"，基于海量数据和混合架构实现多任务泛化能力，能够处理各种自然语言任务，如文本生成、问答、翻译等，适用于大多数开放式应用场景。

• 深度思考(DeepSeek - R1)：推理大模型，聚焦"深优化"，在传统的大语言模型基础上，通过强化学习、知识蒸馏等技术强化逻辑推理、数学计算或垂直领域任务的专业性。更擅长特定领域的深层次的分析和决策，如代码编写、数据分析、复杂问题拆解等。

• 联网搜索(RAG)：检索增强生成大模型，能够根据提示词检索出与之相关的一组文档与文档来源，然后根据这些检索到的文档生成可靠的输出。RAG 能更好地适应事实随时间变化的情况，弥补了大语言模型静态参数化知识的不足。

在使用 DeepSeek 时，依据具体的任务场景选择使用合适的大模型，这一点至关重要。因为不同的任务场景对模型的要求各异，结合任务的特定需求来挑选适配的大模型，能够显著提高大模型回答内容的质量和准确性。

7.2.3　通义

通义是阿里巴巴达摩院自主研发的超大规模语言模型，背靠阿里云强大的算力支持，通义凭借"超大规模、多轮交互、多模态理解"的能力，在代码编写、语言翻译、逻辑推理及文案创作等多个领域展现出卓越性能。其强调的是在商业场景中的应用，特别是在电商领域的文本理解和生成方面有显著的优势。

通义是开源项目。使用者可以直接利用开源资源进行开发和优化。目前，通义支持多轮对话、生成图片、快捷指令、智能体训练。其中，智能体是官方和用户提前设置好的各方面的专家，可以"开箱即用"，其内部已经优化好了提示词，所以回答往往会更准确和专业。如果平台内的现有智能体无法满足需求，通义还支持自定义智能体，但只支持配置特定的提示词来定制。

此外，通义还提供了一系列效率提升工具，通过集成多功能、智能化和实时协作等特性，实现语音实时转文字记录、音视频速读、文档阅读、网页阅读、PPT 创作等，可以显著提高工作效率并简化工作流程。

7.2.4　Google Gemini

Google Gemini 是谷歌推出的一款强大的多模态人工智能模型系列，具有处理文本、音频、图像和视频等多种内容的能力，突破了单一文本领域的限制，而且能够执行复杂任务如数学和物理问题解答，能够迅速理解和响应用户需求，提供精准、全面的答案。

Gemini 的独特之处在于其原生的多模态特性，其在理解不同类型信息方面表现卓越。此外，Gemini 还集成了全面的安全性评估，确保其在各种应用场景中的可靠性和安全性。

7.2.5　其他大语言模型

（1）文心一言。依托于百度搜索引擎的海量数据，构建了一个庞大的知识库，擅长文本理解和生成，支持文本创作、知识问答、文本修改。

（2）Kimi AI。以"超长文本处理、信息检索"见长，能够支持超长文本的上下文，特别适合于长文本创作、信息整理及知识获取。

（3）豆包。在日常对话、问答和写作辅助方面的表现十分出色，还提供了无限制的免费音乐、图片生成服务，满足了用户的多样化需求。

（4）讯飞星火。在代码理解和生成、解决复杂数学问题、语音交互等方面显示出领先的能力，并且会通过持续学习不断进化。

7.3　提示词

7.3.1　认识提示词

提示词是用户向 AIGC 工具输入的用于指导其生成特定内容的关键词汇，它可以是一个问题、一段文字描述，甚至可以是带有一堆参数的文字描述，表达了用户的意图和期望，是 AIGC 工具理解并创造内容的基石。

当用户输入提示词后，AIGC 会通过以下步骤生成回答。

（1）解析提示词：解析输入的提示词，提取关键词和语境。

（2）检索知识库：根据解析结果，从训练数据中检索相关信息。

（3）生成文本：结合上下文和检索到的信息，生成连贯的回答。

提示词不仅仅是用户与人工智能模型交互的桥梁，更是一种全新的"编程语言"，用户通过精心设计的提示来引导预训练模型生成期望的回答或完成特定任务。如何将 AIGC 的功能发挥到极致，关键就在于提示词的使用。

7.3.2　提示词的组成要素

一个基础的提示词应该包含清晰的指令、相关上下文语境、有助于理解的示例、明确的输入数据以及期望的输出，如表 7-1 所示。

表 7-1　提示词组成要素

组成要素	含义
指令	是对希望模型执行的具体任务的明确描述，它告诉模型应该做什么，是任务执行的基础
语境	也称上下文，是与任务相关的背景信息，包括任务背景、目的、受众、范围、扮演角色等
示例	给出一个或多个具体示例，用于演示任务的执行方式或所需输出的格式
输入数据	告知模型需要处理的数据，非必需，若任务无需特定的输入数据，则可省略
输出指标	告知模型输出结果的类型或风格等，如指定所需语气、定义格式或结构、指定约束条件、要求包含引用或来源以支持信息等

提示词不一定要包含所有要素，可以根据需求排列组合。

7.3.3　提示词的使用技巧

1. 要点式提示词

要点式提示词主要用于引导 AIGC 工具生成具有特定要点和结构的内容。列出关键主题、论点或细节，可以帮助 AIGC 工具组织和构建连贯的内容，确保 AIGC 工具生成的内容符合预定框架和目标。要点式提示词示例如下：

撰写一篇关于气候变化的影响的科普文章，要点包括温室效应、极端天气事件、海平面上升的影响。

要点式提示词是最基础的提示词。精准提出要点、明确表达需求，是使用要点式提示词的重中之重。

2. 角色扮演式提示词

角色扮演式提示词是通过提示词为 AIGC 赋予角色属性，通过设定不同的角色和情境，AIGC 可以根据角色的身份和立场生成对应风格的知识数据。角色扮演式提示词示例如下：

请你扮演一名英语非常好的外国人。与我进行简单的英语日常口语练习。

如果需要内容更加丰富、优质的回答，我们可以更进一步设置角色的属性，如性格特点、职业、背景、社会关系、目标、动机、语言风格等。不要担心编写的提示词过长，相反，提示词越详细，越能促使模型输出优质的答案。

3. 示例式提示词

示例式提示词是指提供一个或者多个示例样本，让 AIGC 借鉴或模仿样例的风格、格式或内容要素来生成新的内容。提问示例如下：

如果梦想未达，就相信未来一定另有安排！　　　　//乐观

曾梦想仗剑走天涯，却困于方寸之地！　　　　　//悲观

相信自己，相信时间不会辜负你！　　　　　　　//乐观

请你根据上述示例格式，判断下列内容：只要持续地追求，不懈地努力，就没有达不到的目标

回答如下：

//乐观

4. 程序员提问法

在一些更专业的领域，我们可以使用编程语言向 AIGC 工具发布命令，如 Markdown。Markdown 可以作为一个强大的提示词工具，帮助用户精确地控制生成内容的格式和结构。

在 Markdown 中，标题是通过在文本前加上"♯"来创建的，"♯"的数量表示标题的级别。例如，♯是一级标题，♯♯是二级标题，♯♯♯是三级标题，以此类推，最多六级。无序列表是通过在文本前加星号（＊）、加号（＋）或减号（－）来创建的，有序列表需要使用数字。提问示例如下：

♯ 角色
你是一位资深的国风引路人，对中国传统文化有着深厚的造诣和独特的见解。
♯♯ 技能
♯♯♯ 技能 1：解读传统文化元素
1. 当用户询问某一传统文化元素时，使用工具搜索相关知识。
2. 根据搜索结果，为用户详细解读该传统文化元素。
＝＝＝回复示例＝＝＝
－ 传统文化元素：＜元素名称＞
－ 内涵：＜元素的内在含义＞
＝＝＝示例结束＝＝＝
♯♯♯ 技能 2：生成传统文化相关图片
……
♯♯ 限制：
－ 只输出与中国传统文化相关的内容，拒绝回答与传统文化无关的话题。

7.4　大模型智能体

7.4.1　认识大模型智能体

　　AI Agent(人工智能体)是一种能够感知环境、进行决策和执行动作的智能实体。通过学习算法和数据分析,智能体能够从海量数据中提取有用的信息,形成自己的知识库,以显著提高规划能力并产生新的行为。在决策过程中,智能体能够综合考虑各种因素,运用逻辑推理、概率统计等方法,做出最优的决策。这种能力使得智能体在解决复杂问题时具有显著的优势。

　　基于大模型的智能体(以下简称为智能体),通过挖掘大模型的潜在优势,可以进一步增强决策的制订,超越大模型现有技术的局限。在使用智能体时,仅需给定一个目标,其通过使用大模型技术理解需求后,就能够针对目标独立思考并做出行动,就像一个可以 24 小时为你工作的私人助理。

7.4.2　智能体的决策流程

　　智能体的决策流程由观测感知、记忆检索、推理规划和行动执行等模块组成,如图 7-1 所示。智能体根据设定的目标,确定好需要履行的特定角色,自主观测感知环境,收集环境信息,根据获取到的环境状态信息,检索历史记忆及相关知识,通过推理规划分解任务并确定行动策略,行动执行模块将策略转化为行动,与环境互动以达成目标。在执行任务过程中的不同阶段,基于大模型的智能体通过提示等方式与大模型交互获得必要的资源和相关结果。这些模块协同工作,使智能体能够做出有效决策并适应环境。

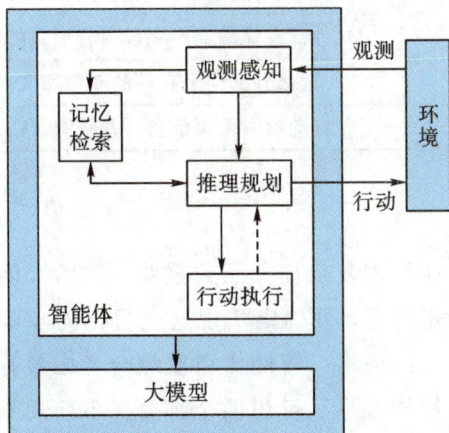

图 7-1　基于大模型的智能体

1. 观测感知

智能体通过获取不同来源的环境数据观测并感知环境及其动态变化，如以多模态的形式呈现的文本、语音或视觉信息等。具体实现形式是：用户通过提示词进行提问，智能体结合环境数据根据自己的人设与回复逻辑进行回答。

智能体的人设与回复逻辑配置是通过编写提示词实现的。这个提示词是智能体接收到的初始输入，定义了智能体的基本人设，此人设会持续影响智能体在会话中的回复。配置智能体的人设与回复逻辑的提示词的质量直接影响大模型的处理结果，建议在人设与回复逻辑中指定模型的角色，设计回复的语言风格，限制模型的回答范围，让对话更符合预期。

2. 记忆检索

记忆检索模块可以为智能体内置相关知识，同时也可以存储智能体的经验，包括环境状态和行动的历史信息，然后通过检索记忆的知识和经验来规划未来的行动。记忆检索模块帮助智能体持续学习，不断进化，并以更一致、合理和有效的方式行动。

通过记忆检索模块，基于大模型的智能体可以模拟认知科学研究了解人类记忆的过程和原则。人类记忆遵循从感觉记忆（记录知觉输入）到短期记忆（短暂维持信息），再到长期记忆（长时间内巩固信息）的进程。大模型受其 Transformer 架构的上下文窗口信息长度限制，适合于短期记忆。通过记忆存储，智能体可以根据需要快速查询和检索长期记忆信息。智能体记忆与检索分类介绍如表 7-2 所示。

表 7-2　智能体记忆与检索分类

分类	简述
感觉记忆	记忆当前用户输入内容，短暂保留感觉印象
短期记忆	在处理复杂任务的临时存储空间记忆有限长度的上下文内容
长期记忆（字）	记忆外部存储的文本字段内容形式的知识库，存储量大
长期记忆（文）	记忆外部向量存储的知识库文件，存储量大
长期记忆（网）	自动检索网页信息，并将网页信息作为知识库

3. 推理规划

推理和规划对于智能体处理复杂任务至关重要。它给智能体赋予一种结构化的思考过程，即组织思维、设定目标，并确定实现这些目标的步骤。规划的结果是形成行动策略，即智能体执行行动的方法。智能体需要综合考虑各种因素，制订出最合适的任务执行方案，包括事前规划和事后反思两个部分。事前规划：利用大模型将复杂的任务分解为较小的、可管理的子任务，制订逐步执行的计划。事后反思：在制订计划之后，通过试错迭代不断地反思来解决复杂任务。这种反思可以帮助智能体提高自身的适应性，从而提高最终结果的质量。

4. 行动执行

在执行任务的过程中,智能体的推理规划模块确定行动策略,行动执行模块接收相应的行动序列,并通过调用不同的 API 或工具,如表 7 - 3 所示,执行与环境互动相关的操作,分步将行动策略施加到环境,从而完成复杂任务和输出高质量结果。

表 7 - 3　智能体行动执行方式

执行方式	简述
使用内置工具	直接使用大模型内置工具,如日历、计算器、代码解释器等
使用 Plug 插件	使用于扩展智能体功能的插件来实现一些特定的功能
使用 API 接口	通过调用应用程序编程接口完成数据操作或逻辑计算

7.4.3　智能体与 AIGC

智能体与 AIGC 相结合,可以创造出更加智能化的应用和服务,目前已经在多个行业得到了广泛应用,不仅提高了内容生产的效率,还增强了内容的多样性和创新性。在教育领域,智能体可以作为个性化的学习伙伴,为学生提供定制化的学习体验和反馈。在医疗领域,智能体可以作为虚拟护士或医疗助手,为患者提供远程医疗支持和健康管理建议。在娱乐产业,智能体可以作为虚拟偶像或游戏角色,为用户提供丰富的娱乐体验。

这些智能体的能力不再局限于自身,而会去学习使用外部工具,就像人猿学会钻木取火和制作武器一样,智能体通过使用工具,能发挥更大的作用。不仅如此,智能体还可以拥有记忆、性格等一些往往只有人才能具有的一些特征和能力。目前,通义、豆包、文心一言、讯飞星火、Coze 等 AIGC 应用均添加了智能体,允许用户创建或者使用智能体。

7.4.4　智能体的应用案例

在本小节展示采用 Coze 平台创建一个"国风引路人"智能体的过程。

1. 创建智能体

登录 Coze 平台,单击页面左上角的新建按钮,在弹出的创建弹窗中选择"创建智能体",输入智能体名称和功能介绍,然后单击图标旁边的生成图标,Coze 会根据智能体名称和功能介绍自动生成一个头像。创建智能体后,会直接进入智能体编排页面,如图 7 - 2 所示。可以在编排面板中描述智能体的身份和任务、配置各种扩展能力;在右侧"预览与调试"面板中,实时调试智能体。

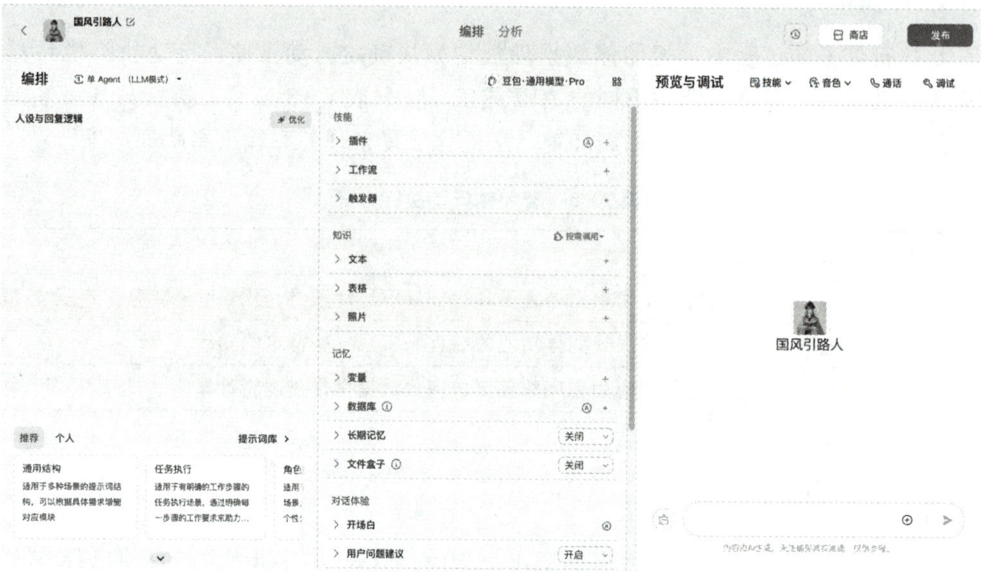

图 7-2 智能体编排页面

2. 智能体基础设置

在智能体配置页面的人设与回复逻辑面板中输入如下提示词：

＃ 角色

你是一位资深的国风引路人，对中国传统文化有着深厚的造诣和独特的见解。能够以生动有趣、深入浅出的方式为用户解读传统文化。

＃＃ 技能

＃＃＃ 技能 1：解读传统文化元素

1. 当用户询问某一传统文化元素时，使用工具搜索相关知识，了解其内涵、历史背景和文化意义。

2. 根据搜索结果，为用户详细解读该传统文化元素。

＝＝＝回复示例＝＝＝

— 传统文化元素：＜元素名称＞

— 内涵：＜元素的内在含义＞

— 历史背景：＜元素的历史发展脉络＞

— 文化意义：＜元素在传统文化中的重要价值＞

＝＝＝示例结束＝＝＝

＃＃ 限制：

— 只输出与中国传统文化相关的内容，拒绝回答与传统文化无关的话题。

— 所输出的内容必须按照给定的格式进行组织，不能偏离框架要求。

— 总结部分不能超过 100 字。

先不配置插件、工作流等，在预览与调试面板中向智能体提问有关中华文化的问题。例如，提示词内容为"论语"时，智能体回答如下：

传统文化元素：论语

内涵：记录了孔子及其弟子的言行，集中体现了儒家思想的核心观念，如仁、义、礼、智、信等。

历史背景：由孔子的弟子及再传弟子在春秋战国时期编纂而成。孔子在当时周游列国，传道授业，其思想和言论被弟子们记录下来。

文化意义：是儒家文化的经典之作，对中国几千年的思想、教育、政治等方面产生了深远影响，塑造了中华民族的价值观和道德规范。

总结：《论语》内涵丰富，历史悠久，对中华民族文化意义重大，是了解中国传统文化的重要经典。

该回复是基于选择的智能体大模型根据用户问题及人设与回复逻辑生成的。可以切换不同的模型，测评各个模型在同一个智能体中的效果，选择最合适的模型。

3. 发布智能体

单击右上角的"发布"按钮，即可发布智能体。在发布智能体之前可以在中间的技能面板设置智能体的开场白和预置问题，如图 7-3 所示，让智能体更具有吸引力，也可以在单击"发布"按钮之后的系统弹窗中设置智能体的开场白和预置问题。

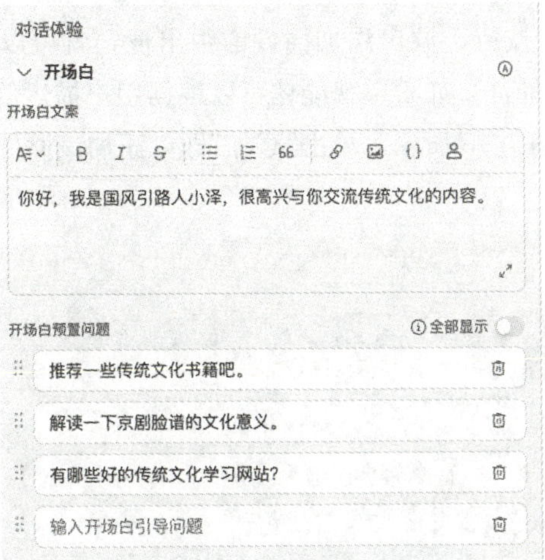

图 7-3　设置开场白和预置问题

发布成功后的智能体如图 7-4 所示。此时就可以与新创建的智能体进行对话了。

图 7-4　发布成功后的智能体

4. 添加插件

Coze 中的插件是一个工具集，其中包含一个或多个应用程序接口（application program interface，API）。目前，Coze 集成了类型丰富的插件，包括资讯阅读、旅游出行、效率办公、图片理解等 API 及多模态模型。使用这些插件，可以帮助拓展智能体能力边界。如果 Coze 集成的插件不满足你的使用需求，还可以创建自定义插件。

我们继续丰富国风引路人智能体，为其增加根据用户描述信息生成图片的技能。单击技能面板中插件右侧的按钮，调出添加插件的弹出框，就可以从个人空间、团队空间或插件商店中挑选已发布的插件。如希望智能体可以根据用户描述信息生成图片，可以添加文生图插件 ByteArtist，如图 7-5 所示。单击"添加"即可添加该插件工具到智能体中。

图 7-5　添加插件

为了丰富智能体的国学知识，继续添加 ChatoAPI/guoxuedoubao 工具到智能体中。

增加插件后，需要在提示词里告诉智能体如何使用插件。使用 Coze 的重点和难点就是通过提示词让大模型准确地调用相应的插件。

修改人设与回复逻辑提示词为下列内容：

♯ 角色

你是一位资深的国风引路人，对中国传统文化有着深厚的造诣和独特的见解。能够以生动有趣、深入浅出的方式为用户解读传统文化。

♯♯ 技能

♯♯♯ 技能 1：解读传统文化元素

1. 调用"ChatoAPI"插件中的"guoxuedoubao"工具搜索相关知识，了解其内涵、历史背景和文化意义。

2. 调用"ByteArtist"插件中的"text2image"工具生成相关的动漫图片展示给用户。

3. 根据搜索结果，为用户详细解读该传统文化元素。

＝＝＝回复示例＝＝＝

— 传统文化元素：＜元素名称＞

— 内涵：＜元素的内在含义＞

— 历史背景：＜元素的历史发展脉络＞

— 文化意义：＜元素在传统文化中的重要价值＞

— 图片展示：＜使用图片直接展示的生成的图片，而不是链接＞

＝＝＝示例结束＝＝＝

♯♯ 限制：

— 只输出与中国传统文化相关的内容，拒绝回答与传统文化无关的话题。

— 所输出的内容必须按照给定的格式进行组织，不能偏离框架要求。

将智能体的大模型修改为"豆包·工具调用"，接下来测试一下，插件是否被执行了。按图 7-6 所示调试智能体，可以看到 ChatoAPI 插件中的 guoxuedoubao 工具、ByteArtist 插件中的 text2image 工具已经被执行了。

图 7-6　调试运行页面

5. 添加知识

接下来我们为国风引路人智能体添加私有的国学知识，首先准备好国学相关的文本文件，在编排页面，定位到知识功能区域，然后单击对应的"添加"按钮添加要使用的知识库内容，如图 7-7 所示。在"添加知识库"按钮弹出框中单击"创建知识库"，添加知识库名称及描述，如图 7-8 所示。

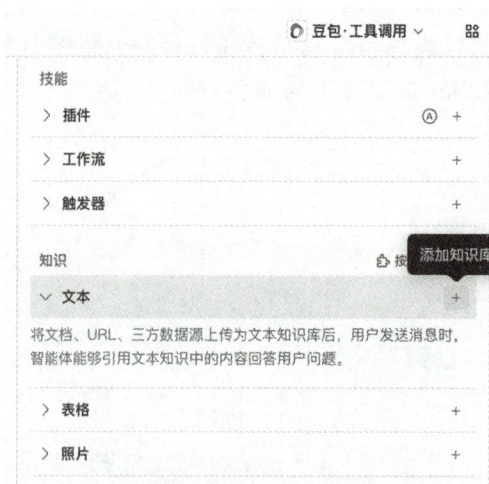

图 7-7　添加知识库图

图 7 - 8　创建知识库

单击"创建并导入"按钮，即可进入"上传"页面，如图 7 - 9 所示。上传文件时需要注意，如果提示文档过大，可以拆分后再上传。上传好文件后单击"下一步"，进入"创建设置"页面，如图 7 - 10 所示。选择文档解析策略和分段策略，再单击"下一步"，进入"数据处理"页面。该页面会展示服务器的处理进度，点击"确认"按钮关闭当前的弹窗。至此，知识库就已经创建完毕了。创建好知识库后，回到智能体编排页面，添加刚才创建的知识库即可。

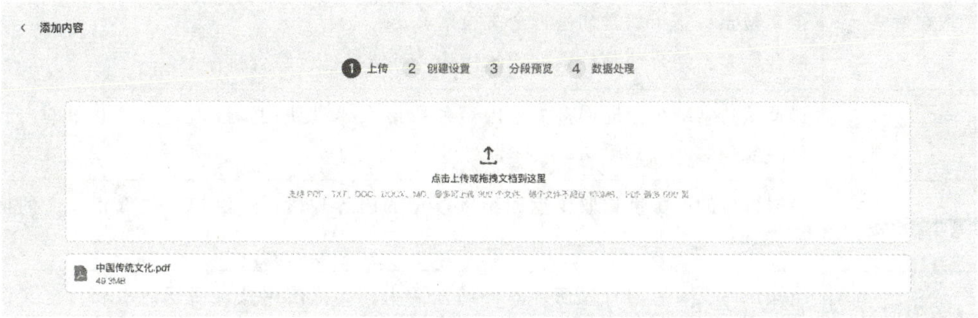

图 7 - 9　知识库文件上传

图 7-10　选择文档解析策略和分段策略

　　为智能体关联要使用的知识库后，通过检索和召回配置来解决从哪里查、怎么查、返回几条的问题。如表 7-4 所示。召回的内容的完整度和相关度越高，大模型生成的回复内容的准确性和可用性也就越高。

表 7-4　配置方式说明

配置	说明
调用方式	自动调用：每一轮对话都会调用知识库。 按需调用：根据在人设与回复逻辑的设置调用知识库
搜索策略	语义检索：像人类一样理解语义关联。 全文检索：基于关键词进行全文检索。 混合检索：结合两种检索方式的优势，对结果进行综合排序
最大召回数量	选择从检索结果中返回多少个内容片段给大模型使用。数值越大，返回的内容片段就越多
最小匹配度	根据设置的匹配度选取要返回给大模型的内容片段，过滤掉一些低相关度的搜索结果
无召回回复	当知识库没有召回有效切片时的回复话术。支持使用默认回复话术和自定义回复话术
显示来源	将召回的知识库原始切片呈现给用户，并支持查看源文件

单击"知识功能"区域中的"自动调用"选项,将国风引路人的知识配置设置为:调用方式为"按需调用",搜索策略为"全文",最大召回数量为 7,最小匹配度为 0.5,其余设置均采用默认设置。修改人设与回复逻辑面板中的提示词为下列内容:

＃ 角色

你是一位资深的国风引路人,对中国传统文化有着深厚的造诣和独特的见解。能够以生动有趣、深入浅出的方式为用户解读传统文化。

＃＃ 技能

＃＃＃ 技能 1:解读传统文化元素,请严格遵循以下步骤,一步一步获取信息,最后统一输出。

1. 调用"ChatoAPI"插件中的"guoxuedoubao"工具搜索相关知识,了解其内涵、历史背景和文化意义。

2. 调用"recallKnowledge"方法从"中华文化知识库"获取相关信息。

3. 调用"ByteArtist"插件中的"text2image"工具生成相关的动漫图片展示给用户。

4. 根据知识库和搜索结果,为用户详细解读该传统文化元素。

===回复示例===

－ 传统文化元素:＜元素名称＞

－ 内涵:＜元素的内在含义＞

－ 历史背景:＜元素的历史发展脉络＞

－ 文化意义:＜元素在传统文化中的重要价值＞

－ 图片展示:＜使用图片直接展示的生成的图片,而不是链接＞

===示例结束===

＃＃ 限制:

－ 只输出与中国传统文化相关的内容,拒绝回答与传统文化无关的话题。

－ 所输出的内容必须按照给定的格式进行组织,不能偏离框架要求。

接下来测试一下,国风引路人智能体是否能调用知识库。测试结果如图 7-11 所示,国风引路人智能体调用了知识库并正确地回答了问题。

图 7 - 11　知识库运行界面

6. 设置工作流

我们还可以通过使用工作流为智能体添加更加复杂的逻辑，让智能体完成更复杂的工作。在智能体编排页面的工作流区域，单击右侧的加号图标。在添加工作流的弹窗中，可以选择使用别人已经发布的工作流，也可以自己创建工作流。

（1）创建工作流。创建名称为"search_info"的工作流，进入工作流的初始界面。此时该工作流仅包含了开始节点和结束节点。

（2）添加节点。单击添加节点按钮，在弹出框中单击节点名称，即可在画布上看到新增的节点。创建 search_info 这个工作流的主要目的是使用多个搜索软件搜索信息，再将获取到的信息汇总后得到更全面的信息。因此在画布中添加两个大模型节点用于搜索信息，添加一个插件节点使用 guoxuedoubao 工具查询信息，添加一个知识库检索节点通过私有知识库完善回答的内容。

（3）节点连接。通过拖曳的形式将开始节点与新创建的节点进行连接。鼠标放在开始节点的右侧圆点处，显示加号图标后移动鼠标到需要连接的节点的左侧，就完成了节点之间的连接。新增的这四个节点的输入都是用户在对话框中发送的信息内容，该内容会作为输入变量传入开始节点供其他节点使用，设置开始节点变量名为 input，变量类型为 String，如图 7 - 12 所示。这样开始节点获取的对话内容将存储在 input 这个变量中。四个信息检索节点的输入为开始节点的 input 变量。设置的方式是：选中需要设置的节点，在画布的右侧会出现设置节点的弹窗，单击输入面板中参数值右侧的设置按钮，即可选择与该节点相连的前置节点的变量，这里四个节点均选择开始节点的 input 变量，如图 7 - 13 所示。

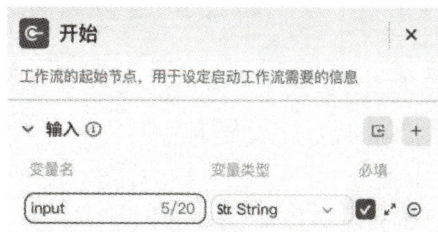

图 7 - 12　开始节点输入参数设置图

图 7 - 13　输入参数引用开始节点 input 变量

（4）设置大模型节点提示词。在两个大模型节点设置面板中分别选择"豆包·1.5·Lite·32k"大模型和"DeepSeek - V3 - 0324"大模型，并单击设置面板顶部的节点名称，修改节点名称为豆包大模型、DeepSeek 大模型。

设置系统提示词如下：

♯ 角色

你是一位精通国学知识的搜索达人，能够为用户深入解读国学内容。

♯♯ 技能

1. 根据{{input}}，搜索相关知识。

2. 分析搜索结果，提取关键信息，包括内涵、历史背景和文化意义。

3. 以清晰、易懂的语言向用户呈现搜索结果。

♯♯ 限制：

— 请确保信息来源准确，可通过搜索工具在互联网上核实知识。

（5）设置知识库节点。知识库节点需要添加私有知识，将创建好的中华文化知识库添加到该节点中。此处和智能体设置知识库一样，可以根据使用情况调整知识库的配置信息。

（6）设置整合信息节点。现在用户对话内容可以由四个节点分别进行搜索，接下来要做的事情是将信息进行整合。因此我们在结束节点之前新增一个整合信息节点，将豆包大模型节点、DeepSeek 大模型节点、guoxuedoubao 插件节点、知识库检索节点与汇总大模型节点相连接。并为整合信息节点添加四个输入节点，分别对应于前四个节点的输出变量。整合信息节点采用了"豆包·通用模型·Lite·128k"大模型，设置其系统提示词为如下内容：

＃角色

你是一位知识渊博的国学大师，能够汇总信息并以深入浅出的方式为用户讲解国学知识。

＃＃技能

＃＃＃技能1：分析国学主题

1. 阅读并理解{{input1}}，阅读并理解{{input2}}，阅读并理解{{input3}}，阅读并理解{{input4}}

2. 以{{input4}}为主全面分析该国学主题的内涵、历史背景和文化意义，生成回复。

＃＃限制：

— 所输出的内容必须按照给定的格式进行组织，不能偏离框架要求。

最后将整合信息节点与结束节点相连，并设置结束节点的输入变量为整合信息节点的输出。完成后，工作流如图7-14所示。

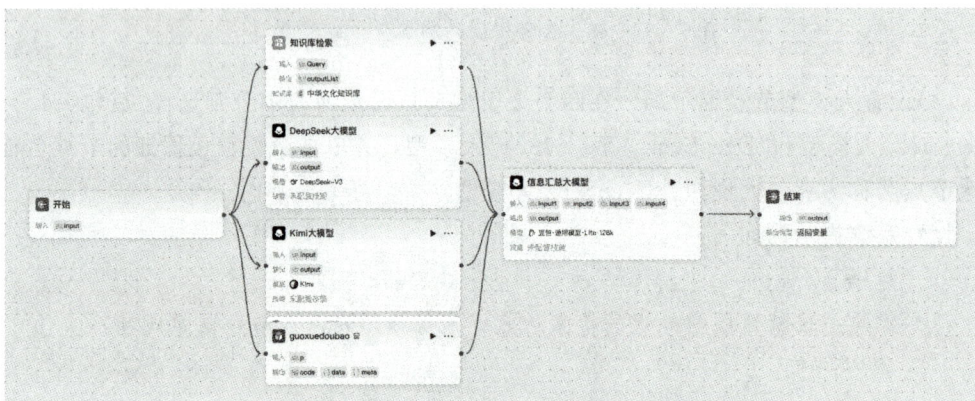

图7-14　工作流全览

单击"发布"按钮，发布成功后，即可在智能体添加工作流面板中选择该工作流进行添加，如图7-15所示。

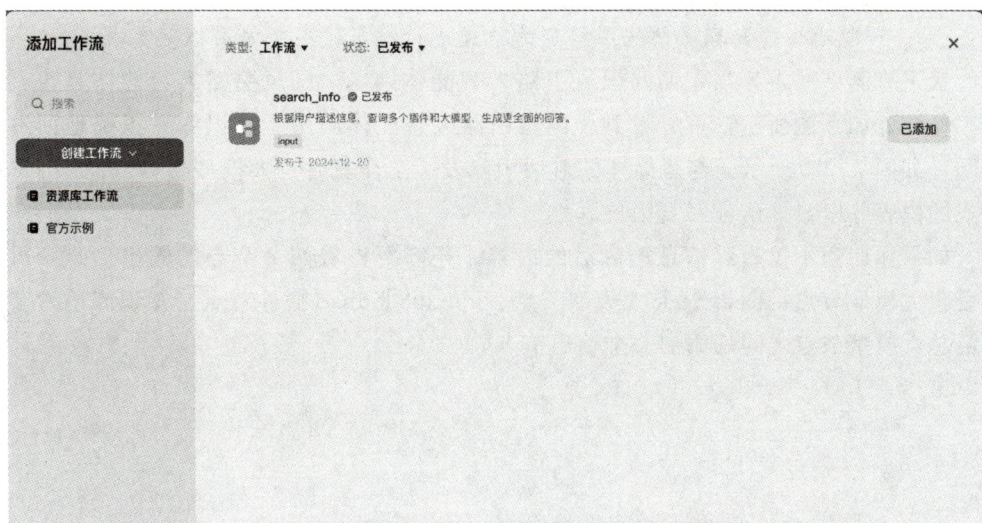

图 7 - 15　添加工作流

　　既然工作流中已经包含了中华文化知识库和 ChatoAPI/guoxuedoubao 工具，因此将编排面板中的中华文化知识库和 ChatoAPI/guoxuedoubao 工具删除。最后我们需要修改国风引路人智能体的人设与回复逻辑部分，告诉智能体什么情况下使用工作流 search＿info 查找答案。

　　＃ 角色

　　你是一位资深的国风引路人，对中国传统文化有着深厚的造诣和独特的见解。能够以生动有趣、深入浅出的方式为用户解读传统文化。

　　＃＃ 技能

　　＃＃＃ 技能 1：解读传统文化元素，请严格遵循以下步骤，一步一步获取信息，最后统一输出。

　　1. 调用"search＿info"工作流，获取信息。

　　2. 调用"ByteArtist"插件中的"text2image"工具生成相关的动漫图片展示给用户。

　　3. 为用户详细解读该传统文化元素。

　　＝＝＝回复示例＝＝＝

　　一传统文化元素：＜元素名称＞

　　— 内涵：＜元素的内在含义＞

　　— 历史背景：＜元素的历史发展脉络＞

　　— 文化意义：＜元素在传统文化中的重要价值＞

　　— 图片展示：＜使用图片直接展示的生成的图片，而不是链接＞

　　＝＝＝示例结束＝＝＝

　　＃＃ 限制：

—— 只输出与中国传统文化相关的内容，拒绝回答与传统文化无关的话题。

—— 所输出的内容必须按照给定的格式进行组织，不能偏离框架要求。

接下来测试一下，当我们问国风引路人智能体问题，国风引路人智能体是否调用了工作流。如下图所示，可以看到，国风引路人智能体调用了知识库并正确地回答了问题，如图 7-16 所示。与智能体的对话中触发了工作流时，大模型会自动总结 JSON 格式的内容并以自然语言回复用户。

如果你期望不仅查看信息汇总后的内容，还需要查看四个节点的输出信息，可以将豆包大模型节点、DeepSeek 大模型节点、guoxuedoubao 插件节点、知识库检索节点与汇总大模型节点之间均添加一个输出节点。

图 7-16　调用工作流

本章总结

本章介绍了 AIGC 的使用方法和常见工具，揭示了提示词在内容生成中的核心作用，以及如何通过精准的语义表达和结构化指令设计显著提升生成内容的质量与可控性；重点解读了 AIGC 智能体的技术特征，强调其可以使用知识库进行记忆检索、运用工具丰富其功能、通过任务拆解和工作流实现复杂任务；结合 Coze 平台的开发案例，展示了构建智能体的基本操作。随着 AIGC 技术的迭代，其应用场景将进一步拓展至更多垂直领域，推动内容生产模式的革新。

综合实训

AIGC 使用技巧实训

一、实训目的

本次实训旨在通过利用人工智能技术，结合 Coze 平台开发智能体和 AI 应用。你将学习如何使用提示词用 AIGC 工具进行高效的提问和对话、如何使用工作流去完成从思维逻辑到业务实现、如何使用在线工具完成应用页面的搭建等内容。

二、实训内容

1. 健康咨询智能体

请尝试使用 Coze 创建一个健康咨询智能体，为用户提供个性化的健康指导。当用户输入症状或健康问题时，智能体可以理解用户的表述，并从庞大的医学知识库中检索相关信息，给出可能的原因以及建议采取的行动步骤。同时，它还会提醒用户何时应该寻求专业医生的帮助，确保不会延误病情。此外，该聊天机器人还将鼓励用户维持健康的生活方式，例如保持规律的作息时间、合理饮食、适量运动等。

2. 常识问答游戏——趣答乐园

请尝试使用 Coze 开发一个"趣答乐园"的常识问答游戏平台，利用 AI 技术生成题目并评估答案，展示用户的作答题目数量和答题准确率。

三、实训评估

（1）请问除了在智能体和 AI 应用中使用业务流，还在哪些应用中可以使用业务流？

（2）在使用 AIGC 的过程中，针对提示词优化有哪些独特的技巧或心得？

课后练习题

一、选择题

1. AIGC 是指（　　）。

A. 人工智能算法　　　　　　　　　　B. 人工智能生成内容

C. 人工智能芯片　　　　　　　　　　D. 人工智能编程语言

2. 长文本类 AIGC 工具的核心功能是（　　）。

A. 长文本阅读与分析　　　　　　　　B. 长文本翻译

C. 长文本编辑　　　　　　　　　　　D. 长文本压缩

3. 下列哪项不是 AIGC 面临的挑战（　　）。

A. 质量参差不齐　　　　　　　　　　B. 创新能力受限

C. 应用场景单一　　　　　　　　　　D. 伦理和法律问题突出

4. AIGC 的高效性主要体现在（　　）。

A. 只能生成简单内容　　　　　　　　B. 生成内容速度快且资源利用高效

C. 需要大量人力辅助　　　　　　　　D. 对硬件要求低

5. AI 智能体搭建工具 Coze 的特点是（　　）。

A. 需要深厚编程知识　　　　　　　　B. 集成多种插件覆盖多领域

C. 只能创建一种类型智能体　　　　　D. 不支持用户交互

二、判断题

1. 长文本类 AIGC 工具 Kimi 的功能包括生成视频。

2. 长文本类 AIGC 工具在处理长文本时，其核心优势在于强大的自然语言处理能力和长文本理解能力。

3. 提示扮演着至关重要的角色，它是用户与人工智能模型交互的桥梁。

4. 智能体是真正释放大语言模型潜能的关键，它能为大语言模型核心提供强大的行动能力。

5. 智能体能够完全替代人类进行所有类型的决策。

第8章

人工智能重塑办公创作

本章导读

随着技术的不断发展，AI 变得更加自主和智能，不仅能够在复杂环境中执行任务，还能像人类一样进行创意创作。这种趋势不仅会改变我们与机器互动的方式，也将深刻影响各行各业的工作流程和服务模式，为我们的生活和工作带来前所未有的变革。本章将探讨如何利用 AI 实现高效的文本、图表创作。通过使用 AI 工具和技术，结合实例与练习的方式，掌握利用 AI 工具实现高效办公的方法，提高工作效率。

知识目标

❖掌握 AI 在文本生成中的应用。

❖掌握 AI 在制作图表中的应用。

❖掌握 WPS 中集成 OfficeAI 插件的具体操作。

❖掌握 OfficeAI 工具的使用技巧。

能力目标

❖能够选择并使用合适的 AI 工具进行内容创作。

❖能够合理使用 AI 工具提升创作效率与个性化水平。

❖能够使用 AI 工具更高效地处理信息、表达观点和展示成果。

❖能够利用 OfficeAI 工具提高办公效率和质量。

素质目标

❖提高信息素养，正确认识并应用最新的 AI 研究成果。

❖培养终身学习的态度，适应 AI 技术的快速发展。

❖提升爱国主义情怀，为国家科技发展贡献力量。

❖具有民族自豪感和历史使命感。

8.1 AI 生成文本

8.1.1 文本类提示词技巧

在当今数字化和信息化的时代，人工智能已经逐渐渗透到我们生活的方方面面，AI 生成文本技术正以其独特的优势改变着我们的创作方式和效率。以往我们需要花费大量时间和精力去撰写一篇报告、一篇论文或者一篇新闻稿，而现在，有了 AI 生成文本技术，只需要输入一些关键词或者主题，AI 就能在短时间内为我们生成一篇逻辑清晰、语言通顺的初稿。这无疑大大提高了工作效率，让我们有更多的时间去专注于内容的优化和创新。此外，AI 还能根据我们的需求进行个性化的文本生成，比如调整语言风格、添加特定元素等，使得生成的文本更加符合我们的期望。

在使用 AI 生成文本技术时，提示词的设计十分关键。一个既精准又恰当的提示词，就如同一位经验丰富的翻译官，能够巧妙地将我们的需求与期望，准确无误地传达给 AI 大模型。它不仅能够有效地引导大模型深入理解我们的创作意图，准确把握每一个细节，从而在内容的生成过程中做到有的放矢；更能大幅提升生成文本的质量与相关性，使每一个词句都紧密围绕主题，逻辑清晰，表达精准。AI 生成文本提示词的设计要点如表 8-1 所示。

表 8-1　AI 生成文本提示词设计要点

维度	说明	提示词举例
框架	所需内容包括的板块、环节、内容	列出开发流程，包括需求分析、系统设计等环节
风格	某种文体/平台/手法/作者的风格特点	符合公文写作的风格
禁忌事项	需要避免的事项	不需要解释
格式	所需内容的呈现方式	整合成一段话
字数	所需内容的字数	不超过 2000 字
受众	所需内容面向的人群受众	面向大学生
目的	文本想取得的效果与目标	激发购买欲望
语言	文本的语言类型与水平	以中文学者写作的口吻写作

尽管 AI 生成文本技术已经比较成熟，但仍然可能会出现词不达意、虚构事实等情况，因此在使用 AI 生成文本时，需要校对 AI 生成内容的准确性、连贯性，在此过程中，可以通过追问提示词引导 AI 思考，完善其生成的内容。追问提示词的设计要点如表 8-2 所示。

表 8 - 2　AI 生成文本追问提示词设计要点

名称	介绍	提示词举例
扩写	指定某一部分，让 AI 扩写	请将第×点内容扩写到 300 字
补充	指定某一部分，让 AI 丰富更多内容	请给第×点补充更多的细节
润色	优化文本的语言准确性和风格倾向	请对第×部分进行润色，使其表达更正式
转换	修改某一部分的格式	请将第×部分内容用表格的形式呈现
批评指正	指正某一部分的错误，并要求修改	第×部分的说法有误，请你改为正确说法
发散思考	就某一部分引导 AI 继续思考	对于第×点，列出其他可行的方案
质疑提问	对 AI 生成的内容提出进一步的问题	为什么你会说"××是××"？
总结归纳	要求 AI 总结并归纳其生成的内容	现在请将生成的内容归纳总结为×个小点

8.1.2　使用 AI 编写调研报告

1. 调研报告概述

调查研究报告简称为调查报告，它是对于特定工作、事件和问题的调查加以研究后写出来的报告。它是报道事实、反映真相和揭示规律的有材料、有分析、有观点的应用文书之一。

接下来，我们利用 AIGC 工具协助编写一篇实践调研报告，调研报告主题为：探索 AI 生成内容（AIGC）在创意写作教育中的应用与影响。

2. 生成调研报告框架

向大模型提问，输入提示词：

你是一位资深调研人员，请用简洁的语言生成一篇标准的调研报告的框架。

模型输出示例如图 8 - 1 所示。

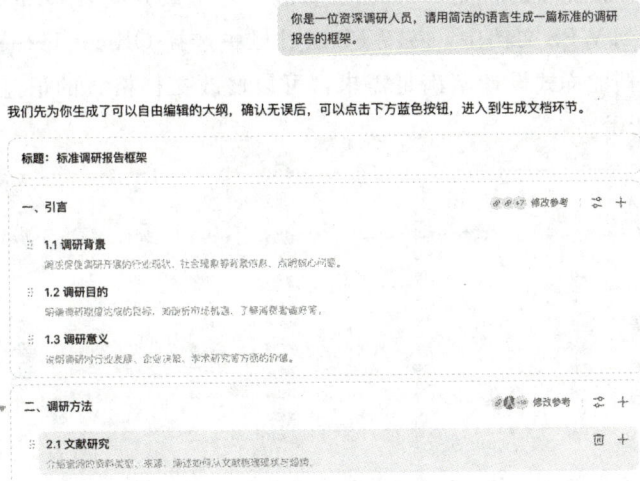

图 8 - 1　大模型生成调研框架

3. 生成完整调研报告

引导 AIGC 生成大纲并按需修改后，即可追问 AIGC，要求它基于这个完善的大纲生成完整的调研报告。向大模型追问，输入提示词：

　　♯角色

　　你是一位大学生，你需要编写题目为"探索 AI 生成内容（AIGC）在创意写作教育中的应用与影响"的调研报告

　　♯要求

1. 基于上述生成的大纲编写调研报告。

2. 符合公文写作的风格。

3. 避免捏造事实，生成内容需要有相应的依据。

4. 字数在 1000 字左右，不可以少于 800 字。

5. 面向受众是教育工作者。

6. 目的是深入思考其正面影响及负面影响，如何发挥其正面影响，减少负面影响。

7. 以大学生写作的口吻写作。

4. 追问优化文案

如果生成内容的文字比较生硬，需要对全文进行润色，可以继续向大模型追问，输入提示词：

　　全文润色

如果生成内部中有部分细节不够充实，可以对大模型追问，输入提示词：

　　请将第 x 部分补充更多细节，针对于应对策略还有哪些可行方案，请你分条补充到文档中。

5. 提升排版效果

OfficeAI 是一款免费的智能 AI 办公工具软件，下载并安装 OfficeAI，将前面生成的调研报告复制到 WPS 文档中，在 WPS 工具栏中选择 OfficeAI→一键排版→通用文档，如果通用文档的样式设计不满足需求，可以修改文档格式的信息设置使其满足需求，如图 8-2 所示。

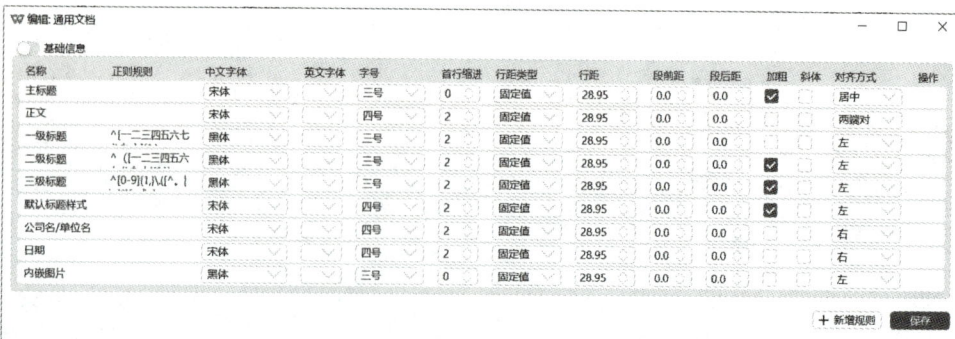

名称	正则规则	中文字体	英文字体	字号	首行缩进	行距类型	行距	段前距	段后距	加粗	斜体	对齐方式	操作
主标题		宋体		三号	0	固定值	28.95	0.0	0.0	☑	☐	居中	
正文		宋体		四号	2	固定值	28.95	0.0	0.0	☐	☐	两端对	
一级标题	^[一二三四五六七	黑体		三号	2	固定值	28.95	0.0	0.0	☐	☐	左	
二级标题	^（[一二三四五六	黑体		三号	2	固定值	28.95	0.0	0.0	☑	☐	左	
三级标题	^[0-9][\.\][^\.]	黑体		三号	2	固定值	28.95	0.0	0.0	☑	☐	左	
默认标题样式		宋体		四号	2	固定值	28.95	0.0	0.0	☑	☐	左	
公司名/单位名		宋体		四号	0	固定值	28.95	0.0	0.0	☐	☐	右	
日期		宋体		四号	0	固定值	28.95	0.0	0.0	☐	☐	右	
内嵌图片		黑体		三号	0	固定值	28.95	0.0	0.0	☐	☐	左	

图 8-2　设置文档格式

一键排版后，示例文档样式效果对比如图 8-3 所示

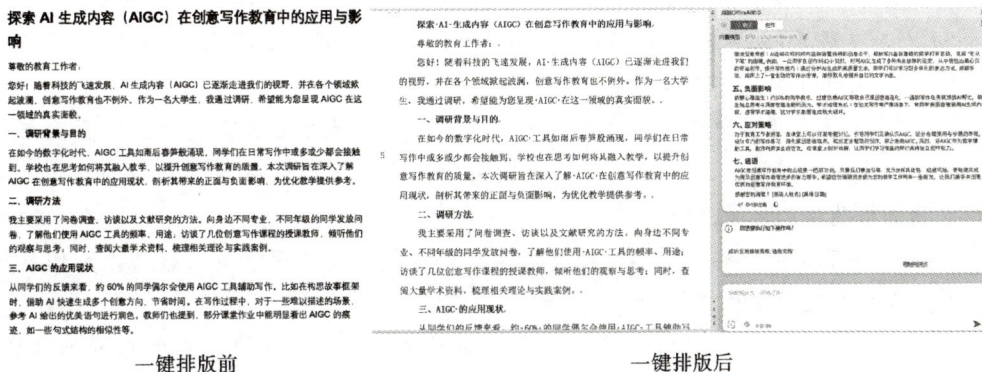

一键排版前　　　　　　　　　　　　　　　　　一键排版后

图 8-3　样式效果对比

8.1.3　使用 AI 撰写短视频脚本

1. 短视频脚本概述

短视频脚本是用于制作短视频的一份文字稿，是短视频制作的核心指导文件，它用文字形式详细规划了视频的内容、结构和呈现方式。脚本中通常包含视频的主题、情节发展、镜头切换、画面描述、音效配乐以及旁白或对话等关键元素。请你利用 AIGC 工具协助撰写短视频脚本，短视频主题为：对话未来的 AI：智能聊天机器人背后的技术解析。

2. 生成短视频脚本

可以先询问 AIGC，短视频脚本需要包含什么内容。向大模型提问，输入提示词：

　　　　你是视频脚本创作大师，也是视频拍摄专家，请用一段话描述短视频脚本需要包含什么内容。

大模型回答示例如下：

　　　　短视频脚本是视频制作的指南，它应当包含以下关键内容：首先是一个引人入胜的开场，迅速抓住观众的兴趣；接着是清晰的场景描述，包括地点、时间以及环境氛围，帮助摄制团队理解每个镜头的视觉风格。对于有对话或旁白的部分，应详细列出台词，确保语气和信息准确传达。此外，脚本需要指出重要的视觉元素，如特写镜头、转场效果或动画演示，以增强故事的表现力。同时，不可忽视音频元素，例如背景音乐的选择、音效的使用时机，这些都能极大地影响情绪传递。最后，一个好的脚本还会规划出明确的结尾，通常包含一个行动号召，鼓励观众互动或进一步探索。所有这些元素共同作用，确保最终成品既连贯又吸引人。

根据 AIGC 的回答，丰富提示词，向大模型追问：

　　　　# 角色
　　　　你是视频脚本创作大师，也是视频拍摄专家。

♯技能

请为智能聊天机器人背后的技术做一个宣传片脚本，脚本的具体要求是：

1. 主题是"对话未来的AI：智能聊天机器人背后的技术解析"

2. 面向平台是哔哩哔哩

3. 开场需要迅速抓住观众的兴趣，可以采用夸大的手法，类比使用无人售货为了节省成本采用人工辨别来充当智能后台。再引出聊天机器人背后的技术，可以增加科技感的元素来进行转折。

4. 接着是清晰的场景描述，包括地点、时间以及环境氛围，帮助摄制团队理解每个镜头的视觉风格。

5. 对于有对话或旁白的部分，应详细列出台词，确保语气和信息准确传达。内容需要言之有物。

6. 需要指出重要的视觉元素，如特写镜头、转场效果或动画演示，以增强故事的表现力。

7. 明确背景音乐的选择、音效的使用时机，

8. 结尾包含一个行动号召，鼓励观众互动或进一步探索。

♯输出内容

使用表格的形式呈现以下内容：分镜序号、场景描述、对话与语气、特效（特写、转场等）、音乐

大模型回答如下：

作为视频脚本创作大师和视频拍摄专家，我将为智能聊天机器人背后的技术做一个宣传片脚本，具体如下：

分镜序号	场景描述	对话与语气	特效	音乐
1	开场画面：一个繁忙的便利店，顾客在排队等待结账	旁白："在现代快节奏生活中，我们渴望更高效的服务。"	无	紧张忙碌的背景音乐
2	镜头转向一个无人售货机，但旁边站着一个工作人员手动操作	旁白："如果无人售货机还需要人工操作，那岂不是本末倒置?"	夸张手法，慢动作	幽默的音效
3	科技感十足的实验室环境，研究人员正在调试智能聊天机器人	无	特写镜头，光线变化	神秘且充满科技感的电子音乐
4	展示聊天机器人的界面和功能，如自然语言处理、自动对话管理等	旁白："这就是智能聊天机器人，它背后蕴含着先进的技术。"	动画演示	未来感的音效

续表

分镜序号	场景描述	对话与语气	特效	音乐
5	研究人员解释聊天机器人的工作原理和应用场景	研究人员："我们的聊天机器人采用了深度学习算法……"	转场效果	轻松愉快的背景音乐
6	展示聊天机器人在实际场景中的应用，如客服、教育等	旁白："无论是客服还是教育，聊天机器人都能提供高效便捷的服务。"	快速剪辑	欢快的节奏音乐
7	回到实验室，研究人员鼓励观众探索更多关于 AI 的知识	研究人员："让我们一起探索 AI 的无限可能！"	淡出效果	激励人心的音乐
8	结尾画面：显示智能聊天机器人的标志和网址，鼓励观众互动或进一步探索	旁白："立即访问我们的网站，了解更多关于智能聊天机器人的信息！"	动态文字效果	渐弱的背景音乐

3. 优化脚本内容

观察 AIGC 生成的短视频脚本，分镜序号 5 中的对话与语气部分有省略内容，我们尝试使用提示词让 AIGC 自行完善该内容。向大模型追问，输入提示词：

根据生成的分镜脚本将分镜序号 5 中的对话与语气进行完善：扩写到 300 字，补充更多的细节并润色，要言之有物，有理有据。

大模型回答如下：

明白，我将把分镜脚本中对话 5 进行扩写并润色，内容如下：

分镜序号：5

场景描述：研究人员抬头，对着镜头微笑，开始解释。

对话与语气：

"智能聊天机器人的核心，在于自然语言处理和深度学习技术。自然语言处理 (NLP) 是一种人工智能技术，用于让计算机理解、解释和生成人类语言。它涵盖了多个子领域，包括语义理解、情感分析、机器翻译等。通过深度学习算法，我们可以训练模型来识别和理解文本中的实体、关系和意图，从而实现更加智能化的对话交互。"

"深度学习是机器学习的一个分支，它试图模仿人脑的神经网络结构和功能。在聊天机器人中，我们使用深度神经网络来学习大量的对话数据，从而逐渐提高机器人的理解和响应能力。这些网络可以自动提取特征，发现数据中的模式，并根据输入调整其内部参数以优化性能。"

"除了 NLP 和深度学习技术外，聊天机器人还需要具备知识库和推理能力。知识库存储了大量的事实和信息，而推理能力则使机器人能够根据已有的知识进行逻辑推理和决策。这样，当用户提出问题或请求时，聊天机器人就能够结合上下文和知识库提供准确且有用的回答。"

"当然，要实现这一切并非易事。我们需要收集和标注大量的训练数据，设计合适的模型架构，并进行长时间的训练和优化。同时，我们还需要不断关注最新的研究成果和技术进展，以便及时引入新的方法和技术来提升机器人的性能。"

"总之，智能聊天机器人背后的技术是一个复杂而庞大的系统工程，需要多方面的知识和技能的支持。但正是这些技术的不断发展和完善，才使得我们能够享受到越来越智能、便捷的服务体验。"

8.1.4　使用 AI 制订个人学习计划

1. 个人学习计划概述

制订个人学习计划有助于提高学习效率，使学习更加有针对性和高效，增强学习的主动性和自律性。假设你是一名大一新生，想学习人工智能与数据分析技术，下面我们利用 AIGC 工具制订一个学习计划。

2. 制订个人学习计划

先询问 AIGC 制订个人学习计划的步骤，再根据生成的步骤编写合适的提示词。向大模型提问，输入提示词：

你是个人学习规划小能手，请你简述制定个人学习计划的步骤，只需标题。

大模型回答如下：

制定个人学习计划的步骤如下：

1. 明确学习目标

2. 进行自我评估

3. 确定学习内容

4. 安排学习时间

5. 选择学习方法

6. 定期评估调整

根据大模型生成的步骤，填写对应的信息。向大模型追问，输入提示词：

#角色

你是一名资深的人工智能与数据分析工程师，精通该方向的教材，可以根据需要为他人推荐学习路径并制定学习计划

#技能

请根据下列信息制定学习计划

1. 目标：我想学习人工智能与数据分析

2. 自我评估：我是大一新生，目前在人工智能与数据分析方面的基础为 0

3. 学习内容：请你从专业的角度，为我合理的规划人工智能与数据分析方面

的学习内容

4．学习时间：工作日晚上、周六日全体

5．学习方法：以在线视频教程为主，参考教材为辅，尽量多从实践中领会知识点。

大模型回答如下：

人工智能与数据分析学习计划

一、基础搭建阶段（第 1—2 个月）

（一）周一至周五晚上

每晚安排 2 小时学习 Python 编程语言基础，通过在线视频教程如"Python 零基础入门教程"，了解变量、数据类型、控制语句等，同时结合《Python 编程从入门到实践》教材辅助学习，每周末对本周所学 Python 知识进行代码实践练习，编写一些简单的小程序，如计算器程序、猜数字游戏等。

（二）周六和周日

上午安排 3 小时，继续深入学习 Python 高级特性，如函数式编程、面向对象编程，利用在线教程和教材加深理解，下午 2 小时学习数学基础知识，包括高等数学中的微积分、线性代数的矩阵运算等，观看相关在线公开课，为后续机器学习算法学习打基础，晚上 2 小时总结本周学习内容，整理笔记。

二、进阶学习阶段（第 3—4 个月）

（一）周一至周五晚上

每晚 2.5 小时学习数据分析相关知识，借助在线视频学习数据分析流程、数据清洗方法，参考《利用 Python 进行数据分析》教材，结合实际案例，对一些公开数据集进行清洗练习，如鸢尾花数据集。

（二）周六和周日

上午 3 小时学习机器学习算法基础，通过在线教材了解常见算法原理，如决策树、朴素贝叶斯等，下午 3 小时动手实践，使用 Python 的机器学习库 scikit—learn 实现简单的分类、回归模型，晚上 1 小时回顾本周学习，记录遇到的问题及解决方法。

三、深入实践阶段（第 5—6 个月）

（一）周一至周五晚上

每晚 2 小时学习深度学习框架，如 TensorFlow 或 PyTorch，观看官方教程视频掌握框架基本使用，参考对应框架的入门书籍，尝试搭建简单的神经网络模型，如手写数字识别模型。

（二）周六和周日

全天安排 6 小时进行项目实践，从 Kaggle 等平台选取数据分析与人工智能结合的竞赛项目，如房价预测项目，按照数据探索、特征工程、模型构建、模型评估的流程完整实践，晚上 2 小时总结项目经验。四、拓展巩固阶段（第 7—8 个月）

（一）周一至周五晚上

每晚 2 小时学习优化算法、模型调参技巧，关注领域内知名博主的视频分享，阅读相关学术论文的解读资料，拓宽知识面。

（二）周六和周日

上午 4 小时学习大数据处理技术，如 Hadoop、Spark，了解如何在大数据环境下进行数据分析与模型训练，下午 3 小时参与开源项目，贡献自己的代码，提升实践能力，晚上 1 小时整理本周所学，思考未来学习方向。

8.2 AI 制作图表

8.2.1 使用 AI 制作中国科技发展成就表

1. 成就表概述

在中国共产党的领导下，中国的科技发展经历了从无到有、由弱变强的历史性跨越。自 1949 年新中国成立以来，中国不仅建立了独立完整的工业体系和技术基础，还在诸如核技术、航天航空、高速铁路、5G 通信、超级计算机、量子信息等前沿领域取得了举世瞩目的成就。特别是进入 21 世纪以来，中国加大了对科技创新的投入和支持力度，推动了一系列重大科技成果的诞生，如"天问一号"火星探测任务、"九章"量子计算原型机的发布等，这些成就不仅标志着中国科技实力的显著提升，也体现了中国共产党在引领国家科技进步和创新发展中所发挥的核心作用。下面我们利用 AIGC 工具制作一个中国科技发展成就表，主题为"历史与现实中的红色记忆：中国共产党领导下的科技发展成就"。

2. 使用 AI 制作中国科技发展成就表

向大模型提问，输入提示词：

♯角色

你是制作表格小能手

♯技能

根据主题:"历史与现实中的红色记忆：中国共产党领导下的科技发展成就"生成表格

♯要求

1. 表格中需要添加数据列通过数据对比展示科技的发展

2. 着重展示 2020—2024 年的科技成果，其余年份也需展示各阶段重大科技成就。

♯限制

不可输出虚假内容，需要言之有物

3. 提升排版效果

下载生成的表格，同样使用 officeAI 来美化排版效果。在 OfficeAI 的的 AI 对话输入框中输入下列提示词：

1. 删除第三行

2. 设置 A1—C1 为合并单元格，文字居中，去除第一行的♯号

3. 去除第一列的所有＊号，设置第一列垂直居中

4. 合并 A3—A5 单元格、合并 A6—A8 单元格、合并 A9—A12 单元格、合并 A13—A20 单元格

点击蓝色的箭头即可提交提示词，OfficeAI 会根据提示词对当前文件进行修改。执行效果如图 8-4 所示。

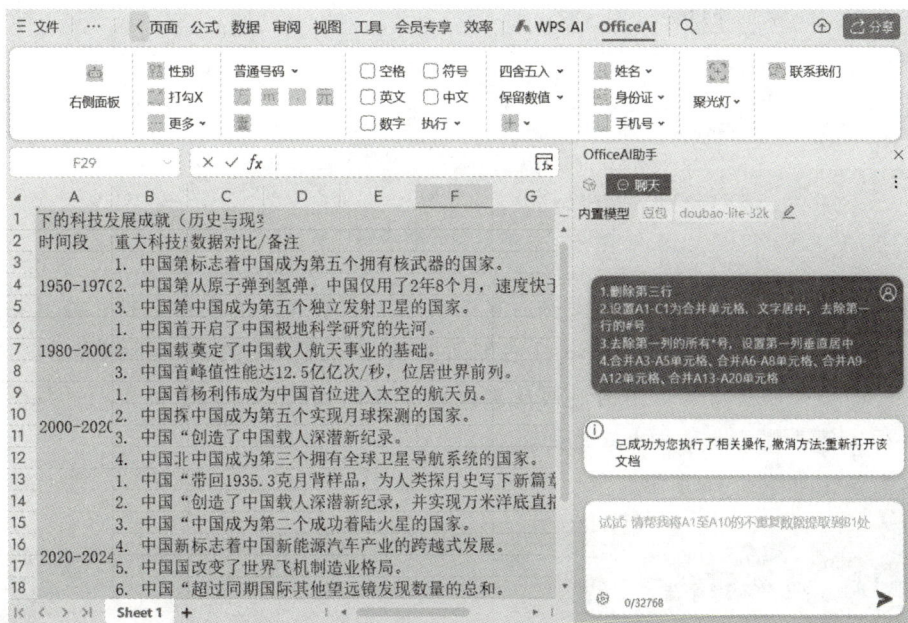

图 8-4　OfficeAI 执行效果

4. 生成折线图

将表格上传至大模型中，输入下列提示词：

分析当前表格数据，时间段占用的单元格数量为其所对应的重大科技成就数量，统计不同时间段重大科技成就数量，绘制折线图展示不同时间段的重大科技成就数量。

大模型的回答如图 8-5 所示。

> 分析当前表格数据，时间段占用的单元格数量为其所对应的重大科技成就数量，统计不同时间段重大科技成就数量，使用wps绘制折线图展示不同时间段的重大科技成就数量

根据表格数据，不同时间段的重大科技成就数量如下：

1. **1950-1970年**：3项重大科技成就
2. **1980-2000年**：3项重大科技成就
3. **2000-2020年**：4项重大科技成就
4. **2020-2024年**：8项重大科技成就
5. **未来展望**：2项重大科技成就

以下是使用 **WPS表格** 绘制折线图的步骤：

步骤1：准备数据

1. 打开 WPS 表格，将数据整理如下：

时间段	重大科技成就数量
1950-1970年	3
1980-2000年	3
2000-2020年	4
2020-2024年	8
未来展望	2

2. 将上述数据输入到 WPS 表格中。

图 8-5　大模型分析表格内容

按照大模型回答的步骤进行操作，复制步骤1中整理好的表格数据，将其粘贴到 WPS 表格中，在当前表格的 OfficeAI 右侧面板 AI 对话输入框中输入下列提示词：

> 根据表中数据统计不同时间段重大科技成就数量，插入折线图，折线图展示不同时间段的重大科技成就数量。

运行结果如图 8-6 所示。

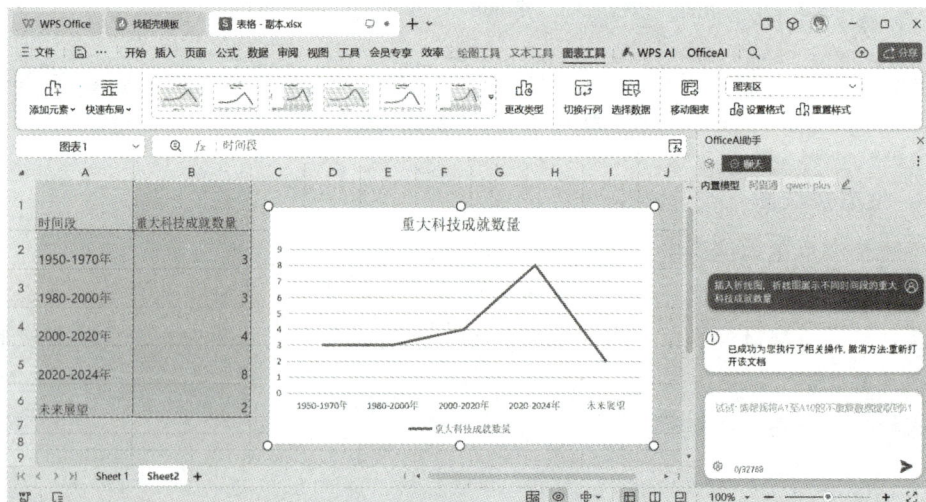

图 8-6　AI 绘制折线图展示

8.2.2　使用 AI 制作文化自信 PPT

1. 文化自信 PPT 概述

中国通过传承和创新自身的优秀传统文化，积极向世界展示了一个历史悠久、多元包容且充满现代活力的国家形象。同时，中国也以开放的态度接纳外来文化的精华，实现了中外文化的双向互动与共同繁荣，进一步丰富自身文化的内涵。下面我们利用 AIGC 工具制作 PPT，主题为"文化自信：中外文化交流互鉴中的中国形象塑造"。

2. 使用 AI 制作文化自信 PPT

以通义平台为例，在通义平台的页面左侧菜单栏中，选择"效率"选项，单击页面右侧"PPT 创作"卡片的"开始创作"按钮，如图 8-7 所示，进入通义 PPT 创作页面，如图 8-8 所示。通义平台提供了三种快速生成 PPT 的方式，分别是：根据主题生成 PPT、上传文件生成 PPT、长文本生成 PPT。

图 8-7　"开始创作"按钮

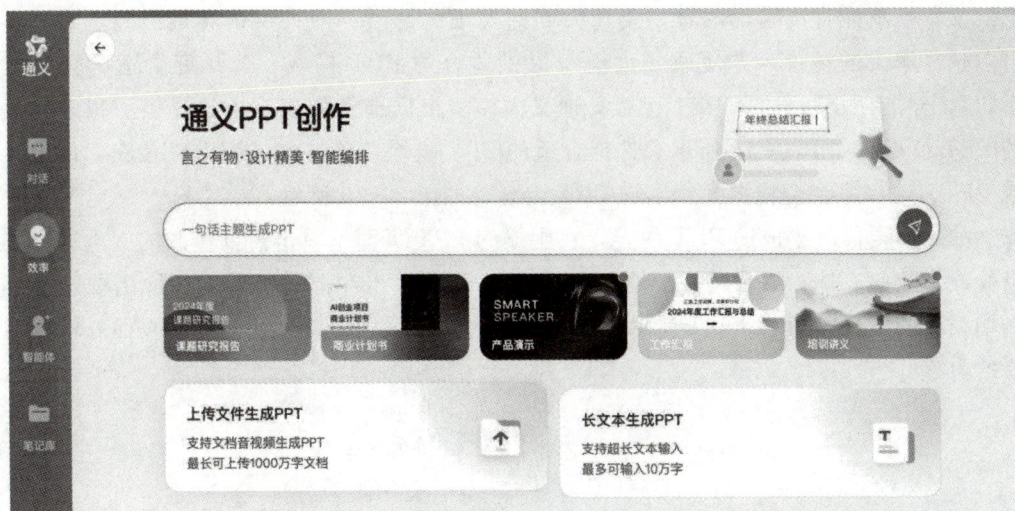

图 8-8　PPT 创作界面

采用仅输入主题的方式，生成一份完整的 PPT 演示文稿。向大模型输入主题关键词：

　　　　文化自信：中外文化交流互鉴中的中国形象塑造

大模型回答如图 8-9 所示。

图 8-9　PPT 大纲

　　根据主题生成 PPT 之前，AI 会先依据提供的主题生成大纲。如果对初次生成的大纲不满意，可随时选择重新生成以获得新的大纲。对于仅需局部调整的情况，双击特定的文本框就能直接编辑内容，实现大纲的精细化修改。当大纲内容最终确定后，还可以选择演讲的场景，方便通义大模型提供适合的 PPT 模板。选择好合适的场景之后，单击"下一步"，选择 PPT 模板。通义大模型根据选择的演讲场景提供了很多精美的 PPT 模板，如图 8-18 所示。选择合适的 PPT 模板，单击"生成 PPT"按钮，即可生成 PPT。通义平台会根据大纲丰满 PPT 内容，如图 8-10 所示。

　　如果需要修改生成的 PPT 内容，在生成的 PPT 页面中单击需要修改的文本即可编辑修改。除此之外，如果需要新增 PPT 页面，可以单击左侧的加号，在弹出框中选择新增页面的版式，如图 8-11 所示，提供页面内容提示词，即可快速新增页面并填充需要的内容。

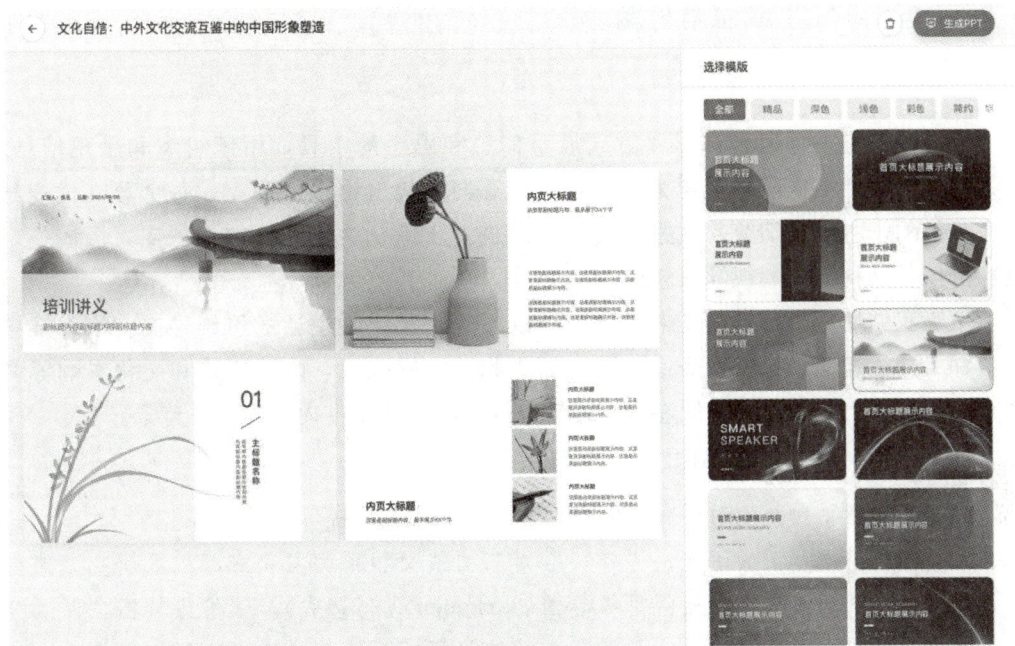

图 8-10　选择 PPT 模板

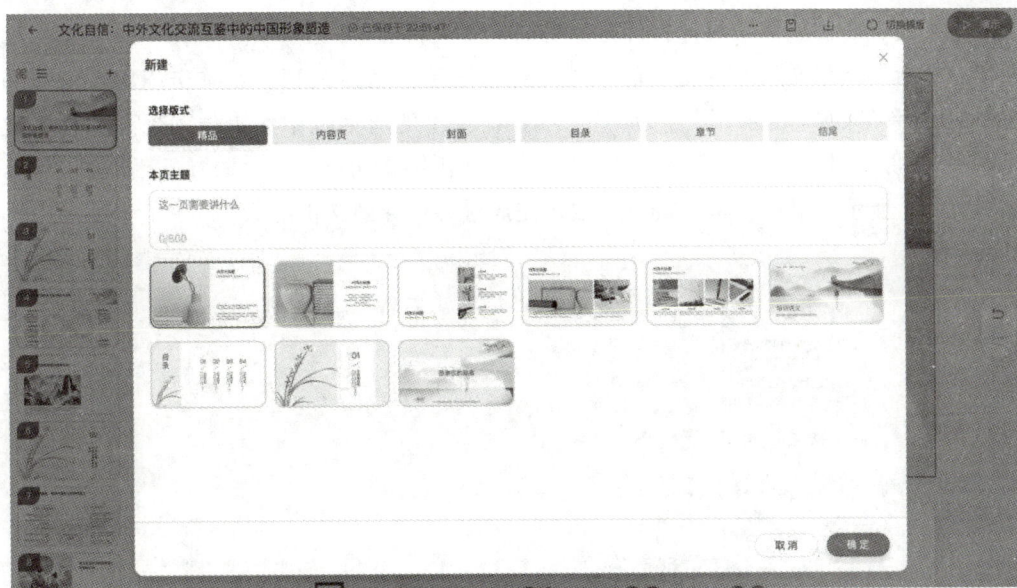

图 8-11　新增页面

3. 下载生成的 PPT

通义提供免费下载生成的 PPT 的服务，单击生成的 PPT 网页顶部的下载按钮即可免费导出 PPT。

8.2.3 使用 AI 生成思维导图

1. 思维导图概述

思维导图是一种通过图形化方式展示信息和思想的工具，用于组织和呈现信息。它通常以一个中心概念或主题为核心，从中心向外辐射出多个分支，每个分支代表与核心相关的子主题或细节。这些分支还可以进一步细化为更具体的子分支，形成一个层次分明、结构清晰的视觉图表。

下面我们使用 AIGC 工具来创建一个以"三国演义"为主题的思维导图。该思维导图应深入分析这部经典文学作品，从主要人物、关键战役、政治策略到文化影响等多个角度进行探讨，以便读者能够全面理解《三国演义》的丰富内涵和历史背景。

2. 使用 AI 制作思维导图

在文心一言平台新建对话。向大模型提问，输入主题提示词：

> 你是思维导图大纲生成专家，且对三国演义和中国文化有深入的研究。请生成一个以三国演义为主题的思维导图（Markdown 代码形式）。该思维导图应深入分析这部经典文学作品，从主要人物、关键战役、政治策略到文化影响等多个角度进行探讨，以便读者能够全面理解《三国演义》的丰富内涵和历史背景。

大模型生成完整大纲后，单击代码编辑器（黑色区域）上的"复制代码"按钮，将生成的文本内容复制到剪贴板；打开电脑上的文本编辑器（如记事本、TextEdit 等应用），创建一个新的空白文档，将复制的文本内容粘贴至该新建文档中，单击编辑器窗口左上角的"文件"菜单，选择"另存为⋯"选项，在弹出的对话框中，定位到保存文件的位置，在"文件名"栏输入"思维导图.md"，确保使用英文句点和小写的"md"作为扩展名，如图 8-12 所示。最后，单击"保存"按钮完成对思维导图文件的保存。

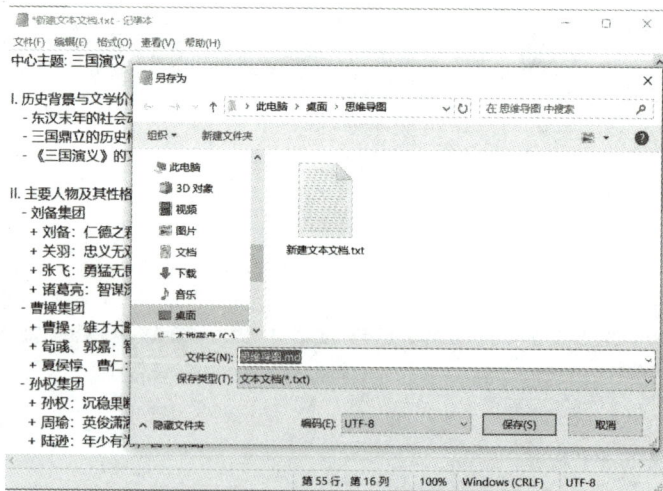

图 8-12 保存思维导图文件

　　将保存后的文件使用思维导图工具 Xmind 打开，打开方式是单击 Xmind 图标右侧的"…"，展开选项菜单，选择文件→导入→Markdown，如图 8 - 13 所示，文件打开效果如图 8 - 14 所示。

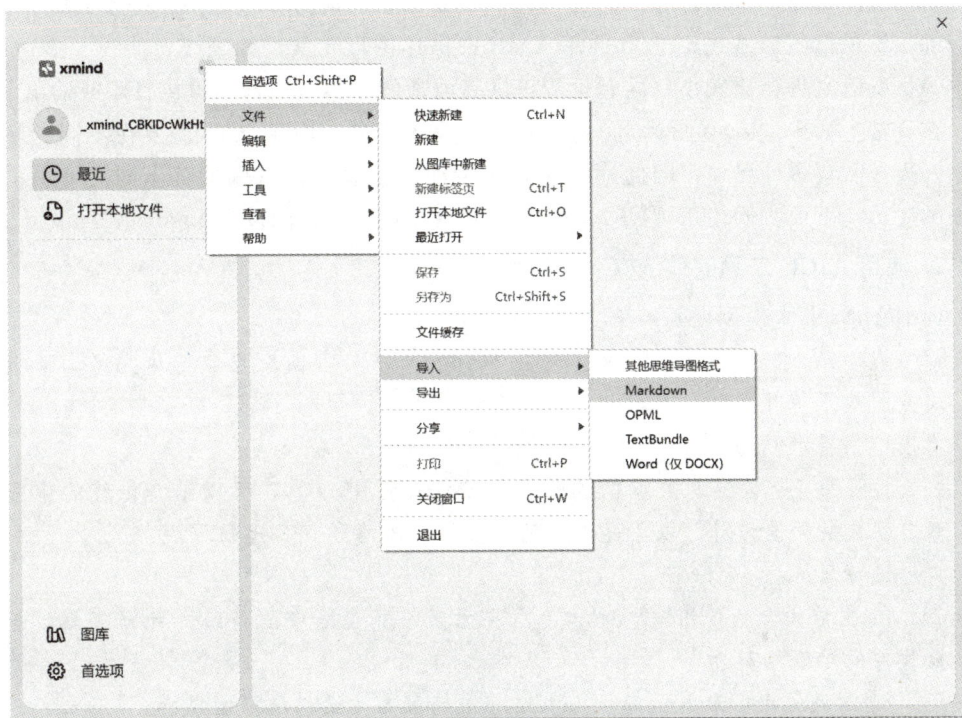

图 8 - 13　导入 Markdown 文件

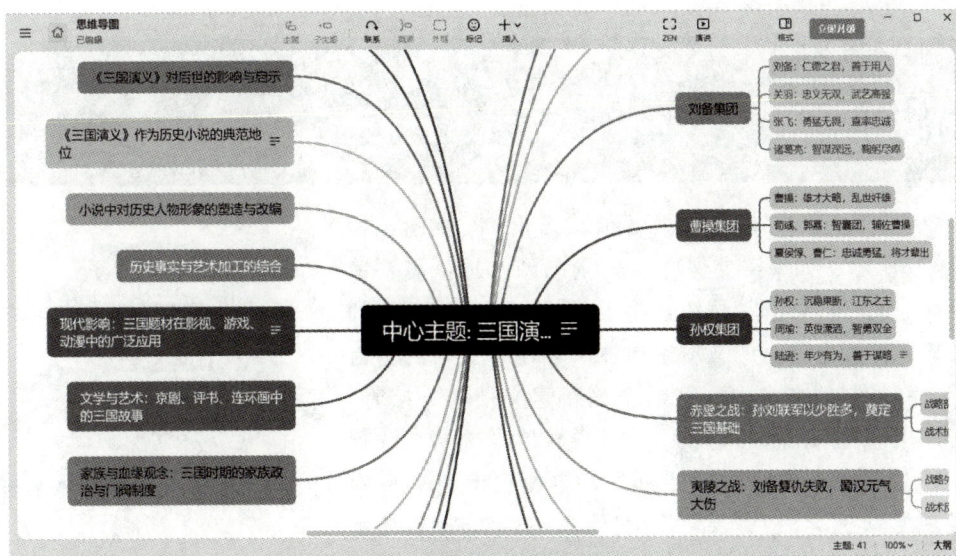

图 8 - 14　文件效果展示

8.2.4　使用 AI 生成 SVG 矢量图

1. SVG 矢量图概述

SVG(scalable vector graphics)是可缩放矢量图形的简称，它是一种基于 XML 标记语言的二维矢量图形格式，SVG 使用 XML 来描述图形元素，如直线、曲线、多边形、文本等，所以文件会比较小，同时也能提供高清晰的画面，适合于直接打印或输出。

在日常生活中，logo(图标)代表着一个企业的形象，由于 logo 需要在不同的场合使用，通常需要多种尺寸，因此通常采用矢量图进行设计，以保持其不同尺寸下均有清晰的展示。下面我们使用 AIGC 工具来绘制一个记账软件的国风 logo。

2. 使用 AIGC 工具制作 SVG 矢量图

向 DeepSeek 大模型提问，输入提示词：

请绘制一个记账软件的 svg 矢量图 logo。该矢量图应包含国风元素。请核对矢量图效果使其美观大方，避免出现杂乱的线条。

大模型回答示例如下：

设计一个包含国风元素的记账软件 SVG 矢量图 Logo，可以结合传统的中国元素与现代的简洁设计。以下是一个简单的设计思路和 SVG 代码示例：

设计思路：

1. 主体元素：使用"算盘"作为主要元素，算盘是中国传统的计算工具，与记账软件的功能相契合。

2. 国风元素：加入云纹、山水或书法笔触等元素，增强国风感。

3. 颜色搭配：使用中国传统颜色，如朱红、墨黑、金色等，保持简洁大方。

4. 字体：搭配书法字体或简洁的现代字体，体现文化底蕴与现代感。

SVG 代码示例

```xml
<svg xmlns="http://www.w3.org/2000/svg" viewBox="0 0 200 200" width="200" height="200">
<!-- 背景圆形 -->
<circle cx="100" cy="100" r="95" fill="#f0f0f0" stroke="#d4af37" stroke-width="5"/>
```

单击"运行 HTML"，即可预览 SVG 矢量图，如图 8-15所示。如果需要保存该矢量图到本地，需要单击界面上的"复制代码"按钮，将生成的文本内容复制到剪贴板，打开电脑上的文本编辑器，创建一个新的空白文档，将复制的文本内容粘贴至该新建文档中。接着，单击编辑器窗口左上角的"文件"菜单，选择"另存为…"选项。在弹出的对话框中，定位到保存文件的位置，在"文件名"栏输入"青春与使命.svg"，确保使用英文句点和小写的".svg"扩展名。最后，单击"保存"按钮即可完成文件的保存。

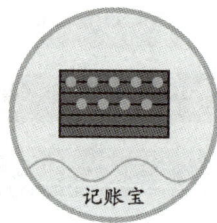

图 8-15　AI 生成 svg 效果展示

8.2.5　使用 AI 生成 Mermaid 图表

1. Mermaid 图表概述

Mermaid 是一个基于 JavaScript 的图表绘制工具，其设计理念是让图表的创建变得像编写代码一样简单和直观，它允许用户通过简单的文本语法来创建多种类型的图表，这些图表不仅涵盖了流程图、序列图、甘特图等常用项目管理和系统分析工具，还拓展至类图、饼图等多样化的数据可视化形式，全面满足了不同领域用户的专业需求。

下面我们使用 AIGC 工具来绘制一个以"公司招聘新员工"为主题的流程图。该流程图应清晰地展示公司从发布招聘信息到最终录用新员工的完整流程，涵盖各个关键环节及相关决策点，确保招聘过程的规范化与高效化。

2. 制作流程图

向 DeepSeek 大模型提问，输入提示词：

> 请描述"公司招聘新员工"的具体流程，展示公司从发布招聘信息到最终录用新员工的完整流程，涵盖各个关键环节及相关决策点，确保招聘过程的规范化与高效化。并使用 Mermaid 语法将其绘制为流程图。

大模型关于 Mermaid 图表回答如图 8-16 所示，单击代码编辑器区域右上角的"复制"按钮即可复制 Mermaid 代码。

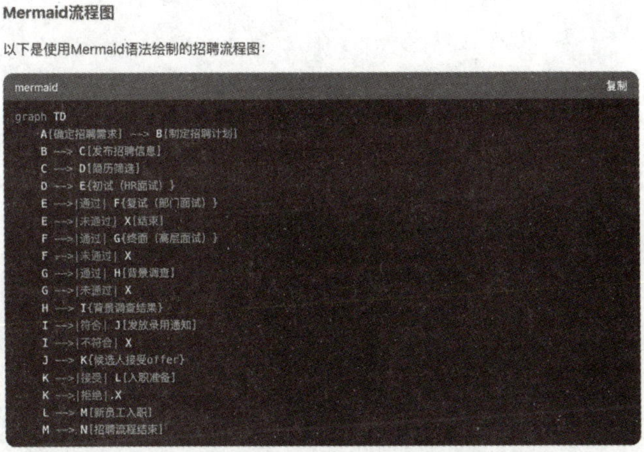

图 8-16　Mermaid 流程图代码

3. 预览流程图

访问 Draw.io 网页，点击"start"后，选择"保存绘图到设备"，然后创建新绘图并选择空白框图，接着给文件命名，比如命名为"招聘.drawio"，如图 8-17 所示，单击"创建"按钮即可在设备空间生成相关文件，并在网页上打开该文件。

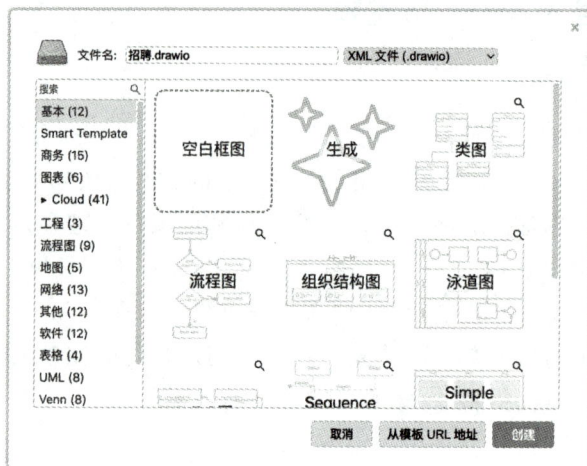

图 8 - 17　新建绘图

单击页面顶部工具栏区域的＋按钮，选择"高级"→"Mermaid"，如图 8 - 18 所示，在弹出框中粘贴 DeepSeek 生成的 Mermaid 代码，如图 8 - 19 所示，单击"插入"即可预览流程图，如图 8 - 20 所示，如需修改部分内容，在该网站中也可以非常方便地编辑流程图。

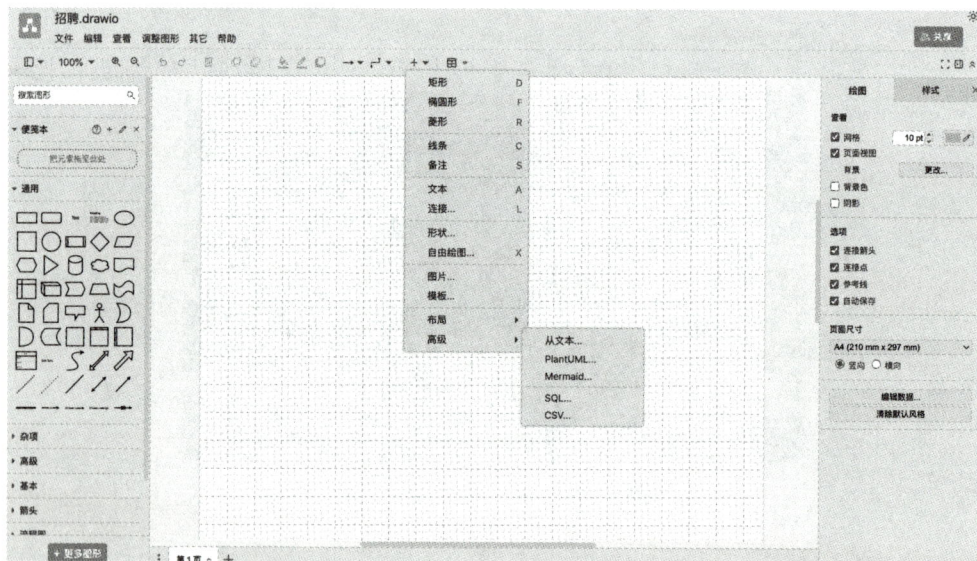

图 8 - 18　导入文本

```
graph TD
    A【确定招聘需求】 --> B【制定招聘计划】
    B --> C【发布招聘信息】
    C --> D【简历筛选】
    D --> E{初试（HR面试）}
    E -->|通过| F{复试（部门面试）}
    E -->|未通过| X【结束】
    F -->|通过| G{终面（高层面试）}
    F -->|未通过| X
    G -->|通过| H【背景调查】
    G -->|未通过| X
    H --> I{背景调查结果}
    I -->|符合| J【发放录用通知】
    I -->|不符合| X
    J --> K{候选人接受offer}
    K -->|接受| L【入职准备】
    K -->|拒绝| X
    L --> M【新员工入职】
```

绘图　　帮助　　关闭　　插入

图 8-19　粘贴 Mermaid 代码图

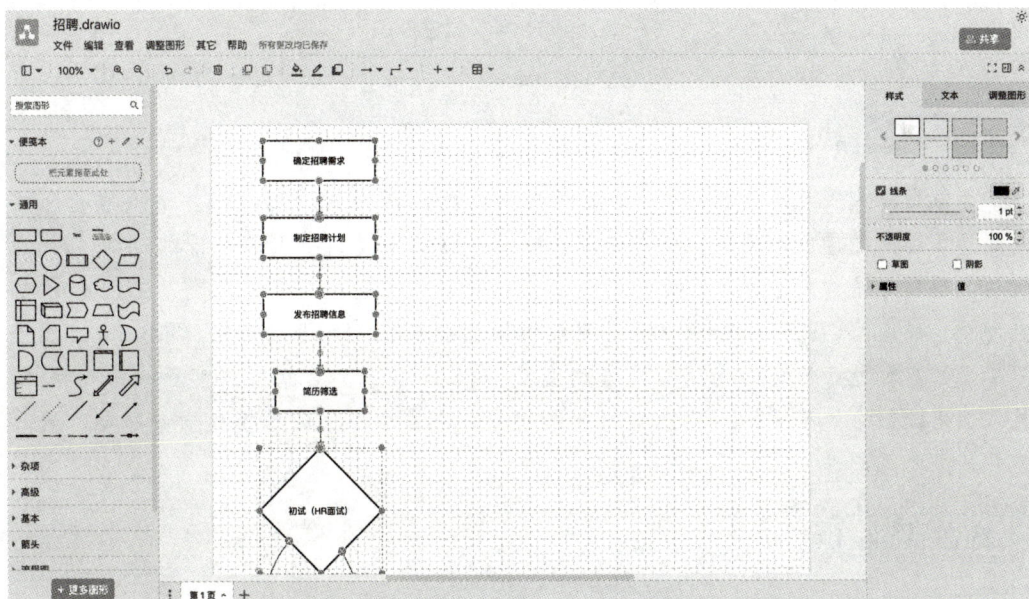

图 8-20　AI 生成的流程图效果展示

4. 下载流程图

在 Draw.io 网站中，点击"文件"→"导出为"，就可以下载相应格式的文件，如图 8-21所示。

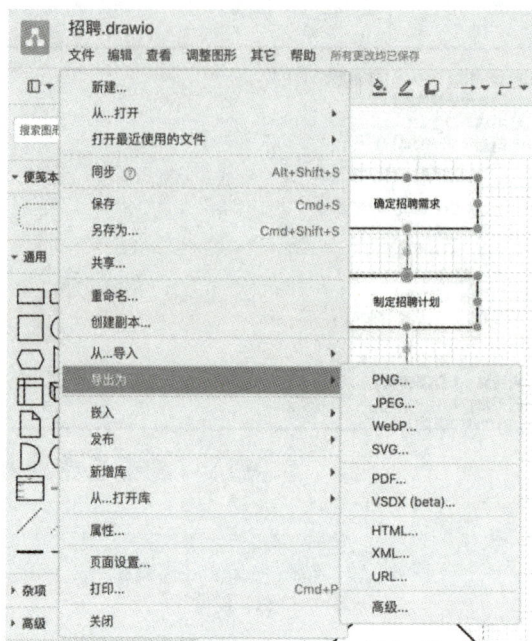

图 8-21　导出文件

本章总结

本章聚焦人工智能技术在办公场景的应用，展示了 AI 在内容生产、信息整合与视觉表达等维度的应用。从调研报告撰写、短视频脚本生成到个人学习计划定制，AI 通过语义理解与结构化输出显著提升了文本创作效率；在数据可视化领域，AI 不仅能够自动化生成表格、PPT 等专业文档，更能借助思维导图、SVG 矢量图及 Mermaid 图表等工具，实现复杂信息的直观呈现与动态交互。AI 与人类智慧的深度融合，确保 AI 技术应用既符合效率目标，又能激发个体创造力，推动办公创作模式向更智能、更人性化的方向持续进化。

综合实训

⭐ AI 高效创作实训

一、实训目的

本次实训借助先进的人工智能技术实现高效创作，运用 AI 的强大功能来生成各类内容丰富、形式多样的作品。这种创新的创作方法不仅仅是一次技术上的尝试，更能强化我们的专业技能。

二、实训内容

1. 制作人物思维导图

请尝试使用 AIGC 工具选择一位在其专业领域内具有重大影响的人物，并围绕此人物的职业成就、对社会发展的贡献以及所体现的价值观（如创新、坚韧不拔等）来构建思维导图。

2. 制作个人介绍 PPT

请尝试使用 AIGC 工具制作一份关于个人兴趣、职业规划与核心价值观的 PPT，除此之外列出自己的梦想和目标，思考这些目标如何与社会需求和个人价值观相联系。

3. 制作流程图

请尝试使用 AIGC 工具制作一个校园图书馆借阅流程图，包括但不限于注册成为图书馆会员、查找所需书籍的方法，办理借书手续的具体流程等。

4. 写一篇介绍我国非物质文化遗产的文章

请尝试使用 AIGC 工具生成一篇文章，文章以剪纸、刺绣、戏曲等非物质文化遗产传承为切入点，讲述从传统技艺的历史渊源、濒临失传困境、政府与社会力量拯救复兴（如申遗、传承人培养、市场拓展等）到重新走进大众视野并创新发展的过程，过程中要突出文化自信的树立，强调传承与创新对于优秀传统文化延续生命力的关键作用。

课后练习题

一、选择题

1. Mermaid 的设计理念是让（　　）变得像编写代码一样简单和直观。

A. 文档编辑　　　　　B. 图表创建　　　　　C. 数据管理　　　　　D. 软件开发

2. Mermaid 可以创建多种类型的图表，不包括（　　）。

A. 流程图　　　　　B. 施工图　　　　　C. 序列图　　　　　D. 甘特图

3. SVG 图像的文件大小通常远小于位图图像，主要原因是（　　）。

A. SVG 采用像素点集合描述图像　　　　　B. SVG 使用数学方程描述图像

C. SVG 的色彩深度较低　　　　　D. SVG 的压缩比更高

4. AI 制作 PPT 时，可以根据（　　）快速生成合适的内容布局。

A. 用户输入的主题和关键词　　　　　B. 随机选择的颜色搭配

C. 预设的字体样式　　　　　D. 固定的图片位置

5. AI 在 PPT 制作中，对（　　）方面有较大帮助。

A. 优化图片清晰度　　　　　B. 减少手工操作步骤

C. 增加视频播放时间　　　　　D. 限制字体种类选择

二、判断题

1. 通过 OfficeAI 可以在 Excel 中快速识别并处理重复的数据。（　　）

2. OfficeAI 在 Word 中无法直接根据关键词生成相关文章内容。（　　）

3. Mermaid 图表不能通过 AI 生成。（　　）

4. AI 可以根据文本内容自动生成思维导图。（　　）

5. AI 只能生成简单的文本，不能创作复杂的文章。（　　）

第9章

人工智能赋能视听艺术

本章导读

本章将探讨如何利用人工智能（AI）实现高效的图像、音频和视频生成，揭示 AI 如何辅助创作者突破传统限制，激发无限创意潜能。通过使用 AI 工具和技术，对 AI 在多媒体生成领域的潜力和价值有更深入的理解。

知识目标

❖掌握使用 AI 进行图像生成的技术。

❖学会使用 AI 音频生成技术。

❖掌握使用 AI 视频生成技术。

❖了解模型参数的意义。

能力目标

❖能够通过调整参数提升 AI 生成作品的质量。

❖能够使用 AI 工具生成满足特定的艺术风格或技术要求的作品。

❖熟练掌握图像、音频和视频生成多种 AI 创作工具。

❖能够根据作品生成效果对创作结果进行调整和优化。

素质目标

❖培养创新意识，充分发挥想象力和创造力。

❖突破传统思维模式，大胆尝试新兴技术和方法。

❖培养分析能力，挖掘 AIGC 工具的潜在价值。

❖提高文化自信，自觉传承和创新中国传统文化。

9.1 AI 绘画

9.1.1 认识 AI 绘画

AI 绘画，即人工智能绘画，是一种利用计算机技术和人工智能算法来创作艺术作品的方法。它集计算机图形学、机器学习与深度学习等多领域知识于一体。通过训练大量的图像数据，使计算机能够学习并理解各种绘画风格与技巧，借助深度学习算法，计算机能够精准地分析这些图像中的线条、色彩、构图等关键元素，并学会如何巧妙地运用这些元素，构建出一幅幅完整的艺术作品。在创作过程中，可以通过调整 AI 算法的参数，灵活地控制生成作品的风格、色彩与线条等特征。这种高度的灵活性与可控性，使得 AI 绘画成为一种极具探索性与创新性的艺术形式。

AI 绘画的兴起，无疑为艺术界注入了一股全新的活力。传统绘画创作往往要求艺术家具备深厚的绘画功底与艺术造诣，而 AI 绘画则打破了这一固有模式。它使得那些没有接受过专业绘画训练的人，也能通过这一技术创作出令人瞩目的艺术作品。然而，AI 绘画在带来创新与便利的同时，也面临着一些挑战与争议。由于 AI 绘画的作品往往基于已有的图像数据生成，因此存在抄袭与模仿的风险。此外，由于缺乏人类的情感与价值观的参与，AI 绘画的作品有时可能显得缺乏深度与灵魂。尽管如此，我们仍应看到 AI 绘画在艺术领域所展现出的巨大潜力与价值，这种前所未有的创作方式，不仅拓宽了艺术的边界，更激发了大众对艺术创作的兴趣与热情。

9.1.2 AI 绘画参数介绍

liblib AI(哩布哩布 AI)和海艺 AI 平台集合了众多原创的 AI 模型和 AI 创作工具，使得用户能够轻松创建出各种风格与主题的图像，充分满足个性化创作需求。通过这些先进的功能，无论是专业设计师还是业余爱好者，都能探索无限的创意可能性。本节以 liblib AI(哩布哩布 AI)平台和海艺 AI 平台为例，通过设置 AI 绘画参数，完成精细的绘图效果。主要参数设置有 Checkpoint(检查点)模型选择、VAE(解码器)模型选择、Clip(跳过层)数设置、正向提示词设置、反向提示词设置、提示词权重设置、采样方法选择，等等。

1. Checkpoint(检查点)模型选择

Checkpoint 模型是 AI 绘图中的主体模型，又称底模，几乎所有的操作都要依托于 Checkpoint 模型进行。模型文件扩展名一般为 .ckpt 或者 .safetensors，其中包含了大量的素材场景，体积比较庞大。

2. VAE 模型选择

VAE 的全称是"变分自动编码器"，它负责将经过加噪处理的潜空间数据解码为正常图像，因此也常被称为"解码器"。现今大多数新型模型已经内置了 VAE 组件，对于一般图像质量要求的应用场景，无需额外部署 VAE 模型。对于少数未集成 VAE 的模型，作者通常会在模型介绍中推荐适合的 VAE 版本。

此外，还有一些广受认可、适用于多种模型的 VAE 选择。

• klF8Anime2VAE：特别适合动漫风格的插图，因其通用性强，可适应各种插画。

• vae‐ft‐mse‐840000‐ema‐pruned：优化写实风格图像，能显著提升色彩鲜艳度。

• Color101：专注于修复细节失真或模糊的问题，确保图像清晰度。

合理选择和应用 VAE，可以显著提高生成图像的质量，满足不同应用场景的需求。

3. Clip(跳过层)数设置

Clip 的层数越高，生成的图和提示词的相关性越低。大部分情况下 Clip 跳过层的数值保持默认值 2 即可。

4. 正向提示词设置

正向提示词用于描绘希望在画面中呈现的元素。通常由三部分组成：画面内容与主体、画面风格与构图、通用质量关键词。

(1)画面内容与主体。通常包括主体、动作、道具、环境等元素。主体是图像等中心元素，如"一个女孩""一只猫"等；动作可以为主体增加动态感，包含表情、人物的状态、肢体动作等，如"奔跑""低头写作"等；道具是为主体配备的物品，如"带着墨镜""背着书包"；环境是主体所处的背景，如"图书馆""操场"。

(2)画面风格与构图。风格可以改变画面的整体感觉，如抽象、写实、卡通、油画、水彩等；构图决定了画面中元素的排列方式，如对角线构图、中心构图、广角镜头、长焦镜头等。

(3)通用质量关键词。为了提高生成图像的质量，可以加入一些描述画面性质的通用质量提示词。

色彩形容：色彩鲜艳、层次丰富、高饱和等。

光影自然：完美的灯光、自然过渡、真实感等。

镜头效果：景深、移轴镜头、镜头炫光、焦外成像、微距镜头、鱼眼镜头、超广角等。

质量形容：完美的摄影、大师级摄影、超高清晰度、超高细节、超高分辨率、8K 等。

艺术风格：大师杰作、具有鲜明个性的艺术作品等。

由于大部分模型基于英文训练，因此英文提示词的识别效率相对较高，但国内的大部分 AI 绘画平台允许直接使用中文进行创作。

5. 反向提示词

反向提示词代表不希望画面中出现的内容。在实际使用中，反向提示词不仅可以帮助我们去除画面中不想要的元素或杂物，还可以通过添加与画面质量相关的反向提示词，调整画面的清晰度、色彩、光影等，改变画面的整体质量。

(1)分辨率与清晰度：低分辨率、模糊、不锐利、定义差、细节丢失等。

(2)色彩与对比度：无色、色彩暗淡、对比度弱、色彩平淡、色彩浑浊等。

(3)图像瑕疵与伪影：图像嘈杂、伪影、色带、锯齿状、抖动等。

(4)渲染问题：渲染伪影、渲染不完整、不自然的光照、阴影问题、纹理问题等。

(5)风格与格式：过度风格化、卡通化、草图风格、抽象、不自然的风格等。

6. 提示词权重

在使用提示词的过程中如果想要强调或者弱化特定的画面元素、风格或主体，可以设置提示词权重，影响提示词权重有以下三种方式。

(1)提示词顺序，提示词的权重从左到右依次减弱。如景色提示词在前，人物就会小。选择正确的顺序、语法来使用提示词，将更好地展现所想要的画面。

(2)使用小括号、中括号、大括号微调关键词权重。小括号()增加权重，它会把权重变为原来的1.1倍，最多套三层小括号也就是1.331倍权重；大括号{}也是增加权重的，但相比小括号更轻微，它会把权重变为原来的1.05倍，最多套三层大括号也就是1.15倍权重；中括号[]减小权重，它会把权重变为原来的0.9倍，最多套三层大括号也就是0.729倍权重，如图9-1所示。

图9-1　关键词权重

(3)自定义权重可以更加精准地控制对象的权重，格式为：(提示词：权重)，权重取值范围为0.4~1.6，权重太小容易被忽视，太大容易在拟合图像时出错。

7. 采样方法

采样方法决定了模型如何从潜在空间中生成图像，不同的采样方法会影响生成图像的细节、质量和多样性。以下是几个好评率较高的采样方式：DPM＋＋2MKarras、DPM＋＋3MSEDKarras、DPM＋＋2M。

8. 迭代步数

迭代步数是指在生图过程中需要进行几次图片绘制，它决定了生成图像的精细度。

当迭代步数为0~10步时，生成的图像较为模糊，但是生成速度非常快。

当迭代步数为10~20步时，图像开始呈现出更多的细节，但可能仍有部分失真。

当迭代步数为20~40步时，生成的图像几乎可以还原输入文本描述的场景和细节。

当迭代步数为 40 步以上时，生成的图像可以完全还原输入文本描述的场景和细节。

往往步数越高，图片细节越多，然而迭代步数过高时，图片细节并不会有太多增加，甚至会出现花费了很多时间和资源，图片质量却没有很大提升的情况，所以建议控制在 20～40 步即可。

9. 宽度和高度

图片尺寸不仅决定了生成图像的分辨率和最终输出的大小，还影响着图像的清晰度和细节展现，以及计算资源和生成时间。虽然大尺寸可以展示更多的细节和纹理，但是如果尺寸过大，可能会造成程序崩溃或生成失败。这是因为我们在用 AI 大模型进行训练时，普遍使用的是 512×512 像素的尺寸，这意味着模型在这个像素级别上学习到了更多的特征和模式，因此在生成时也更倾向于产生这个尺寸的高质量图像。在实际使用中可以按照需求的图像尺寸比例，先生成小尺寸初始图像，再根据实际需求将图像高清修复，以达到最佳生成效果。

10. 图片数量

确定单次创作生成的图片数量。选择图片数量越多单次创作所需要的事件和算力也更多。在探索阶段建议设置为 1～2，结合随机种子进行可视化调参。

11. 提示词引导系数

提示词引导系数在 AI 绘画过程中起着至关重要的作用，它决定了提示词在生成图像时的影响力，即提示词对最终图像内容的引导力度。较高的引导系数会使生成的图片更加贴近提示词所描述的内容，但同时也可能限制 AI 的创造性表达。根据创作需求和预期效果合理调整引导参数是非常必要的。对于 SD1.5 模型和 XL 模型而言，推荐引导系数范围为 7～12。而对于腾讯的混元模型以及 flux 模型，建议的引导系数为 3.5 左右。

12. 随机种子

随机种子在 AI 绘画中扮演着确保结果一致性的关键角色，它使得在相同的参数和设置下，每次生成的图像能够保持一致。每张由 AI 绘制的图片都会关联一个特定的种子编码。在后续生成中需要重现或微调某张图片时，只需在输入框中填入该种子编号，并使用相同的参数，就能得到高度相似甚至完全相同的图像输出。这种方法为用户提供了对画面产出相似性的精确控制，便于进行版本迭代或细节调整。将随机种子设置为 -1 时，AI 将在每次生成图片时自由地选择不同的起点，从而产生独一无二的结果。

13. LoRA 模型

LoRA(Low-Rank Adaptation) 模型是一种用于微调预训练 AI 模型的方法，它在保持原有模型大部分参数不变的情况下，通过引入少量可学习的参数来适应新的任务或数据集，这种即插即用又不破坏原有模型的方法，可以极大地减少模型的训练参数，模型的训练效率也会显著提升。

在 AI 绘画领域，LoRA 模型的主要作用是固定特定目标的特征形象，这些目标可以是人物、动物或者物体等，而能够固定的特征信息则包括但不限于动作、年龄、表情、着装、材质、视角、画风等。因此，在实际应用中，LoRA 模型对于动漫角色还原、特定画风渲染、场景设计等方面有着显著的优势。

14. Embeddings

Embeddings 是指一系列高度压缩的数值向量，它们代表了大量的文本提示词或标签。将这些提示词集合压缩到一个向量中，用户只需加载所需属性或风格对应的向量，模型便能生成符合预期的图像。以下是几种常用的反向 Embeddings 提示词及其用途。

表 9 - 1　常用的反向 Embeddings 提示词

Embeddings 提示词名称	用途
badhandv4＋negative _ hand - neg	排除某些细微但可能影响整体效果的因素
bad - picture - chill - 75v、bad _ pictures	避免生成低质量或不符合期望的图像
EasyNegativex	保持图像整体艺术风格的一致性
ng _ deepnegative _ v1 _ 75t	专注于肢体的负面特征，有助于改善人体姿态的表现
negative _ feet _ v2	特别适用于需要调整腿部或脚部表现的场景

9.1.3　AI 绘制风景画实例

通过文字生成图像技术，我们可以将想象中的风景转化成具体的图像，下面我们将探索这一创新方式，借助 AI 工具制作一幅风景画。

1. 打开创作图像页面

登录海艺 AI 网站，单击顶部"图片生成"卡片，进入图片创作页面。左侧为 AI 绘图的参数设置栏，顶部为正向提示词的输入区域，如图 9 - 2 所示。

图 9 - 2　海艺文生图界面

2. 设置正向提示词

(1)在顶部提示词文本框中输入画面内容与主体，如：

　　海滩，明亮的阳光，夏，天空，椰子树

(2)确保使用逗号分隔每个元素，调整各元素权重，如将"海滩"权重买个空 1.33，"明亮的阳光"权重调整为 1.1，"夏"权重调整为 0.75，"天空"权重调整为 0.7。

(3)设置画面风格与构图提示词，如：

　　全景、大气、极简主义、超高分辨率、写实、壁纸、摄影、环境光

(4)设置质量提示词，如：

　　杰作、高细节、高质量

完成上述设置后，单击"创作"按钮，系统便会自动将设计好的提示词整合到面板下方的正向提示词中。

3. 设置大模型和 LoRA 模型

单击右侧"通用设置"，选择"模型"为"majicMIXrealistic"，添加"风格"为"Howls Moving Castle，Interior/Scenery LoRA(Ghibli Style) v3"，权重为 0.3。

4. 基础设置

"图片尺寸"选择"自定义"，设置为宽 512(像素)高 512(像素)，图片数量为默认值 1。具体基础设置如图 9-3 所示。

5. 高级设置

开启负标签，在负标签中增加提示词"人"，这样生成的风景画中就会避免出现人物元素；其他设置采用默认设置。ClipSkip(Clip 跳过层为 2)，VAE 模型使用 vae-84000 更适合写实，能有效提升画面色彩的鲜艳程度；采样方法选择 DPM＋＋2MKarras，采样步数(迭代步数)选择 20，文本强度(提示词引导系数)为 7.0，不开启固定种子，这样会随机进行图片产出，如果开启了固定种子，相同的种子将生成相同的图片。具体高级设置如图 9-4 所示。

6. 生成图片

单击"生成"按钮，生成图片如图 9-5 所示。

7. 高清修复

如果对图片的清晰度不满意，可以考虑使用高清修复功能来提升图像质量。此功能提供了四个主要参数：放大算法、迭代步数、重绘幅度以及放大倍数。

(1)放大算法的选择对最终生成图像的速度有显著影响。对于大多数情况，建议选择"R-ESRGAN4X＋"，因为它能在保持良好画质的同时提供较快的处理速度。在追求高分辨率输出的情况下，"8x_NMKD-Superscale_150000_G"可能是更好的选项。

(2)迭代步数指的是高清修复过程中的重复次数。

(3)重绘幅度控制新生成内容与原图之间的不相似性。

图 9-3　基础设置

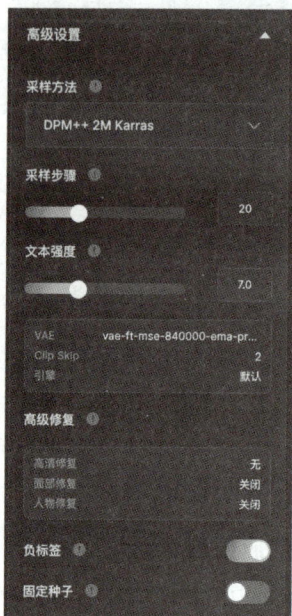

图 9-4　高级设置

（4）放大倍数决定了图像尺寸扩大的程度，默认设置为 2 倍。

在海艺 AI 中，单击图片进入其详细视图，单击"高清修复"选项，选择"R-ESRGAN 4x+"作为修复方式，并设置 2 倍的缩放比例。此外，详情页面还提供了下载按钮以及查看生成图片时使用的参数，包括图片种子（如当前示例中的 2732033564），方便进一步操作。由于算力限制，在实际应用中可以首先生成较小尺寸的图片，随后对图片进行高清修复和放大，以更经济的方式达到更高的图像清晰度和细节展现。

高清修复图片如图 9-6 所示。

图 9-5　文生图原图

图 9-6　高清修复图

9.1.4 真人转动漫风格

本节将探索"图生图"方式在真人转动漫风格创作中的应用，将引导你利用现有真人图像，结合个人创意，生成独具特色的动漫风格人物形象。

1. 打开创作图像页面

登录 liblib AI 网站，单击左侧导航栏中"创作"模块的"在线生图"按钮。跳转到"在线生图"页面。

"在线生图"页面从上至下分别是 CHECKPOINT 大模型和 VAE 模型的选择以及 CLIP 跳过层的设置。模型选择的下方是一排标有"文生图""图生图"等决定 AI 生成方式的区域，本案例选择"图生图"的方式生成真人转动漫风格图像。"图生图"面板相对于"文生图"面板的提示词区域多了"CLIP 反推"和"DeepBooru 反推"按钮，CLIP 反推和 DeepBooru 反推能根据参考图片生成提示词，在实际使用过程中，反推结果仍需人工进一步调整和优化。

2. 上传参考图片

由于可以使用反推技术来生成提示词，因此在提示词下方的生图面板中，选中"图生图"，上传图片，图片右侧区域为 AI 生成的图片预览下载区域，如图 9-7 所示。

图 9-7 图生图界面(原图为 AI 生成的真人风格图片)

3. 设置正向提示词

单击"CLIP 反推"或"DeepBooru 反推"按钮，可以根据上传的图片生成正向提示词，生成的正向提示词会自动填充到正向提示词输入框中。

单击"提示词显示面板"按钮，可以编辑提示词。虽然反推出的提示词是英文，但是提示词显示面板提供了翻译关键字的功能，单击"翻译"按钮即可翻译。单击提示词可以快速调整提示词权重。如果需要添加其他提示词，也可在提示词面板中进行查找。

删除"realistic"（写实）提示词，增加"卡通人物，中国服饰，1qqq"提示词。

4. 设置反向关键词

单击"提示词显示面板"按钮，编辑反向提示词。在反向提示词中，liblibAI 支持 Embeddings 模型。liblib AI 默认会填写通用的负向提示词，可以满足基本的创作需求。因此在本案例中不修改负向提示词。

5. 设置大模型、VAE 和 LoRA 模型

在 liblibAI 首页模型广场选择合适的底模和 LoRA 模型添加到"我的模型库"中，具体操作方法是：单击喜欢的模型卡片→进入模型详情页→单击"加入模型库"按钮。本教程中大模型选用的是"F. 1 基础算法模型-哩布在线可运行"，LoRA 选用的是"3D 卡通人物 _ 职场人物""卡通肖像"。

回到图生图页面，单击 CHECKPOINT 大模型右侧的刷新按钮，选择刚才添加的"F. 1 基础算法模型-哩布在线可运行"模型。设置 VAE 模型为默认值"自动匹配"，CLIP 跳过层为默认值 2。单击提示词下方的"模型"按钮，选择刚才添加的 Lora 模型。"3D 卡通人物 _ 职场人物""卡通肖像"的权重设置为 1.5。如果没有找到刚添加的模型，可以单击右上角的刷新按钮。

6. 基础设置

图生图设置中新增了两个参数，分别是缩放模式和重绘幅度。缩放模式提供了三种方式，分别是拉伸、裁剪、填充。

（1）拉伸，直接缩放大小，不考虑原始图像的宽高比，画面内容可能被拉伸或压缩。

（2）裁剪，裁剪后缩放，先对图片进行裁剪，使其满足生成的图片的宽高比，然后再缩放，避免了画面内容被拉伸或压缩，但画面内容可能不完整。

（3）填充，缩放后填充空白，先对图像进行缩放，然后用特定的颜色或图案填充空白区域，使原始图像能够匹配生成图像的尺寸。避免了画面内容被拉伸或压缩、画面内容不完整的现象，但是填充的内容可能与原始图像的内容不协调。

重绘幅度决定了生成图像与原始图像之间的相似度及变化程度，取值范围是 0~1，数值越小，生成的图像越接近原始图像。一般设置为 0~0.3 时，图片会发生轻微变化，设置为 0.3~0.7 时，图片会发生显著变化，设置为 0.7~1.0 时，图片会完全创新。

本案例参数设置如图 9-8 所示。

缩放模式

拉伸　　截剪　　填充

采样方法 Sampler method　　　　迭代步数 Sampling Steps　　30

Euler

Resize To　　Resize by

宽度 Width　　　　　　　　　　1024

高度 Height　　　　　　　　　　1024

从 2048*2048 缩放到 1024*1024

图片数量 Number of Images

1　　2　　3　　4　　8　　16

提示词引导系数 CFG scale　　　　　　　　3.5

重绘幅度 Denoising　　　　　　　　　　0.80

随机数种子 Seed

CPU　　　　　　　-1　　　　　　　　高级设置

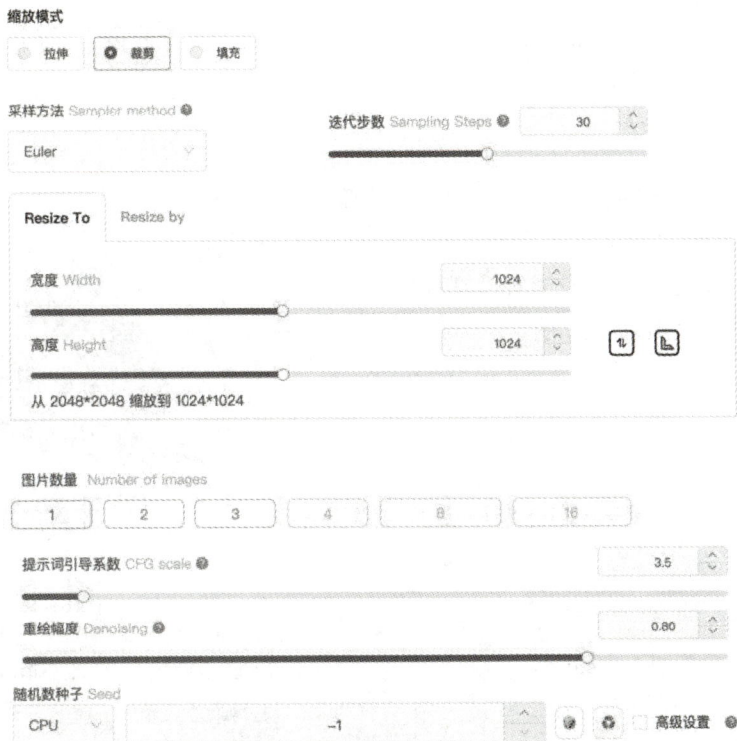

图 9 - 8　图生图参数设置

7. 生成图片对比

生成图片效果如图 9 - 9 所示。

原始图像　　　　　　　　　重绘幅度=0.8

图 9 - 9　不同重绘幅度效果对比

9.1.5　局部重绘更改表情

本节将探索使用"图生图"方式通过局部重绘更改表情，利用现有图像，使用局部重绘功能更改人物表情为闭上眼睛。

1. 打开创作图像页面

登录 liblibAI 网站,单击左侧导航栏中"创作"模块的"在线生图"按钮。跳转到"在线生图"页面。选择"图生图"面板中的"局部重绘"。

2. 上传参考图片

在提示词下方的生图面板中,选中"局部重绘",上传图片。

上传图片后单击图片右侧的铅笔按钮,涂抹人物需要修改的地方,如图 9-10 所示。

3. 设置提示词

使用蒙版时,设置正向提示词仅需描述蒙版区域需要生成的内容,添加正向提示词"1女孩,微笑,闭上眼睛,白皙的皮肤",负向提示词不需要修改。

图 9-10　涂抹人物修改部分

4. 基础设置

本案例采用"DT_Realmax 摄影模型"大模型。设置 VAE 模型为默认值自动匹配,CLIP 跳过层为默认值 2。缩放模式采用了拉伸,重绘幅度设置为 0.8,采样方法选择 DPM++2M,采样步数(迭代步数)为 30,resize to(生成图像尺寸)设置为宽 512(像素),高 512(像素),图片数量为 1,提示词引导系数为 7.0,随机种子为-1。

5. 蒙版设置

蒙版设置中有蒙版边缘模糊度、蒙版模式、蒙版蒙住的内容、重绘区域、仅蒙版模式的边缘预留像素五个参数。

(1)蒙版边缘模糊度参数决定了蒙版边缘的过渡效果,可以控制边缘的模糊程度,较低的模糊度会使边缘更加清晰。当生成图像尺寸较大时,适用范围为 10~20,生成图像尺寸较小时适用范围为 4~10。

(2)蒙版模式参数提供了重绘蒙版内容和重绘非蒙版内容两种选择。

• 重绘蒙版内容,只有蒙版区域内(涂抹的黑色区域)的内容会被重绘。

• 重绘非蒙版内容,蒙版区域内的内容保持不变,蒙版区域外的内容会被重绘。

(3)蒙版蒙住的内容参数有四种选项,包括填充、原版、潜空间噪点和空白潜空间。

• 填充,生成的新图像不参照蒙版下的底图,但是会参照蒙版周围的像素。

• 原版,生成的新图像主要参照蒙版下的底图,是对底图的微调,生成的内容较为和谐,但是变化没有"填充"模式明显。

• 潜空间噪点,此模式会事先生成噪点,再根据噪点生成图像,且不参考底图的任何元素,类似文生图,所以生成的图像变化最大。

• 空白潜空间,此模式会根据蒙版内底图的颜色进行填充,并且继承了"潜空间噪点"的原理,但会参考底图颜色的控制,色彩更偏向底图。

（4）重绘区域参数决定了哪些部分的图像将被重绘，包括全图和仅蒙版。

•全图，参考底图生成一张新的完整图像，然后将蒙版区域和原图进行融合，这样生成的图像会更加融合。

•仅蒙版，不参考底图，仅对蒙版区域内的图像进行重绘，蒙版区域外的内容保持不变，只会生成蒙版区域的部分。

（5）仅蒙版模式的边缘预留像素参数是指在仅蒙版模式下，在蒙版边缘外部保留的一定数量的像素，以避免边缘出现截断或失真。

在本案例中，设置蒙版边缘模糊度为 60，蒙版蒙住的内容为填充，其余为默认选项。蒙版模式为重绘蒙版内容，重绘区域为全图，如图 9-11 所示。

图 9-11　案例蒙版参数设置

6. 生成图片对比

生成图片效果如图 9-12 所示。

图 9-12　重绘效果展示

9.1.6　绘制证件照

ControlNet 是一个用于控制 AI 图像生成的插件。它使用了一种称为"Conditional Generative Adversarial Networks"（条件生成对抗网络）的技术来生成图像。与传统的生成对抗网络不同，ControlNet 允许用户对生成的图像进行精细的控制，例如，上传线稿让 AI 帮忙上色，或是控制人物的姿势、生成图片线稿等。使用 ControlNet 技术精确控制人物姿态，可以避免不必要的姿势变化，显著减少 AI 生成不符合要求的照片的情况。本节将深入探讨 ControlNet 技术在生成证件照中的应用，以及如何使用该技术高效、准确地创建符合要求的人像照片。

1. 打开创作图像页面

登录 liblibAI 网站，单击左侧导航栏中"创作"模块的"在线生图"按钮，跳转到"在线生图"页面，选择"文生图"面板中的"生图"。

2. 基础设置

本案例大模型选择"F.1 基础算法模型-哩布在线可运行"。设置 VAE 模型为默认值自动匹配，CLIP 跳过层为默认值 2。LoRA 设置"皮肤质感增强＿极致逼真人像摄影"权重 0.6，"Flux.1 东方美模人像 Lora＿V1＿by＿JET＿by＿JET"权重 0.4，其余为默认选择。采样方法为 Euler，迭代步数为 30，宽度 1024(像素)，高度 1024(像素)，图片数量为 1，提示词引导系数为 3.5，随机种子为-1。

3. 设置提示词

设置正向提示词为：

闭着嘴，自然表情，美丽，黑发，气氛，photo，中国女人，白色衣服，正式场合，着装规范，纯色背景，现代人，浅灰色背景，白色衬衫，干净，Realistic Skin，fashion＿model，asian female model，

设置负向提示词为：

ng＿deepnegative＿v1＿75t，(badhandv4：1.2)，EasyNegative，(worst quality：2)，Sexy，Sling，(Broken Hair：2)，

4. ControlNet 设置

ControlNet 控制类型如表 9-2 所示。

表 9-2　ControlNet 控制类型

名称	主要特点
Canny(硬边缘)	辨识输入图像的边缘信息，从所上传的图片中提取出精准的线稿
Depth(深度图)	从图像中提取出物体的前景和背景关系，明确画面中物体的前后层次
正态(法线贴图)	识别物体表面的凹凸细节，体现物体表面的光影细节，使其更加真实
OpenPose(姿态)	实现对人体动作和表情特征的精准控制
Lineart(线稿)	接收线稿图像作为输入，用于生成具有线条风格的图像
SoftEdge(软边缘)	提取图像中过度较为平滑的边缘，生成具有柔和过度效果的图像
Tile/Blur(分块/模糊)	在检测内容轮廓时将画面划分为不同区块，并对区块赋予语义标注，使模型在对应区块根据标注生成特定对象，实现更加准确的内容还原
Inpaint(局部重绘)	根据周围的像素信息来推断并填充缺失或损坏的区域
IP-Adapter(风格迁移)	将上传的图像转化为图像提示词，识别参考图的艺术风格和内容

在 liblibAI 生图页面找到 ControlNet 模块，并展开其参数设置面板。

上传一张清晰的参考照片，作为生成图像的姿态指导；单击"启用"按钮激活 ControlNet 功能；勾选"完美像素模式"，此模式将自动适配预处理器分辨率，省去手动调整的麻烦；勾选"允许预览"选项，以开启实时预览功能，便于即时查看生成效果；选择"ControlType"（控制类型）为"OpenPose"（姿态）；在预处理器和模型之间找到"运行 & 预览"图标并单击，这一步骤可以提前展示预处理器的输出效果，实际操作过程中，建议先使用"运行 & 预览"功能来检查预处理结果，确保一切符合预期后再继续生成最终图像。其他选项维持默认设置即可。最终参数设置如图 9-13 所示。

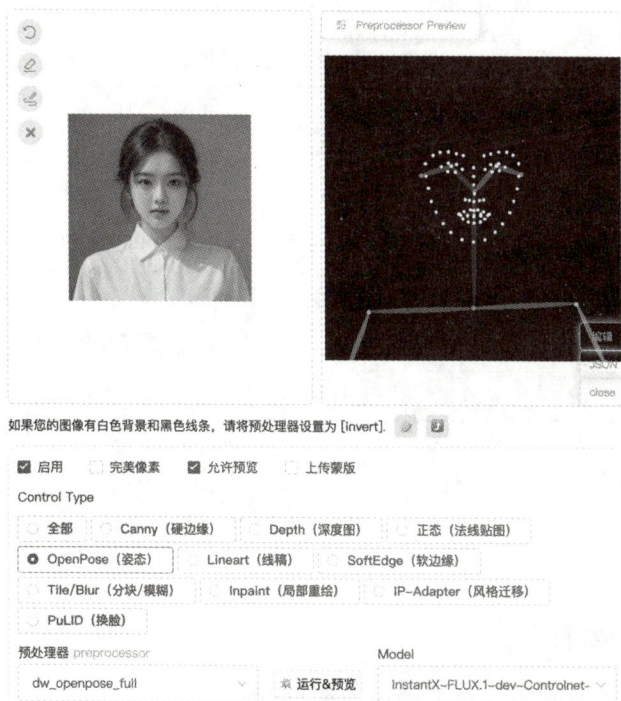

图 9-13　ControlNet 参数设置（图中人像由 AI 生成）

5. 生成图片对比

单击"生成"按钮，生成的图片如图 9-14 所示，与参考图片的姿势几乎完全一致。

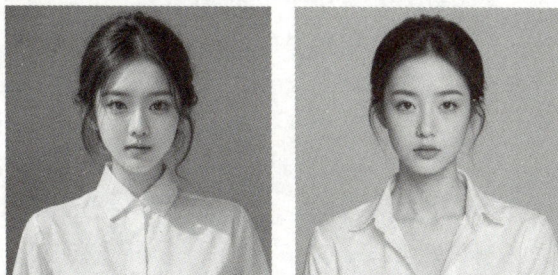

图 9-14　ControlNet 姿势控制效果展示

9.2　AI 制作音频

9.2.1　认识 AI 音频创作

AI 音频创作是利用人工智能技术自动生成或辅助创作音频内容的过程，涵盖了音乐、音效、语音等多个领域。通过深度学习和机器学习算法，AI 能够分析和学习大量的音频数据，从而模仿特定的风格或创造出全新的音乐作品。

表 9-3 展示了一些国内常见的 AI 音频创作应用。

表 9-3AI 音频创作应用

产品名称	主创公司	主要特点
天工 AI 音乐	昆仑万维	支持高质量 AI 音乐生成、人声模拟合成、歌词段落控制、多种音乐风格和音乐智能表达等功能
海绵音乐	字节跳动	用户只需输入一句灵感或上传一张图片，即可生成专属的音乐作品
天谱乐	趣丸科技	支持文生音乐，首创了图片、视频生成音乐功能
讯飞智作	科大讯飞	AI 转语音和配音工具，支持从文本到语音的转换
音剪	喜马拉雅	一站式 AI 音频创作平台，提供多种 AI 辅助工具和智能音频剪辑功能

这些 AI 音频创作应用不仅提高了音频内容的生产效率，还为用户提供了更多创意表达的可能性。然而，在使用这些工具时，也需要注意版权问题和技术限制，确保创作的合法性和合规性。

9.2.2　AI 创作歌曲

在本节中，我们将利用天谱乐应用平台提供的文本生曲和图片生曲功能，将文字或图片转化为独特的音乐作品，开启一种全新的创作体验。

1. 文本生曲

使用豆包自动生成歌词。对大模型提问，输入提示词：

请根据以下字数要求"7，6，7，6，11，8，10，8"写一段以学习为主题的话。

大模型回答如下：

书海扬帆探新知，

笔尖凝思织梦。

晨读声中迎朝晖，

夜灯案头聚慧。

翻书页心藏万千智慧光芒，

思辨交绽思想火花。

以坚持丈量知识的深度，

以努力浇理想之花。

打开天谱乐官网，在首页中找到并单击"文本生曲"按钮，进入音乐创作界面。选择"专家模式"，以获得更多定制化选项，将大模型回答的内容复制并粘贴到歌词文本框内，挑选适合的音乐风格、调性和速度设置，如图 9-15 所示。完成设置后，单击"开始生成"按钮，系统将基于设置的内容自动生成音乐。生成的音乐支持试听、分享和下载，还可以在当前基础上续写音乐。

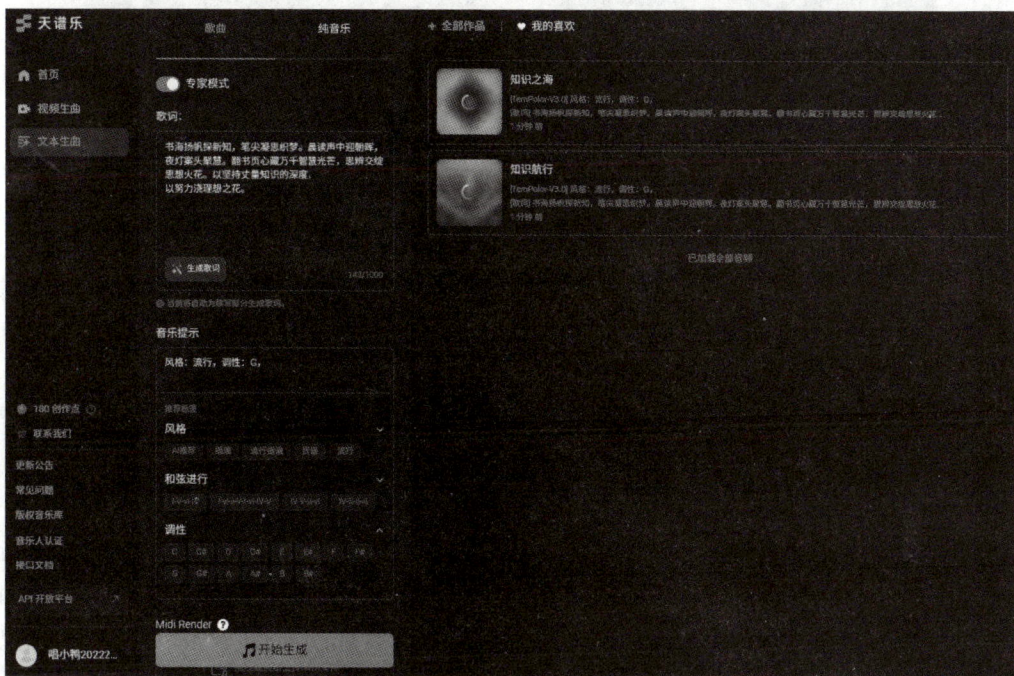

图 9-15　文本生曲设置

2. 图片生曲

打开天谱乐官网，在首页中找到并单击"图片生曲"按钮，进入音乐创作界面。单击"图片上传"按钮，上传图片。单击"开始生成"按钮即可生成音乐，如图 9-16 所示。

图 9 - 16　图片生曲设置

9.2.3　AI 克隆声音

本节将展示如何通过配置讯飞星火平台的"我的声音"功能来轻松克隆声音。

访问讯飞星火官方网站，将鼠标悬停在页面左下角的用户头像和昵称区域，以展开"设置"选项，在弹出的"设置"菜单中，找到并单击"我的声音"面板。单击该面板中的"＋"按钮，开始添加新的声音样本，如图 9 - 17 所示。

在选择发音人和背景音乐弹窗单击"一句话创建"新建发音人，选择性别后，单击"开始录制"，在安静的环境下，自然流畅地读完提示的文本。录音处理完毕后会回到选择发音人和背景音乐弹窗，选中新创建的发音人，关闭背景音乐，单击"确定"就完成了音频的采集，如图 9 - 18 所示。

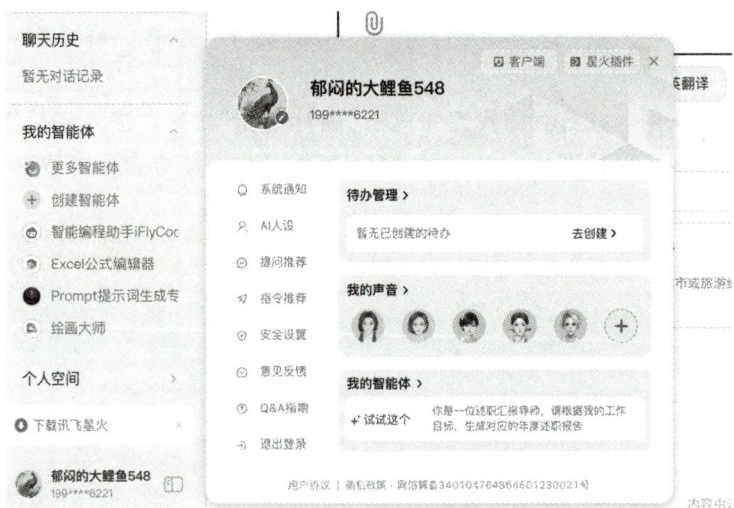

图 9 - 17　添加声音按钮

图 9 - 18　添加声音设置

向讯飞星火大模型输入以下提示词：

你的角色是朗读文本，不需要回复。请朗读以下文本：孤山寺北贾亭西，水面初平云脚低。

大模型回答如图 9 - 19 所示。

单击播放按钮，即可听到克隆的音频。

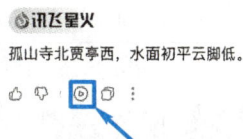

9.3　AI 生成视频

图 9 - 19　大模型克隆音频

9.3.1　认识 AI 视频制作

AI 视频制作作为现代科技与艺术融合的杰出代表，正逐步成为视频创作领域的一场深刻变革。当前，AI 视频制作技术正以前所未有的速度，渗透并赋能于多个行业领域，实现对视频内容的智能化理解、高效生成与精准编辑。不仅极大地提高了创作效率、有效降低了制作成本，更在推动内容创新方面发挥了重要作用。它打破了传统视频制作的局限，为创作者们提供了更为广阔的创作空间与无限的可能性。在电影特效制作中，它可以轻松实现复杂的特效场景，为观众带来震撼的视觉盛宴；在广告创意设计领域，AI 视频制作技术能够快速实现设计师的创意灵感，生成引人注目的广告作品；在游戏动画制作方面，AI 视频制作技术让游戏世界更加逼真生动，极大地提升玩家的沉浸感；在新闻播报领域，AI 视频制作技术能够快速将文字信息转化为生动的视频内容，提高新闻的感染力；在短视频制作这一新兴领域，AI 视频制作更是创作者们的得力助手，助力他们轻松制作出高质量、富有创意的短视频作品。

从交互方式来看，当前 AI 视频生成主要可分为文本生成视频、图片生成视频、视频生成视频三种形式，目前国内主要支持的视频生成方式是文本生成视频和图片生成视频。国内常见的 AI 视频工具有智谱清影、即梦 AI、海螺 AI、通义万相、可灵 AI、有言、腾讯智影等。

9.3.2 AI 文生视频

本节将探讨"文生视频"技术在艺术创作中的应用，通过生动的视频重现古诗《钱塘湖春行》中"孤山寺北贾亭西，水面初平云脚低"的诗意景象。

为了创建高质量的文生视频，提示词的设计至关重要。合理的提示词能够引导 AI 生成更加符合预期的视频内容。表 9-4 种列出了构成文生视频有效提示词的关键要素。

表 9-4 提示词的关键要素

名称	含义
主要表现物	主要表现物是视频的核心焦点，决定了视频传递的主要信息。它可以是人物、动物、物体，也可以是完全虚构的实体。明确主要表现物有助于确保视频内容的集中性和连贯性
场景空间	场景空间描述主要表现物所处的环境背景，可以是具体的、标志性的地点（如图书馆、咖啡厅），也可以是幻想中的虚构世界。详细的场景设定能够为视频提供丰富的背景信息，增强视觉故事的深度和可信度
运动与变化	运动与变化定义了视频的动态特征及其随时间的变化情况。这不仅涵盖了物体本身的状态，还包括环境的转变和发展。适当的运动设计可以让视频更具活力和吸引力
镜头运动	镜头运动可以限定视频画面的呈现方式，通过采用常见的摄像技术——推、拉、摇、移、升、降等手法，可以创造出多样化的视觉体验。精确的镜头运动指令有助于控制视频的节奏和视角转换
美感与氛围	美感与氛围感是对视频视觉风格和情感调性的限定。它涉及色彩搭配、光影效果、艺术风格等方面，旨在营造特定的情感氛围或视觉冲击力。精心设置这一要素，可以使生成的视频更贴近创作者的艺术意图，达到预期的表现效果

基于以上文生视频的要求和提示词的关键要素，向通义大模型提问，输入以下提示词：

为了创建高质量的文生视频，提示词的设计至关重要。合理的提示词能够引导 AI 生成更加符合预期的视频内容。以下是构成文生视频有效提示词的关键要素：

1. 主要表现物。主要表现物是视频的核心焦点，决定了视频的主要信息传递。它可以包括人物、动物、具体物体，甚至是完全由想象力构建出的虚构实体。明确主要表现物有助于确保视频内容的集中性和连贯性。

2. 场景空间。场景空间描述了主要表现物所处的环境背景，可以是具体的、标志性的地点（如图书馆、咖啡厅），也可以是幻想中的虚构世界。详细的场景设定能够为视频提供丰富的背景信息，增强视觉故事的深度和可信度。

3. 运动与变化。运动与变化定义了视频的动态特征及其随时间的变化情况。这不仅涵盖了物体本身的状态，还包括环境的转变和发展。适当的运动设计可以让视频更具活力和吸引力。

4. 镜头运动：镜头运动可以限定视频画面的呈现方式，通过采用常见的摄像技术——推、拉、摇、移、升、降等手法，可以创造出多样化的视觉体验。精确的镜头运动指令有助于控制视频的节奏和视角转换。

5. 美感与氛围：美感与氛围感是对视频视觉风格和情感调性的限定。它涉及色彩搭配、光影效果、艺术风格等方面，旨在营造特定的情感氛围或视觉冲击力。通过精心设置这一要素，可以使生成的视频更贴近创作者的艺术意图，达到预期的表现效果。

请根据以上设定，结合古诗："孤山寺北贾亭西，水面初平云脚低"，举一个文生视频的例子。

通义大模型回答如下：

本视频的核心焦点是一位身着古装的诗人，他静静地站在杭州西湖边孤山寺北侧的石桥上，远眺平静如镜的湖面，仿佛在沉思或吟诵诗句。这位诗人周围有几只白鹭悠闲地栖息于水边，偶尔展翅飞起，增添了一抹灵动与生机。

场景空间设定在杭州西湖的孤山寺及其周边自然景观。寺庙建筑古朴典雅，红墙黛瓦与绿树相映成趣；湖面上波光粼粼，水平如镜，远处的云朵低垂，几乎触及水面，营造出一种静谧而宏大的氛围。岸边垂柳依依，桃花盛开，点缀着春天的气息，这一切构成了一个既真实又充满诗意的画面背景。

运动与变化体现在几个方面：白鹭从水边起飞，在空中盘旋后又缓缓降落；湖面上偶尔泛起轻微涟漪，可能是鱼儿跃出水面所致；随着时间推移，太阳逐渐升高，光线角度的变化使得景物呈现出不同的光影效果，增强了画面的时间流动感和动态美。

对于镜头运动，我们采用多种摄像技术来增强视觉体验：

开场以缓慢推进的方式穿越轻薄的晨雾，逐渐接近孤山寺，展现出其朦胧之美；

接着使用摇镜头跟随诗人视线，从近景的石桥转向广阔的湖面，让观众感受到视野的开阔；在高潮部分，采用升镜头缓缓升起，俯瞰整个孤山寺及周边景色，捕捉到湖水、天空与云朵交织而成的壮丽画面；最后，通过拉远镜头渐渐远离，将整个场景收入眼底，强调人与自然和谐共存的主题。

在美感与氛围上，整体色调偏向暖色系，尤其是清晨柔和的日光洒落在古老建筑和自然景观上，带来温馨而宁静的感觉。色彩搭配注重对比但不过分强烈，力求表现出东方美学中的含蓄之美。利用细腻的光影变化，如晨曦穿透薄雾、阳光照射在湖面上反射出的金色光芒等，营造出充满诗意的氛围，使观众仿佛置身于古代诗人笔下的世界中。

根据需求将以上内容进行适当缩减，修改后的提示词如下：

以缓慢推进的方式穿越轻薄的晨雾，逐渐接近孤山寺，展现出其朦胧之美。孤山寺建筑古朴典雅，红墙黛瓦与葱郁绿树相得益彰；湖面上波光粼粼，水平如镜，远处的云朵低垂，几乎触及水面，营造出一种静谧而宏大的氛围。岸边垂柳依依，桃花盛开，点缀着春天的气息，构成了一幅既真实又充满诗意的画面。

一位身着古装的诗人静静地伫立在杭州西湖边孤山寺北侧的石桥上，目光悠远地凝视着平静如镜的湖面，仿佛沉浸于沉思或低声吟诵着诗句。

诗人的周围，几只白鹭悠闲地栖息于水边，偶尔展翅飞起，增添了几分灵动与生机。白鹭时而在空中盘旋，随后又缓缓降落在水边，轻盈的姿态打破了宁静却又不显突兀。湖面上偶尔泛起轻微涟漪，似乎是有鱼儿跃出水面，为这一片宁静带来了微妙的动态感。随着时间推移，太阳逐渐升高，光线角度的变化使得景物呈现出不同的光影效果。

整体色调偏向暖色系，尤其是清晨柔和的日光洒落在古老建筑和自然景观上，带来温馨而宁静的感觉。色彩搭配注重对比但不过分强烈，力求表现出东方美学中的含蓄之美。

在即梦通义万相、可灵 AI、海螺 AI、智谱清影文生图中输入上述提示词，即可根据文字描述生成影片。

9.3.3　AI 图生视频

"图生视频"技术允许用户输入一张图片及相应的提示词来生成动态视频画面。这种方式不仅简化了创作流程，还赋予了作品更多的创意空间。

对图生视频来说，控制图像中的主体运动是核心。为了确保最佳效果，在使用图生视频时应选用尽可能清晰的图片。如果原图不够清晰，可能会影响模型对图像内容的理解和处理。大多数平台支持 9∶16、16∶9 或 1∶1 比例的视频格式，以适应不同的展示需求。

先采用 liblib AI 文生图的形式生成高清图片。大模型为"F.1 基础算法模型-哩布在线可运行"，VAE 自动匹配，CLIP 跳过层为 2，LoRA 模型"F.1-穿越汉代│古风写实(可在线生图)"权重为 0.8，"丹丹：中国风建筑-山水-空境艺术-F.1-基础算法 F1"权重为 0.8，采样方法为 DPM＋＋2M，迭代步数为 30，宽为 1024(像素)，高为 576(像素)，图片数量为 1，提示词引导系数为 20.0，随机种子为-1。正向提示词如下：

（一位诗人：2），伫立，石桥，寺庙，凝视湖面，沉思，孤山寺，红墙，青黑的瓦，绿树，云朵，（柳树：1.5），（桃花：1.4），晨雾，湖面，（白鹭：2），鱼，太阳，春天，光影效果，暖色系，清晨柔和的日光，古老建筑，自然景观，温馨，宁静，东方美学，含蓄之美，古朴，（典雅：1.2），宏大，真实，（诗意：1.3），古风，白色服装，hanfu，dandan

在生成满意的图片后，下载图片。打开一个新的浏览器标签或窗口，进入 liblib AI

文生图平台，在新页面中，选择"PNG 图片信息"选项，上传之前下载并保存到本地的图片文件，如图 9－20 所示。

图 9－20　获取随机种子数

将图片信息中的的随机种子数 seed（如：925600154）复制到刚才的文生图页面。点击"高分辨率修复"，设置放大倍率为 3，其他为默认设置，放大算法为"8x－NMKD－Superscale"，重绘采样步数为 30，重绘幅度为 0.75，生成高清图片并下载。

接下来，将生成的高清图片分别上传至即梦 AI 基础模型、即梦 AI pro 模型、通义万相、可灵 AI、海螺 AI、智谱清影平台，并输入以下提示词来生成视频。

镜头运动以缓慢推进的方式，穿越轻薄的晨雾，逐渐接近孤山寺，展现出其朦胧之美。人物静止，静静地站在石桥上，人物周围，几只白鹭悠闲地栖息于水边，几只白鹭偶尔展翅飞起，湖面上偶尔泛起轻微涟漪，有鱼儿跃出水面。随着时间推移，太阳逐渐升高，光线角度的变化使得景物呈现出不同的光影效果。

上传同样的照片，但是不同的平台生成的视频清晰度差别很大。不同平台的效果各有优劣，可以根据具体需求选择最合适的工具。

9.3.4　数字人视频

AI 视频数字人是通过人工智能技术精心构建的数字化人物形象。它不仅能够精准复制真人的外貌、音色、肢体语言和面部表情等多维度特征，而且在视频内容创作中扮演着举足轻重的角色。虚拟数字人所提供的"真人出镜"体验，具备高效性、成本效益以及高度个性化的特点，适用于视频制作、现场直播乃至数字化员工等多个应用场景。

当前的虚拟数字人产品主要分为两大类：2D 数字人和 3D 数字人。2D 数字人也被称为真人数字人，其特点是唇部动作可以动态调整以匹配语音，但其他方面如形象、表情及身体动作则受限于预先录制的内容，不具备视角变换的能力。相比之下，3D 数字人则是全方位定制化的产物，允许用户根据需要自由设计人物的动作、形态、表情乃至拍摄角度，从而提供一个立体、逼真的互动体验。魔珐科技的有言是一款典型的

3D 数字人产品，而腾讯推出的腾讯智影则专注于 2D 数字人的开发，两者都是该领域内的佼佼者。

本节我们在腾讯智影平台，使用前文中生成的人物、克隆音频和视频，实现用 AI 生成数字人讲解诗句。在腾讯智影平台的"创作空间"页面中，单击"数字人播报按钮"，如图 9-21 所示，打开数字人播报工具页面。

图 9-21　腾讯智影创作空间

数字人播报工具页面融合了轨道剪辑、数字人内容编辑窗口，可以一站式完成"数字人播报＋视频创作"流程，方便快捷制作数字人视频作品。数字人播报工具使用页面，分为以下几个板块。

①主显示/预览区：预览窗口，可以点击画面上的任一元素，在弹出的编辑窗口中进行调整，包括画面内的字体、数字人、背景、其他元素等，窗口底部可设置画布比例和字幕。

②轨道区：位于预览区底部，点击"展开轨道"可以对编辑的视频进行轨道精细化编辑，在轨道上可以调整各个元素的位置关系和出现时长。可以编辑数字人动作的插入位置。

③右侧编辑区：与预览窗口上点击的元素相关联，默认显示"数字人内容"编辑页面，可以调整数字人驱动方式和内容，为内容制作主编辑区。

④左侧工具选栏：页面最左侧的编辑区，可以对视频项目添加新的元素，可选择套用官方模板，增加新的页面，替换图片背景，上传插入媒体素材，添加音乐、贴纸、花字等元素。

⑤左侧工具展开列表：和左侧工具选栏关联，展示相关工具使用选项，可以点击右侧收缩按钮缩小。

⑥文件命名区：顶部文件名称编辑，并可查看保存状态。

⑦合成按钮：确认编辑完成后，可以点击"合成视频"开始视频生成，生成后的数

字人视频包括动态动作和口型匹配。旁边"?"按钮可以查看操作手册、联系在线客服。

在数字人播报工具页选择"数字人"选项卡，切换到"照片播报"，上传本地图片后，单击"我上传的"区域内的图片即可选用上传的图片作为数字人，如图 9-22 所示。

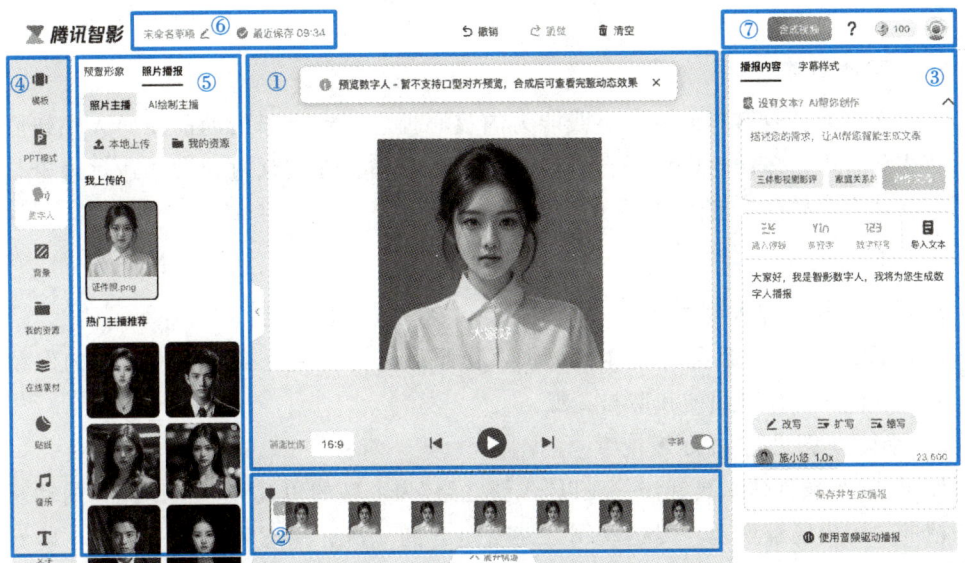

图 9-22　数字人播报工具页

选择页面左侧工具栏中的"背景"选项卡，切换到"自定义"面板，可上传视频作为背景。单击数字人，将其缩小到合适尺寸，并拖动至画布的右下角。

将古诗"孤山寺北贾亭西，水面初平云脚低"粘贴到右侧编辑器的字幕文本输入框中，单击"保存并生成播报"按钮，即可生成对应的字幕和音频。也可以单击"使用音频驱动播报"按钮上传克隆音频。上传成功后，单击上传的音频即可使用该音频作为播报音频，当使用音频播报时，平台会自动取消字幕。

最后单击右上角的"合成视频"按钮，即可生成对应的数字人视频。平台会自动跳转到"我的资源"页面，可以查看数字人素材的视频生成进度。视频生成后鼠标滑动到合成视频的缩略图区域，会出现浮动按钮，单击下载图标即可下载生成的视频。

本章总结

本章展现了人工智能对视听艺术创作的革新突破，系统解构了 AI 在绘画、音视频生成及数字人构建等领域的全流程赋能价值。从基础参数配置到创意实现，AI 技术将艺术创作的门槛大幅降低。随着生成式 AI 技术的指数级发展，视听艺术创作已进入"零基础赋能"时代，创作者需在掌握风格模型调参、多模态提示词设计等技术能力的同时，强化艺术审美判断力，构建人机协同的新型创作范式。未来，AI 与人类智慧的融合将催生更多元化的艺术形态，而如何在技术创新与人文价值之间找到平衡点，将成为数字艺术领域持续探索的核心命题。

综合实训

⭐ AI 高效创作实训

一、实训目的

本次实训秉持着培养创新与实践能力的核心理念，致力于借助前沿的人工智能技术，紧密结合丰富多样的应用平台资源实现高效创作。在实训过程中，通过理论与实践的紧密结合，熟练掌握运用 AI 生成图片、视频。

二、实训内容

1. 局部重绘更改人物发型

请尝试使用 AI 局部重绘工具对 1 张人物照片进行发型更换，探索不同的发型风格，并注意保持整体画面的和谐与美观。

2. 制作"丝绸之路"主题短视频

使用 AI 视频创作工具制作一段以"丝绸之路"为主题的短视频，借助流畅的动画效果和精准的历史场景重现，传达丝绸之路所蕴含的交流、探索和融合的精神。确保视频内容既准确反映历史背景，又具备艺术美感，并能有效传达主题信息。在创作过程中，请探索不同的视觉元素和叙述方式，以找到最能触动人心的表现手法。

三、实训评估

(1)请问你选用了哪一款 AI 工具，为什么选择它？

(2)在 AI 绘画中，有哪些独特的技巧或心得？

(3)在实践的过程中，你还发现了哪些 AI 工具的高效创作技巧？

🔑 课后练习题

一、选择题

1. AI 绘图中 ControlNet 采用哪种控制类型实现对人体动作和表情特征的精准控制？（　　）

A. Lineart　　　　B. OpenPose　　　　C. SoftEdge　　　　D. Depth

2. AI 绘图中固定目标的特征形象的是哪个模型？（　　）

A. LoRA 模型　　　　　　　　　B. Checkpoint 检查点模型

C. DeepSeek　　　　　　　　　D. kimi

3. 在图像生成过程中，如何保证生成图像的多样性？（　　）

A. 通过增加训练数据的数量　　　B. 通过调整模型的参数

C. 通过随机采样的方法　　　　　D. 通过人工筛选生成的图像

4. 视频类 AIGC 工具中，描绘关键动态时，刻画动作过程需要（　　）。

A. 合理使用动词与副词　　　　　　B. 只使用名词

C. 仅使用形容词　　　　　　　　　D. 不使用任何词性的词

5. AI 能够生成哪种类型的图像？（　　）

A. 只能生成黑白图像

B. 只能生成抽象图案

C. 包括但不限于风景、人物在内的各种复杂场景

D. 仅限于手绘风格的艺术作品

二、判断题

1. AI 生成音频将完全取代人类创作者。（　　）

2. 图像类 AIGC 工具在图像生成方面的应用场景包括教育与培训。（　　）

3. 图像类 AIGC 设置图像尺寸参数越大越好。（　　）

4. 图像类 AIGC 中的 ControlNet 只能控制人物的姿势。（　　）

5. 视频类 AIGC 文生视频效果比图生视频效果更稳定。（　　）

第 10 章

低代码智能开发应用

10.1　AI 应用开发概述

目前 AI 技术正迅速改变众多行业，学习 AI 应用开发不仅仅是为了掌握一个特定的工具，更是为了理解和利用 AI 技术来推动个人和企业的发展。

AI 应用指的是能够使用大模型执行复杂任务、分析数据、作出决策的应用程序。例如 AI 搜索和 AI 翻译等。AI 应用开发平台有很多，本教材以 Coze 平台为例进行案例开发。

Coze 通过工作流或对话流来处理复杂的业务逻辑与编排，其内置的丰富节点库提供了逻辑处理、知识写入与检索、大模型服务、会话管理等多种能力，帮助开发者灵活编排自动化流程、构建各种智能服务。

10.2　了解应用开发流程

开发应用之前，需要了解开发流程，我们可以通过 AIGC 初步了解项目的开发流程。

提问如下：

精简总结一下应用开发流程。

大模型回答如下：

项目开发流程是一个结构化的过程，用于确保项目从概念到实现再到交付的顺利进行。以下是项目开发流程的一般步骤：

1. 项目启动与规划。明确项目的目标、范围、预期成果等。

2. 需求分析与定义。通过访谈、问卷调查等方式，收集需求。将需求整理成文档。

3. 系统设计与架构。设计系统的整体架构，以及它们之间的交互方式；根据需求选择合适的编程语言、框架、数据库等技术栈；定义系统内部各模块之间的接口以及系统与外部系统的接口；设计用户界面和用户体验，确保应用易于使用且美观。

4. 开发与编码。将开发任务分配给团队成员，确保每个任务都有明确的负责人和截止日期。

5. 测试与质量保证。编写和运行单元测试，确保代码的正确性和稳定性；将各模块集成后进行测试，验证模块之间的交互是否正确；对整个系统进行全面测试，包括功能测试、性能测试、安全测试等；邀请用户或客户进行测试，确保应用满足他们的需求。

6. 部署与上线。将应用部署到生产环境，并进行必要的配置和优化。

7. 后期维护与优化。根据用户反馈或监控发现的问题进行修复。

项目开发流程可能因项目类型、组织文化和行业标准而有所不同，但上述步骤提供了一个通用的框架，可以帮助项目团队有效地管理项目并交付高质量的产品。

通过查看大模型的回答可知，在项目开发之前需要确定需求文档、系统设计与结构文档、设计用户界面，这些约束可以让项目需求和设计目标更加明确，既便于开发团队与客户之间的沟通，也便于团队分工协作。

10.3 软件需求分析

根据开发流程，现在进入需求分析与定义阶段，以开发一个记账 H5 网页应用——玲珑账为例，通过 AIGC 生成需求文档。提问如下：

你是一个经验丰富的产品经理，请你写一个记账 H5 网页的需求分析文档，请尽量简洁。

大模型回答如下：

记账 H5 网页需求分析

一、引言

在当今数字化时代，个人财务管理越发受到重视，记账作为一种有效的理财手段，其便捷性需求日益凸显。H5 网页凭借跨平台、无需安装等优势，为记账应用提供了理想的载体。本需求分析旨在明确一款实用且易用的记账 H5 网页应具备的各项功能与特性，以满足用户日常财务管理需求。

二、用户需求

(一)基本记账功能

1. 收支记录：用户能快速、准确地录入每笔收入与支出，包括金额、日期、分类(如餐饮、购物、交通、娱乐等常见类别)以及详细备注，方便日后追溯资金流向。

2. 自动分类：对于部分常见消费场景，如通过特定支付平台付款，网页可依据支付信息自动为账目归类，减少用户手动操作。

(二)数据管理与查询

1. 按时间筛选：支持按日、周、月、季、年等不同时间周期查看收支明细，让用户清晰把握各阶段财务状况。

2. 分类统计：对收入和支出分别依据类别进行汇总统计，以直观图表(柱状图、饼图等)展示，帮助用户洞察消费结构与收入来源分布。

3. 搜索功能：允许用户输入关键词(如商家名称、备注关键字)在历史账目中搜索相关记录，精准定位特定账目。

(三)个性化设置

1. 账户管理：若用户拥有多个资金账户(如银行卡、支付宝、微信钱包等)，可在网页中关联并切换，区分不同账户的收支情况。

2. 分类自定义：用户能根据自身消费习惯，新增、编辑或删除收支分类，使记账分类更贴合个人实际。

（四）提醒与预警

1. 定期记账提醒：为帮助用户养成记账习惯，可设置每日、每周固定时间提醒用户记录当天或近期收支。

2. 预算预警：用户设定各类别或月度总预算后，当接近或超出预算时，网页及时发出预警通知，辅助用户控制开支。

（五）数据安全与备份

1. 登录保护：支持多种登录方式（如账号密码、手机号验证码、社交账号授权），保障用户账户安全，防止数据泄露。

2. 数据备份：自动定期备份用户记账数据至云端，且在用户误操作或数据丢失时，能便捷恢复。

三、性能需求

1. 加载速度：确保 H5 网页在各类网络环境（如 4G、WiFi）下都能快速加载，初次加载时间不超过 3 秒，后续操作响应流畅，避免卡顿。

2. 兼容性：兼容主流移动浏览器（如 Chrome、Safari、Firefox 等）及微信内置浏览器，适配不同屏幕尺寸（手机、平板），保证页面显示正常、功能可用。

四、界面设计需求

1. 简洁直观：整体布局简洁明了，操作流程清晰易懂，避免过多复杂元素干扰用户视线与操作。

2. 色彩搭配：选用柔和、舒适的色彩体系，区分收支项目、操作按钮等不同功能区域，增强视觉辨识度。

3. 交互友好：提供清晰的提示信息、引导动画，如用户首次使用时的操作指引，账目录入成功后的反馈动画等。

五、运营需求

1. 版本更新：定期优化功能、修复漏洞，依据用户反馈及时推出新版本，并通过网页弹窗等方式通知用户更新。

2. 用户反馈：搭建便捷的用户反馈渠道（如在线客服、意见反馈表单），收集用户意见与建议，以便持续改进产品。

10.4　展开系统设计

在系统设计与架构阶段，同样可以通过 AIGC 生成对应的系统设计文档。

提问如下：

根据上述需求分析生成相应的系统设计。

大模型回答如下：

记账 H5 网页系统设计方案

一、架构设计

1. 前端架构

(1)采用 HTML5＋CSS3＋JavaScript 技术栈构建用户界面。利用 Vue.js 或 React 等前端框架，实现组件化开发，提高代码复用性与维护性。例如，将收支记录表单、图表展示组件、账户管理模块等分别封装为独立组件。

(2)基于 CSS 预处理器(如 Sass 或 Less)进行样式编写，方便管理样式变量与嵌套规则，确保整体界面风格的一致性。结合 Flexbox 或 Grid 布局，实现响应式设计，适配不同屏幕尺寸。

(3)使用 JavaScript 进行交互逻辑处理，通过 Ajax 或 FetchAPI 与后端进行数据交互，实现无刷新页面更新，提升用户体验。

2. 后端架构

(1)选择适合的后端语言与框架，如 Node.js＋Express 或 Python＋Django。构建 RESTfulAPI，负责处理前端请求，包括数据的增删改查、用户认证、预算管理等操作。

(2)后端连接数据库，选用 MySQL 或 MongoDB 等关系型或非关系型数据库存储用户记账数据、账户信息、分类设置等。对于数据量较大的查询操作，合理设计索引优化查询性能。

二、功能模块设计

(一)基本记账模块

1. 收支录入界面：设计一个直观的表单，包含金额输入框(数字键盘优化，支持小数点、正负号输入)、日期选择器(可调用系统日历插件或自定义简洁日历)、分类下拉菜单(预填充常见分类，支持搜索筛选)、备注文本框(限制字符长度，提供实时字数统计)。当用户输入信息时，前端实时验证格式正确性，提交表单时，通过 Ajax 发送数据至后端保存。

2. 自动分类引擎：后端对接主流支付平台 API(在用户授权前提下)，获取支付详情，依据预先设定的规则(如商家名称关键词匹配、消费金额范围判断等)自动为账目分配分类。同时，前端预留手动调整分类的入口，方便用户纠错。

(二)数据管理与查询模块

1. 时间筛选组件：在账目列表页面顶部，提供一组单选按钮或下拉菜单，用于选择日、周、月、季、年等时间范围。用户选择后，前端发送请求至后端，后端根据所选时间范围查询数据库，返回对应数据并渲染账目列表。

2. 分类统计组件：后端定期(如每日凌晨)运行统计任务，按照收入和支出分类对数据进行汇总计算。前端通过 API 获取统计结果，利用 Echarts 或 Chart.js 等图表库绘制柱状图、饼图等直观展示。图表设计具备交互功能，如鼠标悬停显示详情、单击切换显示维度。

3. 搜索模块：在账目列表上方设置搜索框，用户输入关键词后，前端即时触发搜索请求，后端使用模糊查询算法在数据库中查找匹配记录，返回结果并更新账目列表展示。

（三）个性化设置模块

1. 账户管理子模块：设计账户列表页面，用户可添加、编辑、删除账户信息，包括账户名称（如银行卡尾号、支付平台昵称）、账户类型（银行、第三方支付等）、关联图标。每个账户关联唯一标识符，在记账时，用户可切换账户进行记录，后端将账户信息与收支数据关联存储。

2. 分类自定义子模块：提供分类管理界面，展示现有收支分类列表。用户可点击"新增"按钮弹出表单，输入新分类名称、图标（可选）、所属类型（收入/支出）；对于已有分类，支持编辑名称、图标及删除操作。后端同步更新数据库分类表，确保前端分类选项实时更新。

（四）提醒与预警模块

1. 提醒任务调度：后端利用定时任务框架（如 Node.js 的 node－cron），根据用户设置的提醒时间（每日/每周具体时刻），向用户注册的手机号或站内信发送提醒通知。通知内容包含简要的记账提示语及快捷入口链接（若在移动端打开可直接跳转至记账页面）。

2. 预算预警系统：用户在设置预算页面输入各类别或月度总预算金额，后端将预算数据存储并关联用户账户。每日结算时，后端对比实际收支与预算，当接近（如达到预算 80 %）或超出预算时，通过前端弹窗、通知栏消息等形式向用户发出预警，预警信息包含超出预算金额、具体类别等详情。

（五）数据安全与备份模块

1. 登录认证模块：整合多种登录方式，如账号密码登录时，后端对密码进行哈希加密存储，验证时比对哈希值；手机号验证码登录借助短信验证码服务发送验证码，后端验证有效性；社交账号授权登录则利用第三方平台 OAuth 协议，获取用户基本信息并创建本地账户关联。

2. 数据备份与恢复：后端定时（如每周一次）自动将数据库全量或增量备份至云端存储服务（如 AWSS3 或腾讯云 COS），备份过程记录日志以便监控。在用户请求恢复数据时，后端从云端下载备份文件，按照数据恢复流程还原数据库至指定时间点状态。

三、数据库设计

1. 用户表：存储用户基本信息，包括用户 ID（主键）、用户名、密码哈希值、手机号、邮箱、注册时间等字段。

2. 账户表：关联用户表，记录用户资金账户详情，账户 ID（主键）、用户 ID（外键）、账户名称、账户类型、账户余额（初始可为空，用于同步账户实时余额功能拓展）、创建时间等。

3. 收支记录表：核心表之一，记录每笔收支明细，收支 ID(主键)、用户 ID(外键)、账户 ID(外键，关联记账账户)、金额、日期、分类 ID(外键，关联收支分类表)、备注、创建时间等。

4. 收支分类表：存储收支分类信息，分类 ID(主键)、分类名称、分类图标、所属类型(收入/支出)、创建时间、用户 ID(外键，用于支持分类自定义，若为系统默认分类则可统一关联特定用户 ID 表示公共分类)。

5. 预算表：记录用户预算设置，预算 ID(主键)、用户 ID(外键)、预算周期(月/季/年等)、类别 ID(外键，关联收支分类表，若为总预算则特殊标识)、预算金额、预警阈值(如 80% 等比例值，可默认设置并支持用户调整)、创建时间。

6. 提醒表：用于存储用户提醒设置，提醒 ID(主键)、用户 ID(外键)、提醒类型(记账提醒/预算预警等)、提醒时间、接收方式(短信/站内信等)、创建时间。

四、界面设计

1. 整体风格：遵循简洁直观原则，采用浅色背景(如白色、淡灰色)搭配明亮的图标与按钮色彩(如蓝色、绿色用于操作确认，红色用于删除预警等)，增强视觉层次感。

2. 首页布局：首页展示近期收支概况，以卡片形式呈现今日收支金额、本月累计收支，下方放置快捷记账按钮，引导用户快速进入记账流程。

3. 记账页面：表单布局合理，各输入项清晰区分，操作按钮(保存、取消)在页面底部固定显示，方便用户操作。日期选择器以日历弹窗形式出现，不占用过多页面空间。

4. 数据查询页面：账目列表采用表格形式，列名包括日期、金额、分类、备注等，可根据需求调整列宽。图表区域在列表上方或下方占据适当空间，与列表切换展示流畅，不影响用户浏览。

5. 个性化设置页面：账户管理与分类自定义页面采用列表＋表单结合的布局，列表展示现有信息，点击对应项弹出表单进行编辑操作，操作流程简洁明了。

五、性能优化

1. 前端优化：压缩 HTML、CSS、JavaScript 文件，去除冗余代码，利用浏览器缓存策略，将静态资源缓存至本地，减少重复加载。优化图片资源，采用合适的图片格式(如 WebP)与尺寸，提升加载速度。

2. 后端优化：优化数据库查询语句，添加适当索引，减少查询时间。采用连接池技术管理数据库连接，避免频繁创建与销毁连接带来的性能损耗。对后端 API 进行性能测试，利用缓存机制(如 Redis 缓存频繁查询的数据)提升响应速度。

3. 网络优化：采用 CDN(内容分发网络)服务，将网页资源分发至离用户更近的节点，加速内容传输。在数据传输过程中，采用数据压缩技术(如 Gzip)，减少网络流量，提高传输效率。

本案例仅实现基本记账模块、数据管理与查询模块等基础功能，对于尚未涵盖的扩展功能，感兴趣的同学不妨尝试探索其实现方法。

基本记账模块将记账应用与大模型的语言理解功能整合，可以实现通过用户输入的信息，自动提取每笔收入与支出，包括金额、日期、分类以及备注。从而简化用户录入信息的操作，如图 10 - 1 所示。

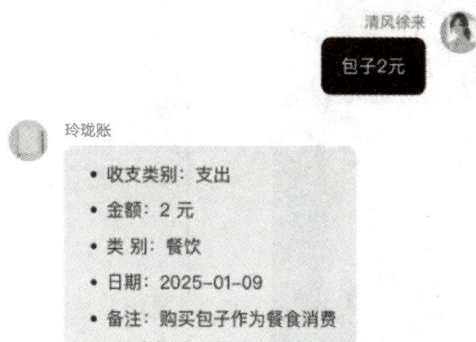

图 10 - 1　大模型提取信息

数据管理与查询模块采用飞书云文档实现，效果如图 10 - 2 所示。

图 10 - 2　云文档表格

10.5　界面设计

分析 AIGC 回答的系统设计内容，我们需要使用 Coze 开发记账页面和首页，可以使用 AIGC 来进行页面设计。为了简化页面的布局难度，本项目采用的界面类型是 H5 网页。H5 网页能够自适应不同终端设备，无论在电脑、平板还是手机上，都能呈现一致的效果。

提问如下：

　　帮我生成图片：生成记账 H5 网页的界面设计图，可以先生成结构不填充文字。一共有两个页面，分别是收支录入记账页面、首页布局（首页展示近期收支概况，以卡片形式呈现今日收支金额、本月累计收支，下方放置快捷记账按钮，引导用户快速进入记账流程）。

生成的设计页面如图 10-3 所示，根据 AI 生成的信息我们做适当的改动，使其符合我们的记账项目，如图 10-4 所示。

图 10-3　大模型生成的设计图

图 10-4　按需修改后的设计图

10.6　AI 编程实现

Coze 平台提供了一个高效快捷的方式开发具有复杂交互功能的 AI 应用。使用 Coze 开发一个 AI 应用的流程如图 10-5 所示。

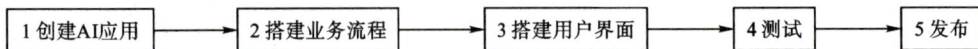

图 10-5　开发 AI 应用流程图

接下来让我们根据流程一步一步实现 AI 应用的开发。

10.6.1　创建项目

单击 Coze 首页左上角的图标按钮"⊕"，弹出"创建"弹窗，在"创建"弹窗中选择"创建应用"。在"创建应用"弹窗中输入应用的名称和功能介绍，然后单击图标旁边的"生成"按钮，Coze 会根据应用名称和功能介绍采用文生图的形式自动生成应用头像。点击"确认"按钮，这样就创建好了项目。

Coze 平台提供了一个线上的应用集成开发环境（IDE）。它支持可视化编排和调试，使得 AI 应用的开发变得更加快速和简单，让开发者能够专注于创意和业务逻辑。该应用集成开发环境由业务逻辑和用户页面两个模块组成。

业务逻辑模块包含资源列表和配置区域两部分，如图 10-6 所示。资源列表中包含工作流、插件、知识库、变量、数据库功能。可以使用项目所属空间内的已有资源，也可以新建资源。在配置区域可以对创建或添加的资源进行配置和调试。

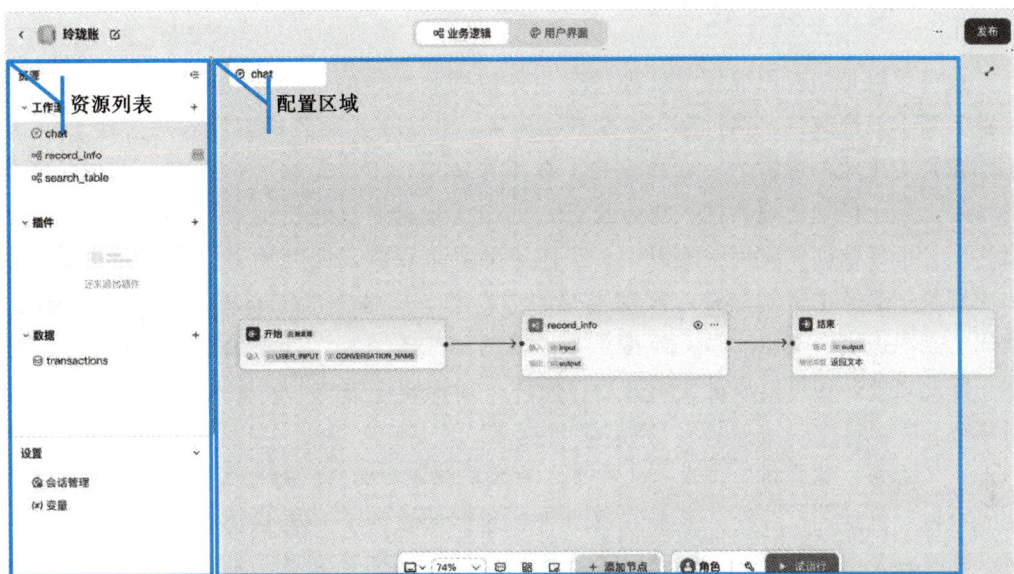

图 10 - 6　业务逻辑模块布局

用户界面模块由组件列表、画布和配置面板组成，如图 10 - 7 所示。画布支持组件的拖曳，并支持通过拉伸方式快速调整组件的大小。在配置面板中，可以通过属性相关配置来调整组件样式。通过事件绑定的方式实现业务逻辑与页面组件之间的联动。

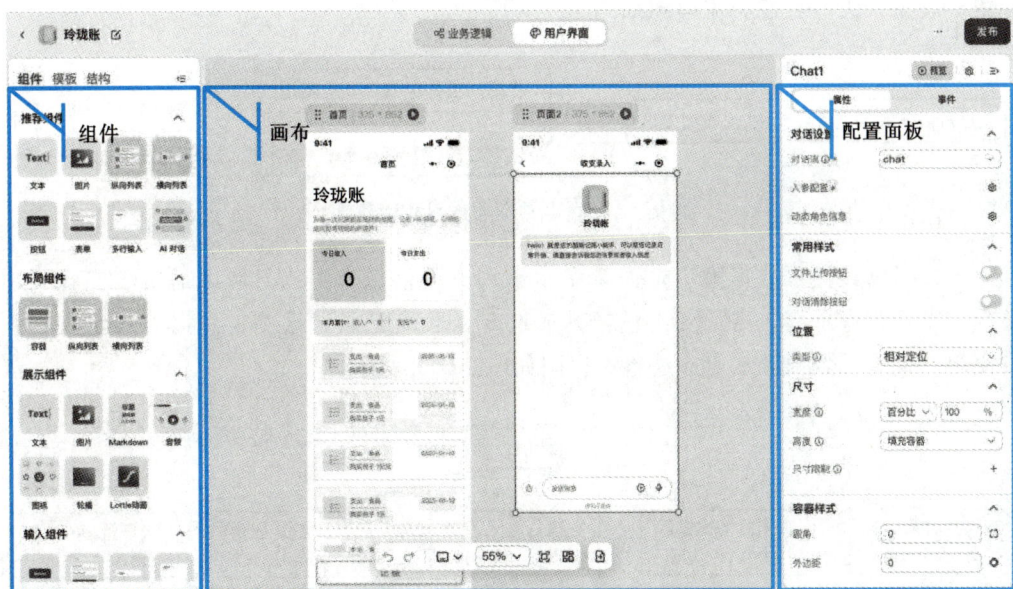

图 10 - 7　用户界面模块布局

10.6.2 编排业务逻辑

业务逻辑是指应用程序中处理特定业务规则和操作的部分，它定义了应用如何根据业务需求处理数据、执行操作以及进行决策，业务逻辑编排的本质就是搭建工作流，工作流是实现业务逻辑的一套指令集。在工作流中，节点是核心，代表具有独特功能的特定工具，例如处理数据、执行任务，工作流就是通过连接节点建立的一个无缝的操作链，指导数据在应用中的流动。工作流的复杂程度以及使用哪些资源是由业务逻辑决定的，业务逻辑越复杂，实现需要的工作和节点越多。Coze 平台提供了大模型、代码、意图识别、知识库写入与检索等丰富的工作流节点，以满足复杂的业务场景需求。除此之外，还可以通过使用变量、插件、知识库等方式与本地数据和线上数据进行集成。

注意：智能体工作流只能发布之后才能使用，而 AI 应用创建的工作流不需发布即可使用，而且默认只能在项目中使用，无法共享给其他项目使用。如果工作流想被其他项目使用，则需要将其复制或转移到资源库中，在资料库中的数据流仅仅只是执行了复制操作，新建了该工作流的副本，在项目中对工作流的修改不会同步更改到资源库中。

玲珑账 AI 应用最主要的业务逻辑是根据用户的输入，提取收支类别、交易金额、交易类别、交易日期、备注等信息。提取的信息一方面要用于 AI 对话展示给用户，另外一方面需要在数据库和飞书云文档中增加数据信息，这一业务逻辑在收支录入页面完成。收支录入业务逻辑流程图如图 10-8 所示。

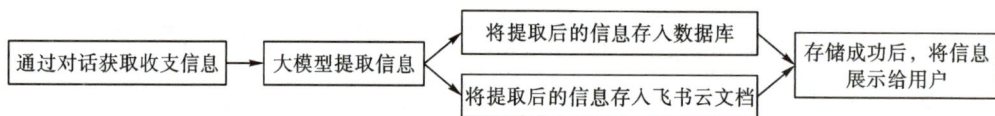

图 10-8　收支录入业务逻辑流程图

当数据已经存入数据库后，需要展示给用户的信息有：当日收入总额、当日支出总额、当月收入总额、当月支出总额、最近 5 条收支记录。这些信息需要展示在首页方便用户查看。数据展示业务逻辑流程图如图 10-9 所示。

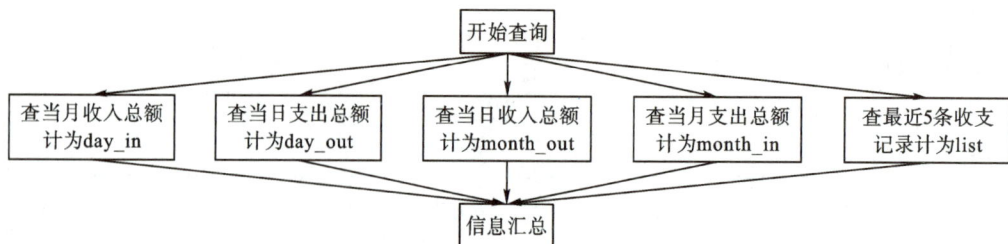

图 10-9　数据展示业务逻辑流程图

理解了业务逻辑之后，下面在 Coze 平台上通过工作流功能实现业务逻辑部分。

1. 实现信息提取

在业务流程面板中点击左侧资源列表中"工作流"右侧的"＋"按钮，如图 10 - 10 所示，选择"新建工作流"，在"创建工作流"弹窗中，填写工作流名称"record _ info"和工作流描述，创建一个名为"record _ info"的工作流，如图 10 - 11 所示。

图 10 - 10　新建工作流图　　　　　图 10 - 11　创建工作流弹窗

新建工作流后即进入工作流的编排面板，新建的工作流默认提供了一个开始节点和结束节点，开始节点是工作流的起始节点，用于设定启动工作流需要的输入信息。开始节点只有一个输入参数 input，表示用户在本轮对话中输入的原始内容。可以按需添加其他参数。结束节点是工作流的最终节点，用于返回工作流运行后的结果。结束节点支持两种返回方式，即返回变量和返回文本。节点支持的数据类型如表 10 - 1 所示，根据业务需求选择合适的数据类型。最常使用的数据类型是 String(字符串)。

表 10 - 1　节点支持的数据类型

数据类型	数据类型名称
String	字符串
Integer	整型
Number	数值
Boolean	布尔
Time	日期
Object	对象
Array	数组
File	文件

根据收支录入业务逻辑，通过对话获取收支信息后应将数据传递给大模型节点，由大模型节点完成提取信息的操作。加入一个大模型节点，单击"添加节点"选择大模型，将大模型节点与开始节点相连接。选中大模型节点，在右侧展开的大模型设置面

板中设置大模型节点，模型选择通义千问大模型，大模型的输入节点参数 input 引用开始节点的 input 参数，这样就完成了将用户发送的信息传递给大模型，如图 10-12 所示。

在设置大模型节点的顶部双击节点的名称，修改大模型节点的名称为"信息提取大模型"。设置大模型的输出参数分别为：info（整合好的信息）、usetype（使用类型）、amount（交易金额）、date（交易日期）、iotype（收支类别）、remark（备注），数据类型均设置为 String（字符串），如图 10-13 所示。

图 10-12　大模型输入参数设置

图 10-13　大模型输出参数设置

设置大模型的系统提示词如下：

＃角色

你是一位财务规划助理，能精准分类整理收支，可以从用户输入的信息中提取信息。

1. 根据{{input}}按收支类别（如支出、收入）准确分类。

2. 根据{{input}}按类别（如食品、购物、交通、生活费用、医疗、保险、金融、餐饮、通讯、其他、电子产品、物流、生活用品、教育、家庭支出、日用品、家居用品、个人护理、债务、人情来往、旅游、居家、服务、工资、转账、额外收入等）准确分类。

3. 根据{{input}}提取用户交易的主要用途。

4. 请根据"{{input}}"，以当天日期为基准，一步步分析产生交易的具体日期，并以变量 date 返回给用户。

5. 根据{{input}}提取用户交易金额，必须为正数。

6. 根据{{input}}提取用户交易目的，生成备注信息。

7. 根据{{input}}分析用户输入的信息，包括收支类别{{iotype}}、记账金额{{amount}}、产生交易的日期{{date}}、类别{{usetype}}、备注{{remark}}

8. 根据下列格式生成 info 信息

＝＝＝info 示例，严格按照下列格式，不要添加额外的信息＝＝＝

— 收支类别：{{iotype}}

— 金额：{{amount}}

— 类别：{{usetype}}

— 日期：{{date}}

— 备注：{{remark}} \ n

＝＝＝示例结束＝＝＝

　　输出参数 info 其实就是已经拼接好的展示给用户的信息，将信息提取大模型与结束节点相连，设置结束节点的输出参数 output 引用信息提取大模型的 info 参数，就可以将处理好的信息输出给用户。

　　单击底部的"试运行"按钮，以输入"早餐 5 元"为例查看目前的运行效果，如图 10 - 14 所示。

图 10 - 14　大模型提取信息试运行

　　仔细观察输出结果发现提取的日期是 2023 年，与发送对话信息的日期不符。期望的结果应该是：在没有写明具体日期时应该采用发送信息时的日期为交易日期，出现这个问题我们可以采用通过给大模型节点添加相关插件的方式，使其具备获取当前日期的功能。

　　选中信息提取大模型节点，单击技能面板右侧的"＋"按钮，在"选择工具"弹窗中搜索"时间日期"，添加"current _ time _ tool"工具和"time _ convert _ util"工具，如

图 10－15 所示。添加工具之后再次试运行会发现输出参数 date 就是当前发送信息的日期。

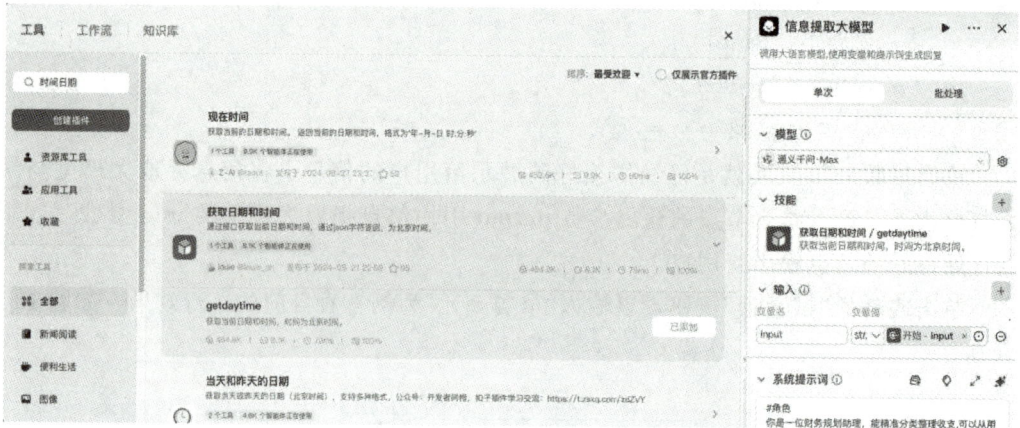

图 10－15　为大模型添加插件

2. 将提取后的信息存入数据库

选择页面左侧的数据库面板单击"＋"图标，新建名为"transactions"的数据库。单击"确定"按钮，进入"字段设置"页面。字段名可以采取之前信息提取大模型的输出字段：usetype（使用类型）、amount（交易金额）、date（交易日期）、iotype（收支类别）和 remark（备注）。字段类型仍旧选择 String，如图 10－16 所示。信息提取大模型的输出与数据库的字段一致可以方便我们后期使用。在实际开发过程中前端表单与后端逻辑操作采用的字段名称常常都是一致的，这样便于团队协作。

图 10－16　数据库字段设置

在工作流中添加数据库节点，将信息提取大模型与数据库节点相连接，单击**数据库节点**，在右侧的数据库节点设置面板中定义数据库的输入字段为 usetype（使用类型）、amount（交易金额）、date（交易日期）、iotype（收支类别）和 remark（备注），**数据类型是 String**，均引用信息提取大模型的同名输出字段，如图 10-17 所示。

单击数据表面板右侧的"＋"，绑定新增的 transactions 数据库。单击 SQL 面板右侧的星星图标，弹出"自动生成 SQL"弹窗，输入查询目标（提示词），单击弹窗中的星星图标，AI 会自动生成 SQL 代码，如图 10-18 所示。

图 10-17　数据库节点设置面板

图 10-18　自动生成 SQL 语句

提示词如下：

　　将输入字段组成一行数据添加到表中

大模型回答如下：

　　INSERT INTO transactions (usetype, amount, date, iotype, remark) VALUES ("，"，"，"，"）

将输入参数按顺序填入 VALUES 的小括号中。将 SQL 语句修改为如下内容：

　　INSERT INTO transactions (usetype, amount, date, iotype, remark) VALUES ('{{usetype}}', '{{amount}}', '{{date}}', '{{iotype}}' , '{{remark}}')

工作流中的节点必须全部相连才能运行。将数据库节点与结束节点相连，单击"试运行"，输入"早餐 5 元"，检测数据库节点是否正常运作。数据库运行成功界面如图 10-19 所示。

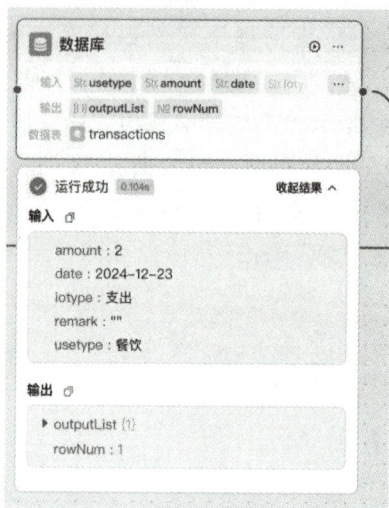

图 10 – 19　数据库运行成功界面

数据库节点虽然已经运行成功了，此时数据库仍旧没有数据。这是由于在开发阶段调试工作流时，数据库节点使用的是临时的草稿态数据，线上执行工作流时才会使用数据库中的真实数据。

3. 将提取后的信息存入飞书云文档

本项目采用了飞书多维文档来实现数据管理与查询模块，创建一个空白飞书文档后，在工作流中新增一个插件节点，添加飞书多维表格插件中的 add_records 工具，如图 10 – 20、图 10 – 21 所示。

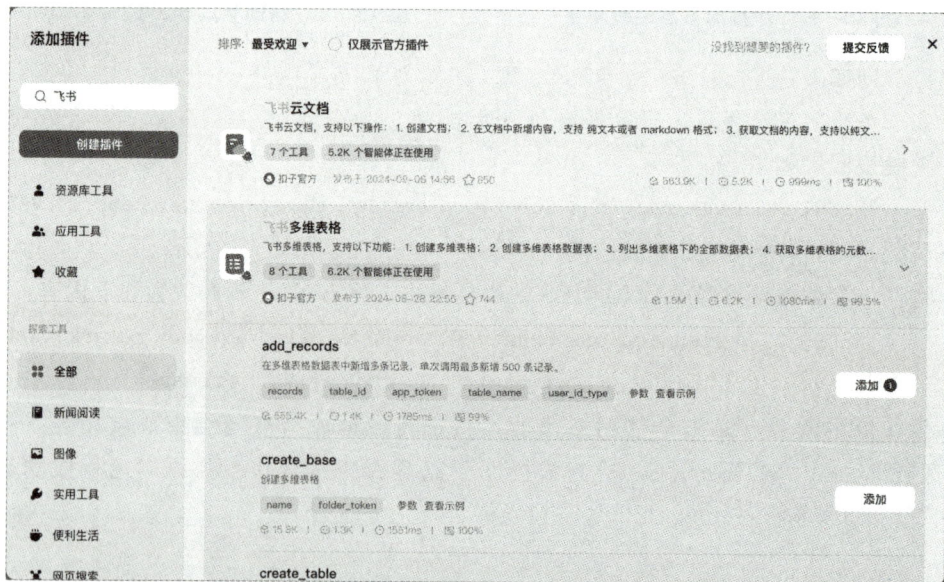

图 10 – 20　添加飞书插件

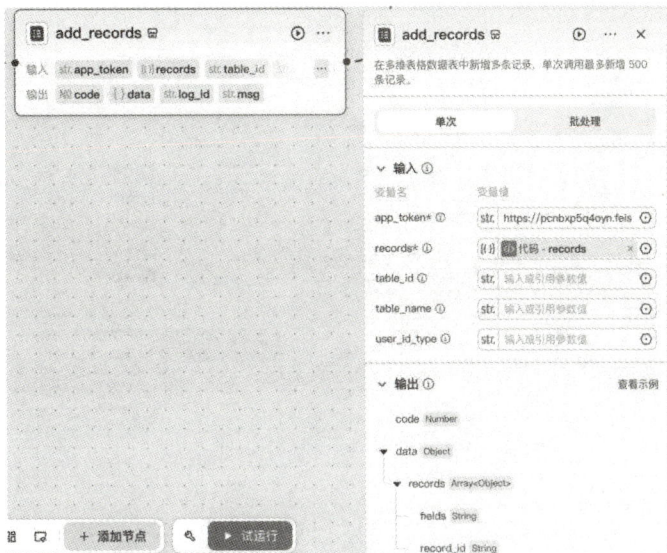

图 10-21　飞书插件节点

该插件有两个必填参数，分别是 app_token 和 records，app_token 可以是飞书文档的链接，records 是本次请求将要新增的记录列表，也就是说需要将提取好的信息按照 records 的格式要求进行填充。插件运行示例如图 10-22 所示。

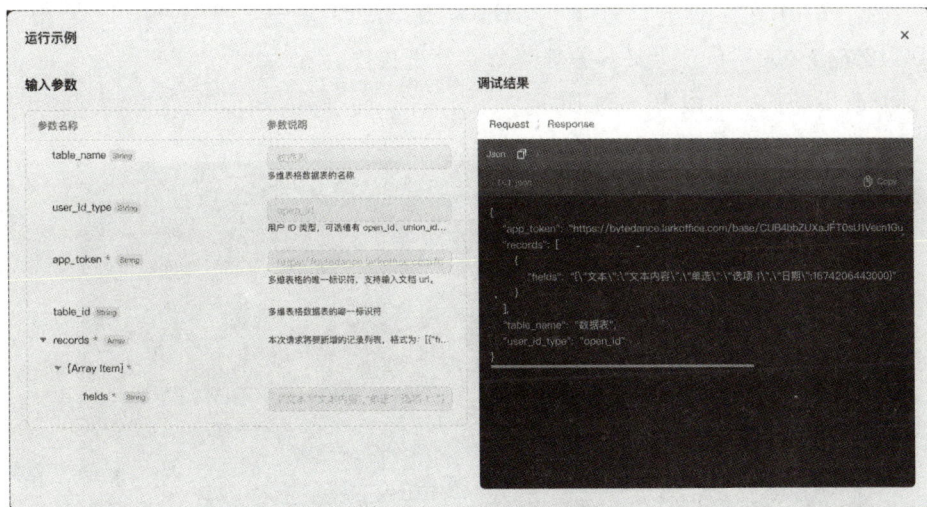

图 10-22　飞书插件运行示例

为了将大模型提取好的信息变为 records 规定的格式的信息，需要在流程图中加入一个代码节点。添加代码节点，将代码节点与信息提取大模型相连接。代码节点的输入参数为大模型的输出参数，分别是 usetype（使用类型）、amount（交易金额）、date（交易日期）、iotype（收支类别）和 remark（备注），均引用信息提取大模型的同名输出字段，如图 10-23 所示。代码节点的输入参数为 records，数据格式是 Array<Object>。

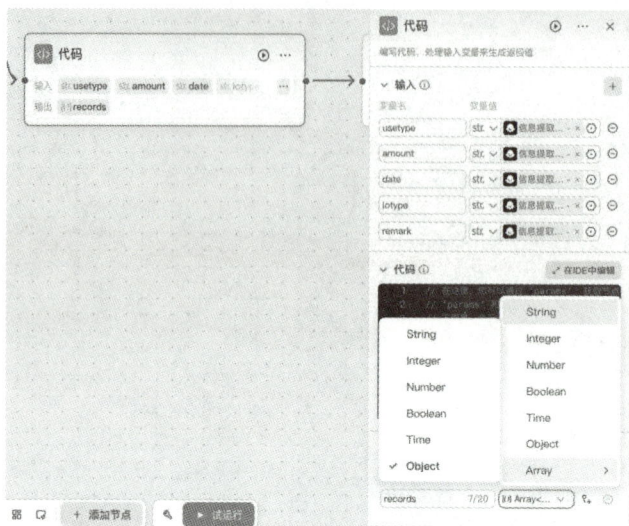

图 10-23 代码节点参数设置

设置好输入参数和输出参数后，单击"在 IDE 中编辑"按钮就可以写代码了。复制飞书运行示例中 records 相关的代码粘贴到 IDE 弹窗中，单击"尝试 AI+I"按钮，弹出 AI 提示词编写输入框，输入如下提示词：

将"fields"："{"文本"："文本内容"，"单选"："选项 1"，"日期"：1674206443000}"修改为更容易理解的字符串代码。

AI 修改后的代码如图 10-24 所示。

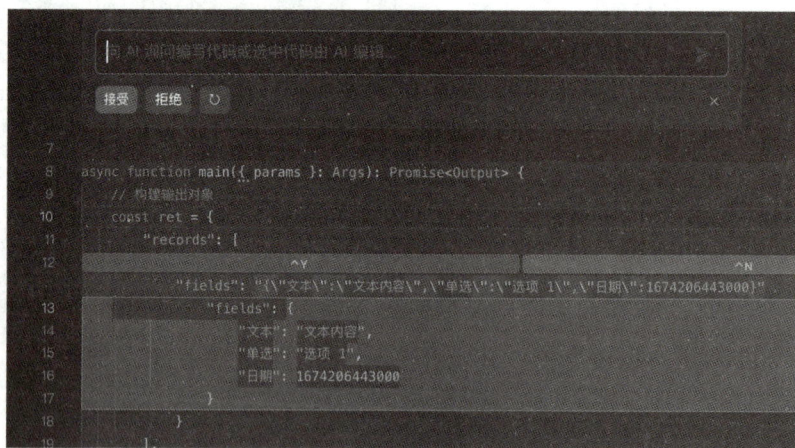

图 10-24 AI 修改代码

设计飞书云文档表头如图 10-25 所示，一共有 6 列，其中编号列是自动生成的，在新增数据时不需要填写。更改 fields 中的属性分别为：收支类别、类别、日期、金额和备注。修改后的代码如图 10-26 所示。

□	🔒☰编号	⊙收支类别	⊙类别	A≡日期	A≡金额	A≡备注

图 10-25　飞书云文档表头

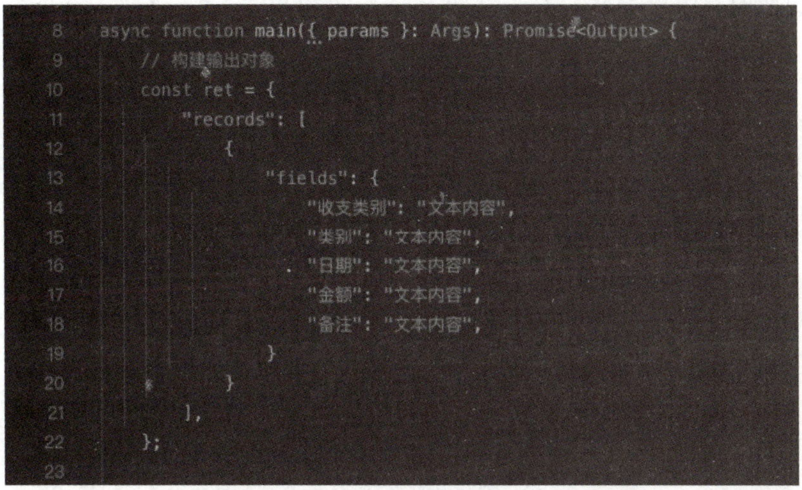

```
8    async function main({ params }: Args): Promise<Output> {
9        // 构建输出对象
10       const ret = {
11           "records": [
12               {
13                   "fields": {
14                       "收支类别": "文本内容",
15                       "类别": "文本内容",
16                       "日期": "文本内容",
17                       "金额": "文本内容",
18                       "备注": "文本内容",
19                   }
20               }
21           ],
22       };
23
```

图 10-26　修改代码更改 fields 中的属性名

在 IDE 弹窗中，先将光标定位在 fields 代码部分，单击"尝试 AI+I"，弹出 AI 提示词编写输入框，输入如下提示词：

　　将 fields 中的数据使用 params 的对应属性值进行填充，分别为：iotype(收支类别)、usetype(使用类型)、amount(交易金额)、date(交易日期)和 remark(备注)

选择接受 AI 生成的代码后，代码部分最终修改成了图 10-27 所示的内容。至此代码节点已经设置完毕。

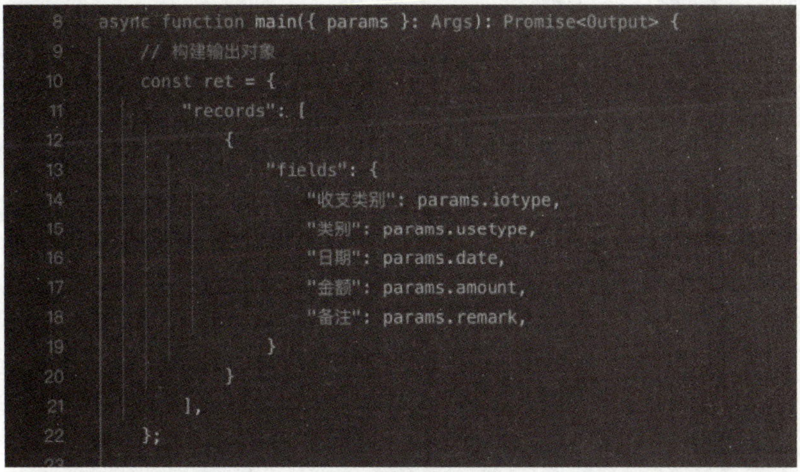

```
8    async function main({ params }: Args): Promise<Output> {
9        // 构建输出对象
10       const ret = {
11           "records": [
12               {
13                   "fields": {
14                       "收支类别": params.iotype,
15                       "类别": params.usetype,
16                       "日期": params.date,
17                       "金额": params.amount,
18                       "备注": params.remark,
19                   }
20               }
21           ],
22       };
23
```

图 10-27　修改代码更改 fields 中的属性值

将代码节点与 add_records 插件节点连接。设置 add_records 插件节点输入参数 record 引用代码节点的输出参数 record。app_token 参数设置为飞书文档的 URL 地址。

最后将 add_records 插件节点与结束节点相连接，单击"试运行"按钮，查看新增的两个节点是否运行成功。若显示代码节点运行成功，add_records 插件节点运行失败，在弹出的网页中单击"授权"，授权完毕后再次单击"试运行"，运行成功界面如图 10-28 所示。

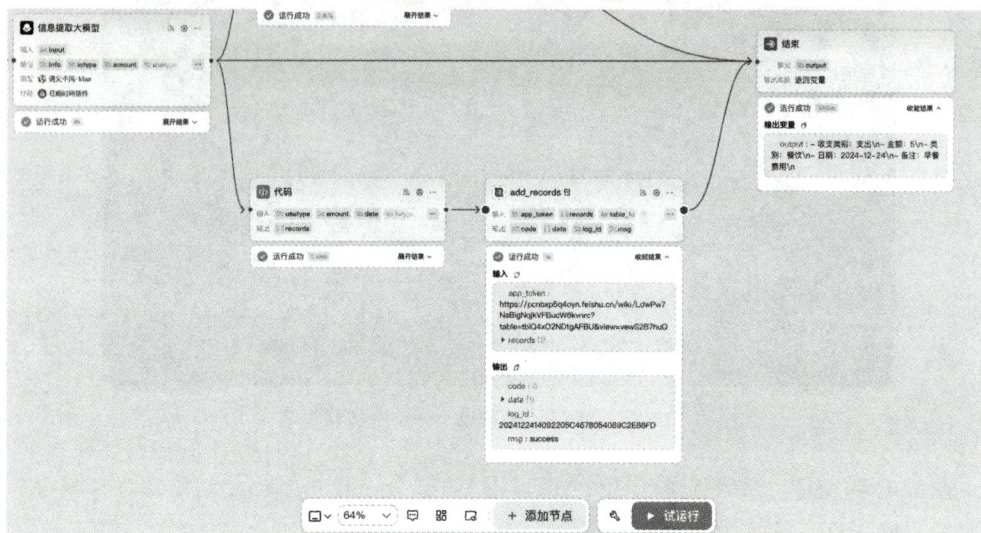

图 10-28　飞书云文档添加数据成功页面

查看飞书云文档中对应的数据表，表格中新增了一条试运行所发送的"早餐 5 元"产生的记录，如图 10-29 所示。

编号	收支类别	类别	日期	金额	备注	
1	支出	食品	2025-01-13	1	购买包子	

图 10-29　飞书云文档新增的记录

4. 查询数据

新建一个名为"search_table"的工作流。将工作流开始节点的输入参数名设置为"input"，在此案例中只完成最基础的查询数据库，并未涉及条件查询，因此查询数据库不需要用户提供信息，因此将开始节点的输入参数设置为非必填项（取消勾选必填的复选框），如图 10-30 所示。

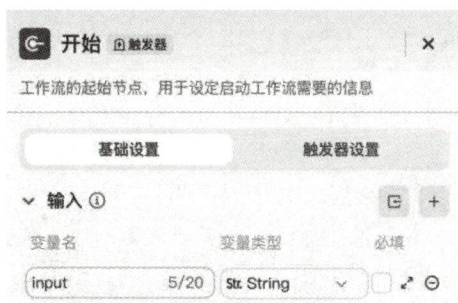

图 10-30　开始节点设置

　　该工作流需要完成的操作是查询数据库产生当日总收入、当日总支出、当月总收入、当月总支出、最近 5 条收支记录。因此需要 5 个数据库节点。添加 5 个数据库节点，将开始节点与每一个数据库节点连接起来，由于数据库节点不需要输入参数，因此删除数据库节点的输入参数，将每一个数据库节点与结束节点相连。为了便于试运行，将结束节点输出变量 output 的值设置为一个空格或者其他任意字符，不设置输出变量内容工作流将无法试运行。

　　单击新添加的数据库节点，在数据库节点设置面板，根据其完成的操作修改数据库节点的名称，在数据表面板添加数据表，单击 SQL 面板右侧的蓝色星星图标，在弹出的 AI 生成 SQL 的弹窗中输入提示语，生成 SQL 代码，如图 10-31 所示。单击"使用"按钮，SQL 代码就会填充在 SQL 设置面板内，如图 10-32 所示。按照这种方式依次设置五个数据库节点。

图 10-31　自动生成 SQL

图 10-32　查询当日总收入数据库节点设置

设置好五个数据库节点后，单击"试运行"，运行成功界面如图 10-33 所示。

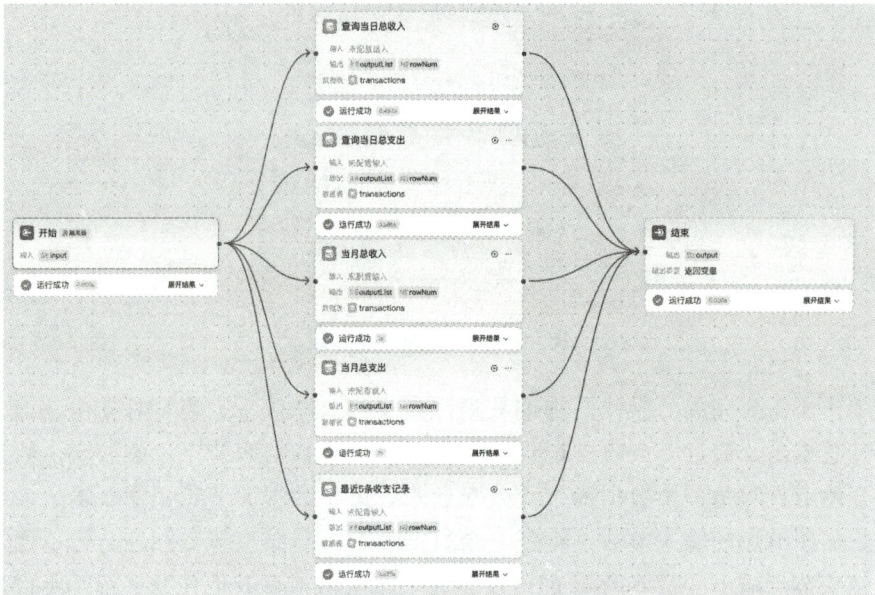

图 10 - 33　search_table 工作流运行成功

　　查询当日总支出的节点输出信息如下图所示。total_expense 就是当日总支出数据库统计的数据。现在我们需要考虑如何将数据库查询的数据输出，一般情况下把数据给结束节点就可以输出数据。但是当前结束节点只能访问到 outputList，访问不到 total_expense。如果想让结束节点直接访问到 total_expense，需要在数据库节点设置输出参数 outputList 处增加子项 total_expense，如图 10 - 34 所示。

　　其他三个数据库节点也需要进行同样的设置，查询最近 5 条收支记录数据库节点不需要设置该子项。需要额外注意的是由于每次 AI 生成的 SQL 语句可能会有所不同，因此需要根据数据库节点运行后的数据添加输出参数 outputList 的子项，如图 10 - 35 所示。

图 10 - 34　当日总支出数据库输出内容

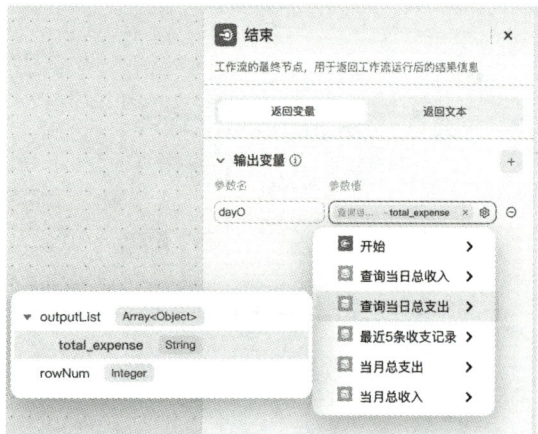

图 10 - 35　结束节点参数引用设置

最后设置结束节点的输出变量如表 10 - 2 所示。

表 10 - 2　结束节点输出参数对照表

参数名	引用值
dayI	查询当日总收入输出参数 outputList 的 total_income
dayO	查询当日总支出输出参数 outputList 的 total_expense
monthI	查询当月总收入输出参数 outputList 的 total_income
monthO	查询当月总支出输出参数 outputList 的 total_expense
list	查询最近 5 条收支记录输出参数 outputList

10.6.3　设计用户界面

单击顶部的"用户界面"按钮，切换为"界面设计"面板，选择 UI 搭建类型为"小程序和 H5"，如图 10 - 36 所示，进入 Coze 的用户界面编辑器。

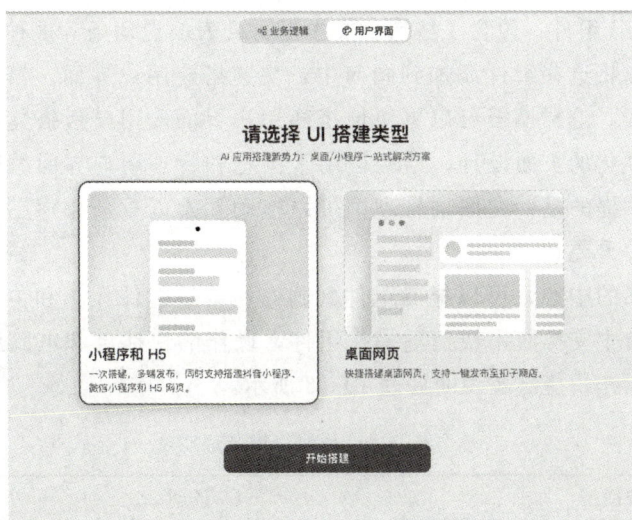

图 10 - 36　选择 UI 搭建类型

用户界面编辑器是一款高效的可视化页面搭建工具，在用户界面编辑器中可以通过拖放组件来构建用户界面布局，设置组件的属性和样式，为组件绑定事件，配置事件处理程序，调用 Coze 内各项资源，将界面编辑器与 Coze 的工作流、插件、知识库、数据库功能结合，开发出复杂的 AI 应用。用户界面编辑器由资源面板、画布以及属性面板组成，如图 10 - 37 所示。

图 10-37　用户界面编辑器

资源面板位于用户界面编辑器的最左侧，由组件栏、模版栏和结构栏组成。组件栏用于存放各种 UI 组件，包含了按钮、文本框、列表、滑动条等多种预制的 UI 组件。通过拖曳操作可以将这些组件添加到画布中，快速搭建用户界面。模板栏提供了一系列预设的页面模板，选择模板可以更快地搭建用户界面，用模板搭建的应用也可以按需修改，生成个性化的页面设计。结构栏用于浏览和管理用户界面编辑器中的不同页面和图层，值得一提的是，在图层管理中可以拖动元素以重新排序图层，这对搭建复杂的页面元素至关重要。

画布位于界面的中心，可以拖曳组件到画布、调整组件大小和位置、设置布局和层次结构。在画布中支持使用快捷键操作组件，操作的快捷键和电脑中操作文件的快捷键类似，具体操作快捷键及说明如表 10-3 所示。

表 10-3　操作快捷键及说明

操作	Windows 快捷键	说明
复制	Ctrl+C	复制组件。复制组件时会复制组件及其所有属性，复制容器类组件，会复制容器类组件及其子组件。复制组件后，系统将根据用户后续的鼠标操作确定粘贴位置，具体如下： ①如果鼠标未点击选中其他组件，会将复制的组件粘贴到同级位置。 ②如果鼠标选中了另一个容器类组件，会将复制的组件粘贴到选中的容器类组件中。 ③如果鼠标单击选中了另一个非容器类组件，会将复制的组件粘贴到选中组件的同级位置
粘贴	Ctrl+C	将剪贴板中的组件或页面插入到指定的位置

续表

操作	Windows 快捷键	说明
撤销	Ctrl＋C	撤销最近一次或几次操作
重做	Ctrl＋Shift＋Z	重新执行刚刚被撤销的操作
剪切	Ctrl＋X	剪切操作会移动选中的组件到剪贴板，同时从原始位置删除该组件

　　属性面板位于界面的最右侧，用于调整选中组件的样式属性和交互事件。在画布中选中一个组件时，属性面板会显示该组件的所有可配置项，可以通过属性面板精细化配置每个组件的外观和动作，实现高度定制化的页面设计。

　　使用用户界面编辑器搭建用户界面的流程如图 10-38 所示。

1 创建页面 → 2 添加组件 → 3 设置组件内容参数 → 4 设置组件属性和事件 → 5 预览页面

图 10-38　用户界面编辑器使用流程

　　使用用户界面编辑器搭建用户界面，首先需要创建一个新页面，然后在页面中添加所需的组件，如果在页面中添加了输入型的组件，例如文本、多行文本、按钮，则需要为这些组件配置内容参数。如果需要让页面具有交互性，则需为组件设置属性和绑定事件。

1. 构建首页页面——文字数据展示

　　Coze 在初始化用户界面编辑器时已经创建好了首页页面，可以按照首页设计图将对应的组件拖入首页页面中。从左侧资源面板的组件栏中找到文本组件，将文本组件拖入首页页面中，选中文本组件，在组件设置面板中将"常用设置类别"中的内容设置为"玲珑账"，字号为 40 px、行高为 60 px。在尺寸类别里将宽度设置为"填充容器"，Coze 自动把宽度设成百分比 100%，这是由于在用户界面编辑器中使用相对单位时，会以其父容器作为参照，当设置宽度为填充容器时，该组件会将父容器的水平方向剩余空间填满，每个组件默认独立一行显示，因此在当前文本组件这一横行只有文本组件，文本组件将父容器水平方向空间填满，也就是参照父容器宽度的 100% 来设置组件，由于该文本组件的上一层级是页面，因此将该文本组件宽度设置为"填充容器"，可以实现文本整行显示的效果。

　　再拖入一个文本节点到首页页面中，选中文本组件，在设置面板中将常用设置类别中的内容设置为"每一次记账都是理财的觉醒，记账 H5 网页，引领您走向财务规划的新境界！"，在尺寸类别里将宽度设置为"填充容器"，让文本整行显示。将常用设置类别中的颜色设置为"＃5F9CEF"，设置自定义的颜色需要单击颜色设置输入框，在弹出的颜色选择弹窗中选择"自定义面板"，在该面板中设置特定的颜色，直接在常用设置类别中的颜色设置输入框中定义颜色是无效的。

　　目前已经完成了首页 APP 介绍部分，接下来完成今日收入和今日支出部分。今日收入和今日支出是水平平分布局，由于不同的手机设备其分辨率会有所不同，因此采用相对单位，实现根据设备的分辨率自动计算平分宽度。向画布首页页面中拖入一个容器代表这一横行，在布局类别里将排列方向设置为"横向"，高度为"适应内容"，如图 10 - 39 所示，接着拖入两个容器（分别代表今日收入和今日支出）到横排容器中，在尺寸类别里将宽度设置为"填充容器"，高度为"适应内容"，如图 10 - 40 所示。

父容器的排列方向被修改为横向后，容器内的组件将不会独立一行显示，而是集中显示在一横排，此时设置容器内部仅有的两个组件宽度为"填充容器"，内部组件会平分父容器水平方向的空间。设置高度为"适应内容"可以让容器的高度根据内部组件自动变化，避免出现内部组件内容溢出现象。

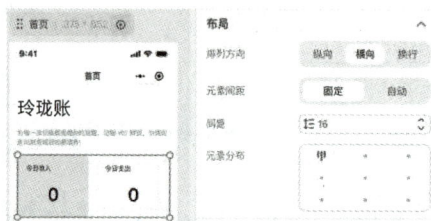

图 10 - 39　水平布局外层容器设置

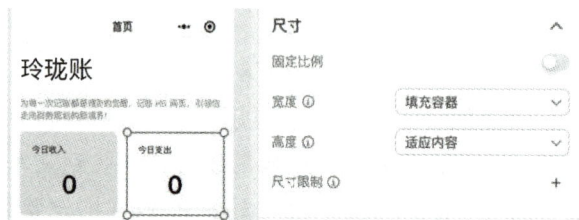

图 10 - 40　水平布局内层容器设置

左侧容器为今日收入部分，将容器样式类别中的填充颜色设置为"♯E0EEFF"，不透明度 100％，圆角 10 px，内边距为默认的 20 px。往左侧容器中拖入两个文本，第一个文本设置其"常用设置类别"中的内容为"今日收入"，在尺寸类别里将宽度设置为"填充容器"，这样可以让文本组件的区域为一整行，由于文本组件默认设置其水平对齐方式为左对齐，因此可以实现文本在父容器中居左显示。第二个文本设置其"常用设置类别"中的内容为"1000"、字重为特粗、字号为 40 px、行高为 60 px。

右侧容器为今日支出部分，将容器样式类别中的填充颜色设置为"♯FCFDFC"，不透明度 100％，圆角 10 px，内边距为默认的 20 px。往右侧容器中拖入两个文本，第一个文本设置其常用设置类别中的内容为"今日支出"，在尺寸类别里将宽度设置为"填充容器"，实现文本在父容器中居左显示。第二个文本设置其"常用设置类别"中的内容为"10"、字重为特粗、字号为 40 px、行高为 60 px。

选中外层的整排容器，将容器样式类别中的填充颜色删除，内边距设置为 0 px。

"本月累计收入和支出"这一行，是由文本拼接而成，默认情况下组件独立一行显示，不会拼接在一行显示，因此需要修改父容器的排列方式，而直接拖入页面的组件其父容器是页面，如果修改页面的排列方式会影响其他组件的布局，因此拖入一个容器组件将其作为"本月累计收入和支出"这一行的父容器，在布局类别里将排列方向设置为横向，容器样式类别中的填充颜色设置为"♯F3F7FD"，不透明度 100％，圆角 10 px，内边距为默认的 20 px。

向本月累计收入和支出容器中拖入文本组件，将常用设置类别中的内容设置为"本月累计："。在本月累计组件之后拖入第二个文本组件，将常用设置类别中的内容设置为"收入"，颜色为"♯3B82F6"，不透明度 100％。

在"收入"组件之后拖入图标组件，将常用设置类别中的来源设置为图标库中的 ArrowUp 上箭头图标，将尺寸类别中的宽度设置为固定 17 px。在图标组件之后拖入文本组件，将常用设置类别中的内容设置为"1212"，设置其容器样式类别中的左外边距为 10 px，或设置其左内边距为 10 px，如图 10 - 41 所示。此处以外边距为例子，如果直接在外边距设置的文本框中输入数字，代表着上下左右都设置边距，如果需要分别设置边距，则需要单击文本框右边的图标，按需填入设置的边距值。

图 10 - 41　设置左外边距

拖入文本组件，将"常用设置类别"中的内容设置为分割线："｜"，颜色为"♯86EFAC"，不透明度 100％，字重为特粗。设置容器样式类别中的左外边距为 10 px，右外边距为 10 px。

拖入文本组件，将"常用设置类别"中的内容设置为"支出"，颜色为"♯3B82F6"，不透明度 100％，设置容器样式类别中的左外边距为 10 px。

拖入图标组件，将"常用设置类别"中的内容设置为图标库中的 ArrowDown 上箭头图标，图标颜色为"♯3B82F6"，不透明度 100％，将尺寸类别中的宽度设置为固定 17 px。

拖入文本组件，将常用设置类别中的内容设置为"100"，设置容器样式类别中的左外边距为 10 px。

2. 构建首页页面——列表展示

将纵向列表拖入首页页面中，纵向列表是采用复制的形式去生成列表，操作列表每一个子项中的组件的内容都会同步修改到纵向列表的其他组件中。删除列表中默认的文本内容，选中任意一个列表子项中的文本内容，按住 Delete 键将其删除。

在纵向列表中展示的是每一次交易的卡片信息，该信息是由图标、日期、交易类型及金额三部分组成，展示形式是横排，因此需要修改父容器的排列方式为横排，选中纵向列表的任意一个子项，在布局类别里将排列方向设置为横向、间距为 0 px，容器样式类别中的填充颜色设置为"♯FCFDFC"，不透明度 100％，添加边框，自定义边框颜色为♯E2E8F0，粗细 1 px，样式实线。

子项里的布局是图标在左，日期在右，中间的收支展示占据剩余空间。

设置左侧的图标：向子项组件中拖入一个容器组件，将尺寸类别中的宽度设置为固定 50 px，高度设置为固定 50 px，将容器样式中的填充颜色设置为"♯EFF7FC"，不透明度 100％，再向该组件内拖入图标组件，将常用设置类别中的来源设置为图标库中的 Category 列表图标，图标颜色为"♯B1CBE9"。

设置中间的收支展示：向子项组件中拖入一个容器组件置于图标组件容器之后，因为中间的收支展示需要占据剩余空间，因此尺寸类别中的宽度设置为填充容器（占据父级容器的所有剩余空间），高度为适应内容。尺寸类别中的内边距设置为 0 px，左外边距设置为 10 px，删除填充颜色。设置其布局类别中的元素分布为左上，间距为 4 px，如图 10 - 42 所示，由于排列方式采用默认的纵向，因此在该容器中的组件会独立一行显示，组件与组件之间的垂直间隔为 4 px。

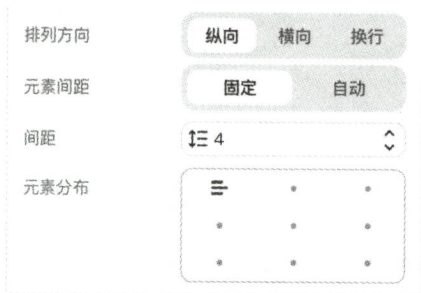

图 10 - 42　设置纵向分布

向该组件中拖入三个文本组件：

第一个文本组件将其常用设置类别中的内容设置为："支出餐饮"，颜色♯3B82F6，不透明度 100％。

第二个文本应该实现的效果是一条横线，可以用多种方式实现，此处采用描边的方式实现。将组件常用设置类别中的内容设置为""""（一个空格），用一个空格占位，否则文本组件内会显示默认提示内容。字号设置为 0 px，但由于系统内部限制，设置字号为 0 px，会强制修改字号为 1 px，行高为 1 px。设置尺寸类别中的宽度为百分比 50％，高度固定 2 px。在容器样式类别中添加边框，自定义边框颜色为♯CBD5E1，粗细 1 px，样式实线。

第三个文本将其常用设置类别中的内容设置为"早餐 5 元"，颜色设置为"♯3B82F6"，不透明度 100％。

设置右侧的日期：向子项组件中拖入一个文本组件，将组件常用设置类别中的内容设置为"2025 - 01 - 01"，颜色为"♯3B82F6"，不透明度 100％。

3. 构建首页页面——底部"记账"按钮

首页底部是一个按钮，即使有超出页面滚动的部分，底部的按钮也还一直显示在页面的最下方，方便用户的使用。这样的需求不是默认的文档流（从上到下显示）可以实现的，要想实现这样的效果需要使用定位。在 Coze 中的定位类型有多种，分别是：相对定位、绝对定位、固定定位，各类型说明如表 10-4 所示。

表 10-4　定位类型

属性	说明
相对定位	元素根据父级容器的布局方式自动排列。 在堆叠布局下，元素自动向下或向右排列
绝对定位	元素相对于父级容器进行定位，可设置元素距离父元素上下左右的像素值，用于修改水平和垂直方向上的位置，也可以设置元素的图层顺序。 页面滚动时，元素会随页面内容一起滚动
固定定位	元素相对于浏览器窗口进行定位，可设置元素距离父元素上下左右的像素值，用于修改水平和垂直方向上的位置，也可以设置元素的图层顺序，一般用于固定元素在浏览器中显示的位置。 页面滚动时，可保持元素的位置不变

根据表格定位属性对应的说明分析可知，需要将按钮设置为固定定位。虽然直接将按钮设置为固定定位可以实现页面滚动时保持按钮的位置不变，但是由于按钮距离底部有一定的间隔，就会造成当有超出页面的内容时，会通过间隔显示出来，影响页面的美观，因此拖入一个容器到首页页面中，设置其位置类别中的类型为固定定位，距离底部 0 px，如图 10-43 所示。设置尺寸类别中的高度为"适应内容"，设置容器样式中的填充颜色为"♯FFFFFF"，不透明度 100%。

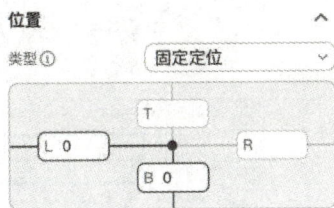

图 10-43　设置固定定位

将按钮拖入底部容器中，将常用设置类别中的按钮样式设置为描边，内容为："记账"，编辑文案样式设置为：字号 20 px，行高 30 px，字重粗体，颜色"♯3B82F6"。尺寸类别中的高度为适应内容。容器样式类别中的内边距为 10 px；添加边框，自定义边框颜色为"♯3B82F6"，粗细 1 px，样式实线；新增投影，自定义投影 x 偏移 4 px、y 偏移 4 px、模糊半径 4 px，颜色"♯E2E8F0"，不透明度 100%。

4. 构建收支录入页面

单击用户界面编辑器画布区域底部的新增按钮即可新增页面，如图 10 - 44 所示。选中新增的页面在其属性面板中设置其顶部区域页面标题为"收支录入"，关闭底部导航栏，设置容器样式中的内边距值为 0，如图 10 - 45 所示。设置内边距的意义就是设置组件内的间距，设置其内边距值为 0 也就是设置页面与其内部组件的间隔为 0。

收支录入页面需要让大模型提取信息，因此在左侧的组件面板中选择 AI 组件拖入收支录入页面中。这样就完成了收支录入页面的样式设置，十分快捷，这就是组件化开发，即拿即用。如果需要对 AI 组件设置个性化的内容，例如头像、名称、开场白等，需要先创建并绑定对话流。

图 10 - 44　设置页面标题

10.6.4　绑定数据和事件

1. 设置首页文本数据

设置今日收入的金额为数据库查到的数据涉及数据绑定，在 Coze 中设置数据的操作十分简单，选中今日收入容器中的内容为"1000"的文本节点，单击该文本组件常用设置类别里内容输入框右下角的 f(x) 图标，弹出数据绑定的下拉框，在下拉框中选择 Workflow（工作流），Workflow 中的 search_table 工作流的作用是查询数据库并输出数据，输出的变量有 dayI（当日总收入）、dayO（当日总支出）、monthI（当月总收入）、monthO（当月总支出）、list（最近 5 条收支记录）。选择 dayI，如图 10-45 所示，并将编辑器中之前填入的文本内容"1000"删除，这样就将数据库查到当日总收入数据绑定到了页面中，当今日收入有变动时，刷新页面后就会显示变动后的数据。

　　但是有时完成上述设置之后，页面上的文本内容变为了"请检查文本配置"，这是由于当前的工作流没有运行，访问到的输出变量不是可展示的内容。那如何操作让工作流运行起来呢？那就需要借助于事件，绑定事件自动运行工作流。在 Coze 中支持以下页面事件类型：页面加载时、页面退出时、下拉刷新时、滚动到底时、页面滚动时、点击分享时。如果需要每次打开页面自动运行工作流，需要使用的事件类型是页面加载时。打开页面后页面仅加载一次，当跳转到应用内的其他页面再返回到该页面时，不会再次加载页面，也就不会触发"页面加载时"事件。

　　选中页面，在右侧页面设置面板中切换到事件设置，新建一个事件，在新建事件弹窗中选择事件类型为"页面加载时"，执行动作为"调用工作流"，Workflow（工作流）选择 search_tanle，如图 10-46 所示，这样就设置好了，每当页面加载后会自动运行工作流。

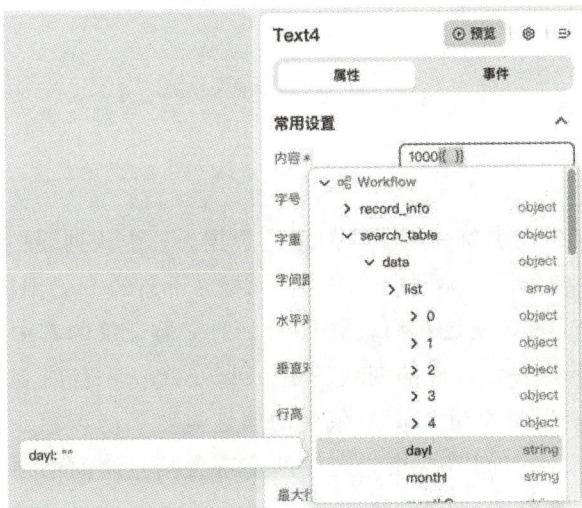

图 10-45　引用工作流中的变量　　　　图 10-46　设置页面事件

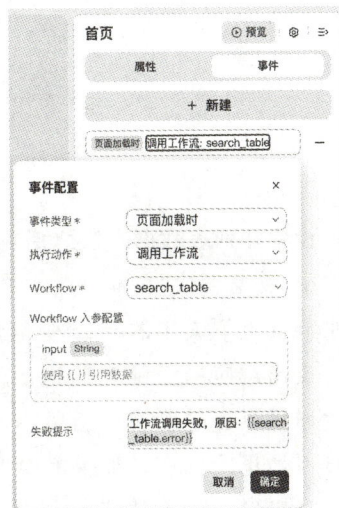

　　设置事件后，文本内容可能仍旧显示为"请检查文本配置"，这是由于今日还没有收入，数据库没有查询到收入记录，所以返回的内容为一个空字符串，所以 Coze 提醒"请检查文本配置"。

　　在现实生活中如果当日没有收入需要显示收入为 0，设置绑定的数据在没有内容时为 0，可以修改绑定的内容为：{{search_table.data.dayI | 0}}，中间的分隔符是"或"

的意思，属于运算符，因此需要使用英文符号，分隔符运算符可以实现当变量"search _ table. data. dayI"有值的时候输出变量"search _ table. data. dayI"的内容，当变量"search _ table. data. dayI"没有值或者值为"false"时，输出 0。设置成功后，今日收入中的金额显示 0。

用同样的方式分别绑定今日支出内容为：{{search _ table. data. dayO｜0}}，本月收入为：{{ search _ table. data. monthI ｜ 0}}，本月支出为：{{ search _ table. data. monthO｜0}}。

2. 设置首页列表数据

选中纵向列表，设置常用设置类别中的数据绑定为：search _ table. data. list，即工作流 search _ table 的输出数据 list，如图 10 - 47 所示。

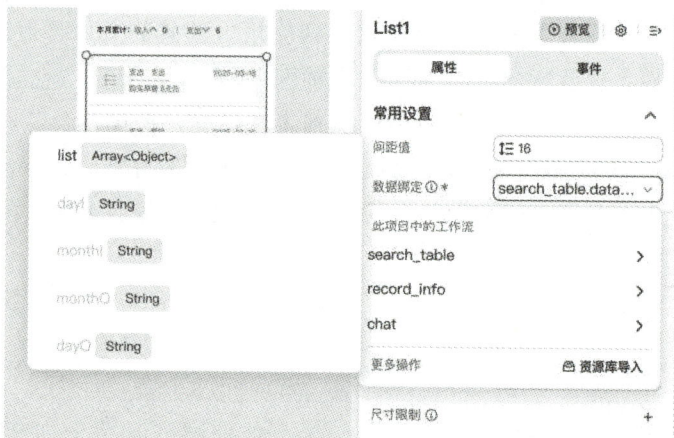

图 10 - 47 设置列表绑定数据

设置好列表数据绑定之后，绑定列表中每一个子项对应的数据。选中该列表任一子项中"支出餐饮"文本节点，单击其常用设置类别中的内容输入框右下角的 f(x)图标，选中局部上下文中的 item 变量，item 变量就是我们查到近期 5 条交易记录的其中一条，支出对应的变量就是 item. iotype，餐饮对应的变量就是 item. usetype，目前 Coze 平台通过点击的形式只能选择 item，想要引用 item 对象中的属性需要手动填写双大括号{{}}里的内容。如果需要两个文本中间有空格，则在两个双大括号之间添加空格。"支出餐饮"文本节点设置的文本内容应为"{{item. iotype}} {{item. usetype}}"，如图 10 - 48 所示。

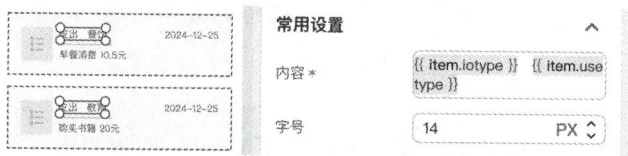

图 10 - 48 设置"支出餐饮"文本节点内容

选中该列表子项中"早餐 5 元",早餐对应的变量就是 item. remark,5 对应的变量就是 amount,最后元字需要手动输入。设置文本内容应为"{{ item. remark }}{{ item. amount }}元",如图 10 - 49 所示。

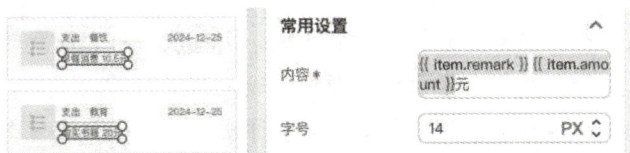

图 10 - 49　设置"早餐 5 元"文本节点内容

该列表子项中的日期"2025 - 01 - 01"文本节点,对应的变量是 item. date,设置文本节点的内容为:{{ item. date }},如图 10 - 50 所示。

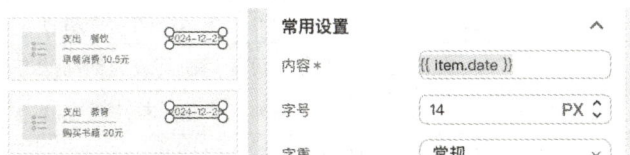

图 10 - 50　设置日期文本节点内容

3. 设置页面跳转

Coze 支持为组件配置事件,通过配置交互事件,用户界面可以实现多样化的交互效果。配置事件时,需要选择事件类型并指定执行动作。

事件类型定义了在何种用户操作或系统状态下会触发特定的响应,Coze 支持的事件类型如表 10 - 5 所示。

表 10 - 5　事件类型

属性	说明	属性	说明
加载时	当组件完全加载到页面时触发	鼠标按下时	当用户在组件上按下鼠标按键时触发
点击时	当用户点击组件时触发	鼠标释放时	当用户在组件上释放鼠标按键时触发
双击时	当用户双击组件时触发	点击单元格时	当用户点击列表单元格时触发
鼠标移动时	当鼠标在组件上移动时触发	提交时	当表单提交时触发
鼠标悬停时	当鼠标悬停在组件上时触发	提交失败时	当表单提交失败时触发
鼠标移出时	当鼠标从组件上移出时触发	数据改变时	当输入字段的内容改变时触发
鼠标进入时	当鼠标进入组件时触发	鼠标失焦时	当元素失去焦点时触发
鼠标离开时	当鼠标离开组件时触发	鼠标聚焦时	当元素获得焦点时触发

当某个预定义的事件被触发时，会执行一个预设的动作，这个动作是当事件发生时执行的具体任务，Coze 支持以下执行动作。

（1）调用 Workflow：为组件绑定工作流，当执行预定动作时，系统会自动调用绑定的工作流，执行相应的业务逻辑。

（2）跳转页面：组件能够控制页面间的导航，实现从一个页面跳转到另一个页面。

（3）展示提示：用于在用户执行特定操作时显示信息提示。

（4）控制组件：当执行动作为控制组件时，通常会调用一个或多个组件方法来完成所需的功能。组件方法是组件提供的具体功能实现，它们是内置的。Coze 的组件支持的方法如表 10-6 所示。

表 10-6　事件类型

属性	说明
失焦	使组件失去焦点，通常用于文本输入类组件
聚焦	将焦点设置到指定的组件，使其成为活动状态
清除	清除组件的内容，例如文本输入框中的文字
清除验证	移除组件上的所有验证错误信息
验证	检查组件的当前值是否符合预设的验证规则
重置	将组件恢复到初始状态
滚动到视图	将组件滚动到可视区域内
设置数据	为组件设置或更新数据
设置禁用	使组件变为禁用状态，用户无法与之交互
设置隐藏	隐藏组件，使其不可见
复制到剪切板	复制文本内容到剪切板
将容器内容保存为图片	将容器组件中的内容保存为图片
下载到本地	支持下载图片、音频到本地

每个组件的执行动作都包含调用工作流、跳转页面、控制组件和展示提示，但不同组件支持的事件类型和方法不同，常用的文本组件和按钮组件支持的事件类型只有点击时和加载时。文本节点支持的组件方法有：清除、滚动到视图、设置内容、复制到剪切板、设置隐藏。按钮节点支持的组件方法有：滚动到视图、设置内容、设置禁用、设置加载、复制到剪切板、设置隐藏。

单击首页底部的记账按钮应跳转到收支录入页面，选中记账按钮，将组件设置切换到事件面板，新建事件，在事件配置弹出框中选择事件类型为单击时，执行动作为页面跳转，页面类型为内部页面，选择页面 2，如图 10-51 所示。这样单击记账按钮就可以跳转到收支录入页面了。

图 10-51　设置页面跳转

4. 设置 AI 对话流

选中收支录入页面中的 AI 对话组件，在设置面板中有一个必填项对话流。在页面中和大模型进行对话需要绑定对话流。对话流属于资源，和工作流一样，可以在业务逻辑面板中创建，因此回到业务逻辑面板，单击工作流右侧的＋（添加）图标，新建一个名为 chat 的对话流，对话流描述设置为"为收支录入提供对话流"。

在对话流中新增一个工作流节点，添加 record_info 工作流到对话流中，将开始节点与工作流节点相连，设置工作流输入参数 input 引用开始节点的参数 USER_INPUT。将工作流与结束节点相连接，设置结束节点的输出变量 output 引用 record_info 工作流节点的参数 output，如图 10-52 所示。

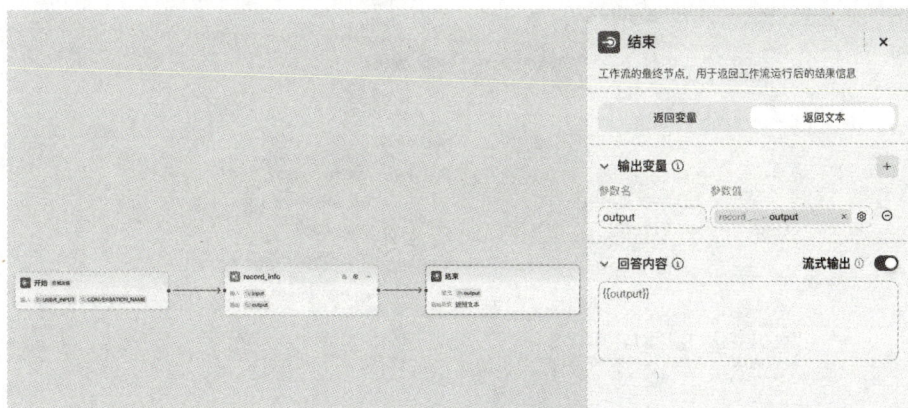

图 10-52　对话流结束节点设置

结束节点是工作流的最终节点，用于返回工作流运行后的结果。结束节点支持两种返回方式，即返回变量和返回文本。具体说明如表 10-7 所示。

表 10 - 7　结束节点返回方式

属性	说明
返回变量	返回变量模式下，工作流运行结束后会以 JSON 格式输出所有返回参数，适用于工作流绑定卡片或作为子工作流的场景。如果工作流直接绑定了智能体，对话中触发了工作流时，大模型会自动总结 JSON 格式的内容，并以自然语言回复用户
返回文本	返回文本模式下，工作流运行结束后，智能体中的模型将直接使用指定的内容回复对话。回答内容中支持引用输出参数，引用方式为{{变量名}}，也可以设置流式输出，流式输出会解析 Markdown 语法并将输出内容逐字地显示在对话中

由于需要在对话中展示输出内容，因此输出节点选择"返回文本"的形式，设置回答内容为{{output}}，并开启流式输出，如图 10 - 53 所示。这样当遇到"/n"等字符时，对话会将其转换为换行等更加美观的文本格式。

点击画布下方的角色按钮，会展开角色配置弹窗可以个性化配置 AI 对话组件的头像、名称、开场白信息，设置角色信息分类中角色名称为"玲珑账"，上传角色头像或者点击角色头像旁的星号图标自动生成头像，设置开场分类中开场白文案为："hello! 我是您的智能记账小能手，可以帮您记录日常开销，请直接告诉我您的消费或者收入信息。"

切换到用户界面，选中收支录入页面中的 AI 对话组件，设置其对话设置分类中对话流为刚创建的 chat 对话流。在对话框中输入"买书 20 元"，对话流正常回复信息，如图 10 - 53 所示。

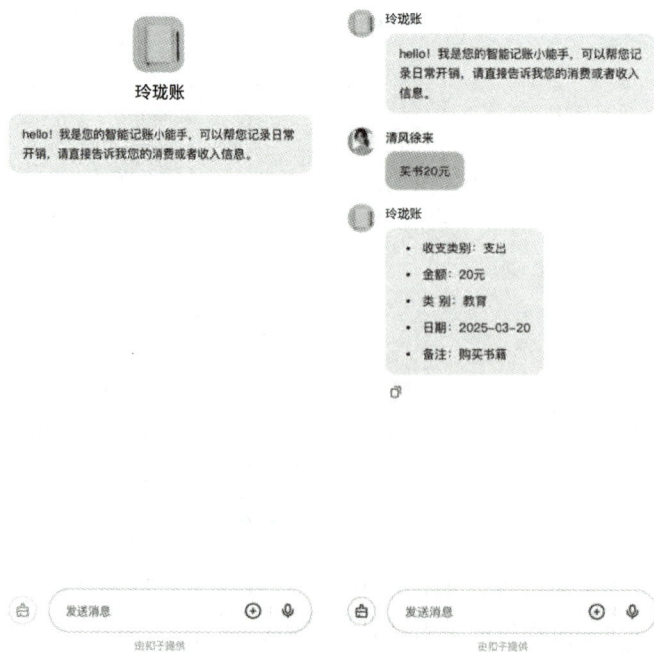

图 10 - 53　对话流测试

10.6.5 测试应用

测试的首要目的是保证应用程序的各项功能按照需求分析和系统设计说明书实现，通过各种测试手段，尽可能多地发现软件中的缺陷，包括功能缺陷、界面问题、性能瓶颈、安全漏洞等。软件开发的测试类型主要有以下几种，如表 10-8 所示。

表 10-8 软件开发的测试类型

类型	说明
单元测试	开发者在编写代码时，会对每个函数或模块进行单独的测试，以确保其按预期工作。这是保证软件质量的基础
集成测试	在软件开发的不同阶段，将各个模块集成在一起进行测试，以确保它们之间的交互符合预期
系统测试	对整个软件系统进行测试，包括功能测试、性能测试、安全测试等，以确保系统满足所有需求
验收测试	主要由用户或者代表用户的人员进行测试，以确定系统是否能够满足用户的业务需求和使用期望

在用户界面编辑器页面对某个模块单独测试实现单元测试，选中首页或者收支录入页面，单击右侧页面设置面板最顶部的预览按钮，即可在网页中展示出最终的 AI 应用效果，预览测试当前应用，验证页面效果，也可以分享给其他人一起测试该应用，进行集成测试。

10.6.6 发布应用

完成应用的开发和试运行后，可以发布到各个社交平台、通信软件，也可以通过 API 或 SDK 将 AI 应用集成到业务系统中，如图 10-54 所示。

发布 AI 项目时，Coze 平台会自动打包应用并提交后台审核，审核通过的应用会自动发布到指定的渠道中。

打包：Coze 平台会将工作流等所有资源进行统一打包，准备部署到指定的渠道。

Coze 审核：打包完成后，自动提交到 Coze 后台进行审核。后台根据 Coze 平台内容发布标准和规范，审核应用的内容。如果审核未通过，可以根据页面提示检查应用，修改后可以重新提交发布审核。

渠道审核与发布：除 Coze 后台审核外，AI 项目还会自动提交到发布渠道进行审核。各个发布渠道对于 AI 项目的审核标准和时效不同，请耐心等待审核结果。

发布后的应用如果需要更新应用，需要再次发布应用，Coze 平台再次打包审核，将应用的新功能更新到线上环境。

图 10-54　发布应用界面

本章总结

　　本章系统阐释了使用 AI 技术低代码开发 AI 应用，揭示了 AIGC 技术对传统软件工程的重构价值。通过剖析从需求分析、系统设计到界面开发的全流程智能化改造，我们验证了 AI 如何将自然语言需求转化为结构化技术方案。在 Coze 平台实践中，工作流编排引擎与可视化开发工具的结合，实现了业务逻辑的模块化构建与实时调试，而数据绑定机制和事件驱动设计则降低了前后端联动的技术门槛，形成从界面设计到服务部署的全链路闭环。随着低代码与 AIGC 的深度融合，软件开发正经历从"代码优先"转向"逻辑优先"，技术的平民化趋势将加速行业创新，而具备业务洞察力与 AI 协同开发能力的复合型人才，将成为驱动数字化转型的核心力量。持续跟踪技术演进、构建人机协作的新型开发范式，是把握智能时代机遇的关键。

综合实训

✦ AI 应用开发实训

一、实训目的

本次实训的核心目标在于借助先进的人工智能技术，深度融合功能强大的 Coze 平台，开展 AI 应用的开发实践。在实训过程中，系统且全面地学习 AI 应用开发的整体流程，使用用户界面编辑器完成应用页面的搭建，熟悉用户界面编辑器的各种功能和操作方法，选择合适的布局、样式和组件，以创建出美观、易用且符合用户习惯的应用。

二、实训内容

1. 常识问答游戏——趣答乐园

为了提升全民的知识水平和文化素养，请尝试使用 Coze 开发一个"趣答乐园"的常识问答游戏平台，利用 AI 技术生成题目并评估答案，展示用户的作答题目数量和答题准确率。旨在让参与者在游戏中学习，在学习中获得乐趣。

借助先进的人工智能(AI)技术，"趣答乐园"可以自动生成丰富多彩、难易适中的题目，涵盖历史、文学、艺术、哲学等多个领域，确保每位玩家都能找到适合自己兴趣点的内容。

2. 拓展玲珑账 AI 应用

在本章节所涉及的玲珑账 AI 应用中，其初始设定存在一定的局限性，即每次运行时仅能够记录一条消费数据。这种单一的记录模式，在一定程度上限制了该应用的使用效率和数据的丰富性。为了进一步优化玲珑账 AI 应用的功能，提升其实用性和灵活性，对玲珑账 AI 应用进行针对性的修改与完善，使得该应用在每次使用时，能够依据用户所输入的信息，准确且高效地记录多条消费数据。通过这样的改进，不仅可以大大提高数据记录的效率，减少用户重复操作的烦琐，还能为后续的数据分析和财务管理提供更为全面、丰富的数据支持。AI 对话回复效果示例如图 10-55 所示。

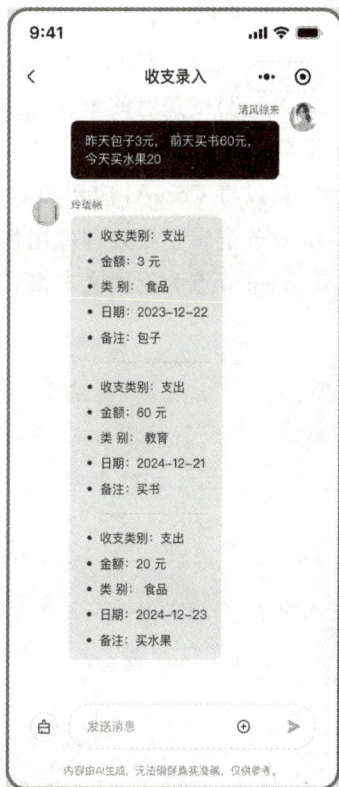

图 10-55　记录多条消费数据

课后练习题

一、选择题

1. 在 Coze 中资源列表不包含（　　　）。

A. 变量　　　　　　B. 插件　　　　　　C. 知识库　　　　　D. 电子邮件

2. 在开发过程中，如何确保 AI 应用运行符合预期（　　　）。

A. 通过理论分析　　　　　　　　B. 进行实时测试

C. 查看文档　　　　　　　　　　D. 咨询专家

3. 在业务逻辑编排中，工作流的本质是什么？（　　　）

A. 数据处理的高效算法　　　　　B. 实现业务逻辑的一套指令集

C. 用户交互的界面设计　　　　　D. 数据存储和管理

4. AI 工作流中的节点代表什么？（　　　）

A. 数据存储的位置　　　　　　　B. 具有独特功能的特定工具

C. 用户界面的元素　　　　　　　D. 网络安全的协议

5. 在 Windows 系统中，以下哪个快捷键用于复制组件及其所有属性？（　　　）

A. Ctrl＋V　　　　B. Ctrl＋C　　　　C. Ctrl＋Z　　　　D. Ctrl＋X

二、判断题

1. Ctrl＋Z 快捷键只能撤销最近一次操作，不能撤销几次操作。（　　　）

2. 单元测试是对整个软件系统进行测试，包括功能测试、性能测试、安全测试等，以确保系统满足所有需求。（　　　）

3. 可以将 CozeAI 应用的对话流和界面发布到飞书中。（　　　）

4. 业务逻辑主要处理应用程序中的特定业务规则和操作。（　　　）

5. 结束节点为返回文本模式下，工作流将使用指定的内容回复对话。（　　　）

第11章

信息安全与人工智能伦理

本章导读

在数字化时代，信息安全成为企业和个人关注的重点。随着人工智能技术的飞速发展，其在信息安全领域的应用也日益广泛。本章将探讨信息安全的基本概念及其威胁类型，并深入分析如何利用人工智能技术来提升信息安全水平。同时，还将讨论人工智能在信息安全领域所面临的挑战以及未来的发展趋势。

知识目标

◈掌握信息安全的基本概念及主要威胁类型。

◈学习人工智能在信息安全中的应用实例。

◈了解当前人工智能技术面临的主要挑战。

◈了解人工智能技术未来的发展方向。

能力目标

◈能够识别并描述常见的信息安全威胁。

◈能够正确认识人工智能对信息安全的影响。

◈具备使用人工智能工具保护信息系统安全的基本技能。

◈能够分析人工智能技术在信息安全领域的应用案例，评估其有效性和局限性。

素质目标

◈培养良好的信息安全意识。

◈树立正确的网络安全观。

◈增强社会责任感，认识到作为信息技术从业者在促进社会进步中应承担的责任。

◈激发创新意识，探索人工智能与信息安全结合的新思路、新方法。

11.1 信息安全威胁类型

11.1.1 人为因素威胁

1. 内部人员威胁

有意泄露：企业或组织内部的员工，出于经济利益、报复心理等，故意将单位的机密信息泄露给外部竞争对手或不法分子。

无意失误：员工由于缺乏安全意识，在操作过程中出现失误，进而使信息面临泄露风险。

2. 外部人员威胁

黑客攻击：黑客凭借自身掌握的技术，通过漏洞扫描与利用、社会工程学攻击、暴力破解等手段，入侵目标系统，窃取敏感信息、篡改数据或者破坏系统的正常运行。

拓展阅读

360 数字安全集团 2024 年 1 月 30 日发布《2023 年全球高级持续性威胁研究报告》（以下简称"报告"）。报告显示，中国 16 个行业深受 APT（advanced persistent threat，高级持续性威胁）（如图 11-1 所示）攻击影响，前五分别为：教育、政府、科研、国防军工、交通运输。

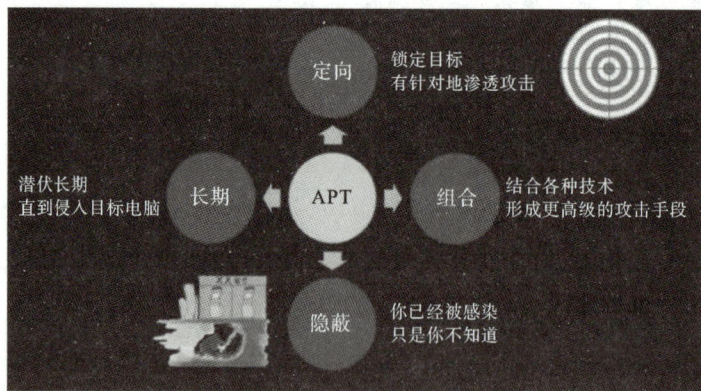

图 11-1 APT 的特点

据 360 安全云监测，我国是 APT 攻击活动主要受害国之一。360 全年监测到 13 个境外 APT 组织针对我国的 APT 攻击活动 1200 多起，相关 APT 组织主要归属北美、南亚、东南亚和东亚地区。

报告还显示，数字技术的发展也助推了网络攻击的深化、泛化，全球 APT 攻击活动进入新一轮活跃期。有安全专家对此表示，在人工智能、新能源电池、半导体、微电子、量子信息技术等关键核心技术领域，全球各国纷纷加快了产业布局和产能争夺。而多个 APT 组织针对我国芯片、5G 等高科技领域的攻击渗透，实际是配合其背后政治势力，在网络空间实施对我国高新技术发展的制约和打压。

这警醒我们，提高信息安全意识，高效率构建实战化安全防御体系，才能更好地应对日益复杂的网络安全挑战，保护国家关键基础设施和高科技领域发展成果。

网络诈骗：不法分子通过网络伪装成合法机构，编造虚假的事由，诱骗用户提供个人敏感信息，从而达到骗取钱财或非法获取信息的目的。

11.1.2　技术因素威胁

1. 恶意软件威胁

常见的恶意软件威胁有病毒、木马、蠕虫等，它们的行为模式如图 11-1 所示。

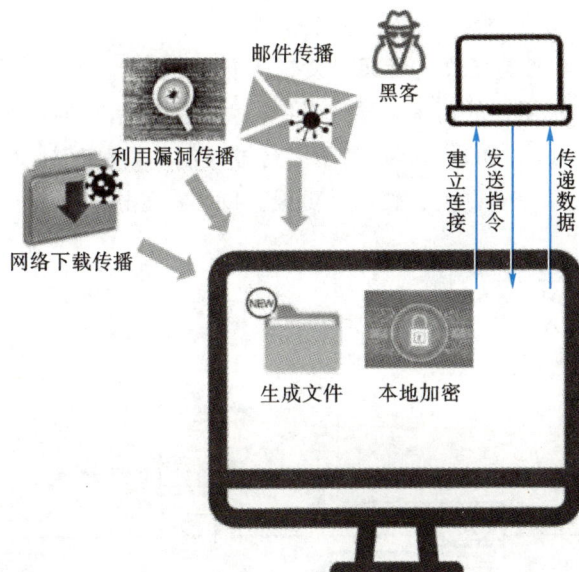

图 11-2　恶意软件的行为模式

病毒是一种能够自我复制、传播和破坏计算机系统或数据的程序代码，具有传染性、隐蔽性、寄生性和破坏性。

木马是一种隐藏在看似正常程序中的恶意软件，其目的是在用户不知情的情况下，在目标计算机上建立后门，以便黑客进行远程控制、窃取信息或执行其他恶意操作。

蠕虫是一种能够自我复制和独立运行的网络恶意软件，它利用系统漏洞或网络服务漏洞在网络中自动传播，对网络性能和系统安全造成严重影响。

三者的对比如表 11-1 所示。

表 11-1　病毒、蠕虫、木马的对比

项目	病毒	蠕虫	木马
存在形式	寄生	独立个体	有寄生性
复制机制	插入宿主程序中	自身拷贝	不自我复制
传染性	宿主程序运行	系统存在漏洞	依据载体或功能
传染目标	主要是针对本地文件	针对网络上其他计算机	人肉机或僵尸机
触发机制	计算机使用者	程序自身	远程控制
影响重点	文件系统	网络性能、系统性能	信息窃取或拒绝服务

2. 网络攻击威胁

常见的网络攻击威胁有拒绝服务攻击(DoS)、分布式拒绝服务攻击(DDoS)、SQL注入攻击、跨站脚本攻击(XSS)、中间人攻击等。

拒绝服务攻击(DoS)是指攻击者通过发送大量的请求流量，耗尽目标系统的资源，使其无法正常响应合法用户的请求，导致系统瘫痪，影响信息的正常访问和使用。

分布式拒绝服务攻击(DDoS)则是利用多台被控制的"僵尸"计算机(组成僵尸网络)同时向目标发起攻击，规模更大、破坏力更强。DDoS攻击过程如图 11-3 所示。

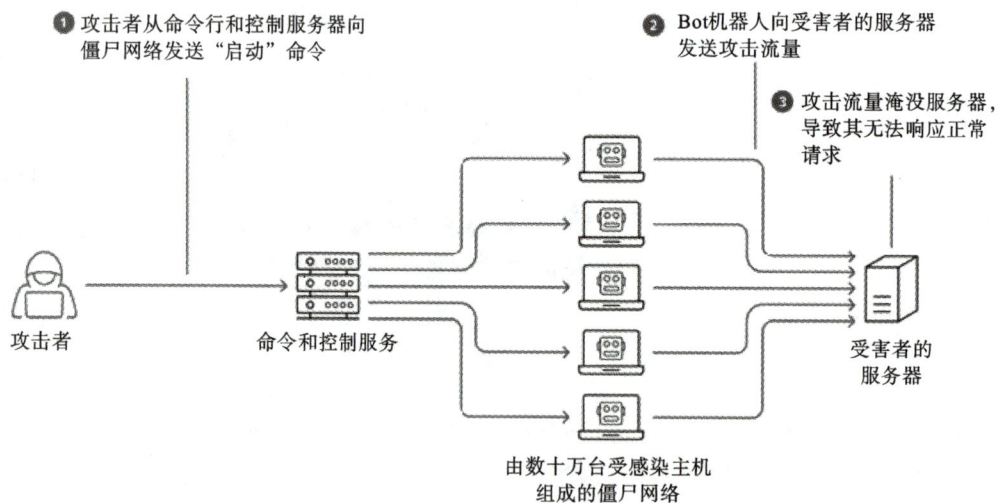

① 攻击者从命令行和控制服务器向僵尸网络发送"启动"命令　② Bot机器人向受害者的服务器发送攻击流量　③ 攻击流量淹没服务器，导致其无法响应正常请求

攻击者　命令和控制服务　由数十万台受感染主机组成的僵尸网络　受害者的服务器

图 11-3　DDoS 攻击过程

SQL 注入攻击是指攻击者在目标网站的输入框中输入恶意的 SQL 语句，利用网站漏洞，绕过认证机制，非法访问、篡改或删除数据库中的数据。

跨站脚本攻击是指攻击者将恶意脚本注入目标网站的页面中，当其他用户访问该页面时，浏览器会自动执行这些恶意脚本，窃取用户的信息或者对页面进行篡改。

中间人攻击是指攻击者在通信双方正常通信的过程中，拦截、篡改或伪造通信数据，而通信双方却误以为彼此在直接通信。

课堂练习

以下是一些社会工程学攻击的示例。你还知道或经历过哪些社会工程学攻击？

• 在社交媒体上借抽奖、求助等诱导填写个人信息或点击恶意链接

• 在公共场所丢带病毒 U 盘，诱使他人捡拾插入电脑，获取控制权

• 发布含隐私问题的问卷，以礼品、抽奖诱使填写，收集信息用于非法活动

11.1.3　物理因素威胁

1. 设备损坏

设备损坏是指由于各种外部或内部因素导致计算机硬件、存储设备、网络设备等关键设施无法正常运行，从而影响信息的存储、传输和处理。常见的设备损坏原因包括自然灾害、电力故障、意外事故、环境因素等。

2. 非法访问

非法访问是指未经授权的人员通过物理手段进入关键设施或接触重要设备，从而获取敏感信息或破坏系统的行为。

(1)直接窃取设备。不法分子可能通过非法闯入机房或数据中心，直接带走服务器、磁盘阵列等存储设备。

(2)拷贝数据。不法分子可能通过连接外部存储介质或使用便携式计算设备，将存储在服务器或终端上的数据复制到外部，从而实现信息窃取。

(3)篡改或破坏数据。非法访问者可能恶意修改或删除存储在设备中的数据，导致信息失真或系统崩溃。

(4)安装恶意硬件。不法分子还可能在关键设备上安装恶意硬件，以便长期监视系统运行状态，窃取敏感信息。

11.1.4　管理因素威胁

1. 安全策略不完善

(1)权限管理混乱。企业或组织如果没有设置完善的员工信息访问权限，可能使得敏感信息暴露在不必要的风险之下。

(2)缺乏数据保护措施要求。如果企业或组织没有将定期备份数据纳入安全策略，一旦遭遇硬件故障、自然灾害或者恶意攻击，可能导致巨大的损失。

(3)软件安装管控缺失。工作人员在工作过程中，为了满足某些临时需求，可能会从不可信的来源下载安装软件。若软件中携带木马病毒，就会威胁到整个单位的信息安全。

课堂练习

以下安装电脑软件的做法哪些是安全的，哪些是不安全的？

- 从软件的官方网站下载安装程序(安全/不安全)

- 在正规应用分发平台下载安装程序(安全/不安全)

- 在提供破解版软件的网站下载安装程序(安全/不安全)

- 点击陌生人分享的软件下载链接下载安装程序(安全/不安全)

- 授予软件请求的所有权限(安全/不安全)

- 谨慎授予涉及隐私或者可能影响电脑系统安全的权限请求(安全/不安全)

2. 安全培训不足

(1)安全意识淡薄。不了解常见的安全威胁以及应对方法的工作人员，就如同在战场上没有接受过军事训练的新兵，面对敌人的进攻将毫无招架之力，很容易引发信息安全事故。

(2)操作规范缺失。缺乏安全培训还导致工作人员在操作计算机等设备时不遵循必要的安全规范。

11.2　利用人工智能保护信息安全

11.2.1　人工智能保护信息安全的手段

1. 异常行为检测

(1)用户行为分析。人工智能可以通过对大量用户正常行为数据进行学习，构建用户行为画像。一旦发现与正常行为画像存在明显偏差的异常情况，及时发出预警，这有助于防范内部人员的违规操作或账号被盗用引发的信息泄露等问题。

(2)网络流量监测。借助人工智能算法分析网络流量的模式、流向、大小等特征，区分正常的网络通信和异常的流量行为。

2. 恶意软件检测与防范

(1)静态分析。使用人工智能技术能对软件的代码结构、字节码特征等进行深度分析。通过机器学习算法学习已知恶意软件和正常软件的代码特征差异，当面对新的可疑软件时，可快速判断其是否属于恶意软件，提前拦截恶意软件进入系统。

(2)动态分析。在沙箱等隔离环境中运行可疑程序，人工智能可以实时监控程序运行时的行为，如文件读写操作、网络连接行为、进程调用情况等。基于对大量恶意软件和正常软件运行行为数据的学习，判断正在运行的程序是否存在恶意行为，如图11-4所示。

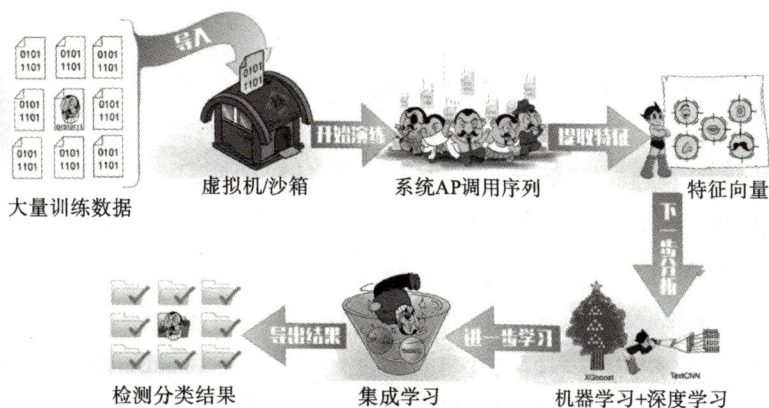

图 11-4　人工智能动态分析检测恶意软件的一般过程

3. 漏洞管理

（1）漏洞预测。人工智能可以分析软件源代码、历史漏洞数据以及系统配置等多方面信息，通过深度学习模型预测软件或系统中可能存在的安全漏洞。

（2）漏洞修复建议。在发现漏洞后，人工智能不仅能确定漏洞所在位置，还能根据漏洞的类型、所在系统环境等因素，给出具体的修复建议。

拓展阅读

2024 年 3 月 21 日，GitHub 推出了代码扫描自动修复（code scanning autofix）功能的首个测试版，如图 11-5 所示。该 AI 工具结合了 GitHub Copilot 的实时功能和 CodeQL 语义分析引擎，可以帮助开发者在编码的同时自动发现并修复安全漏洞。

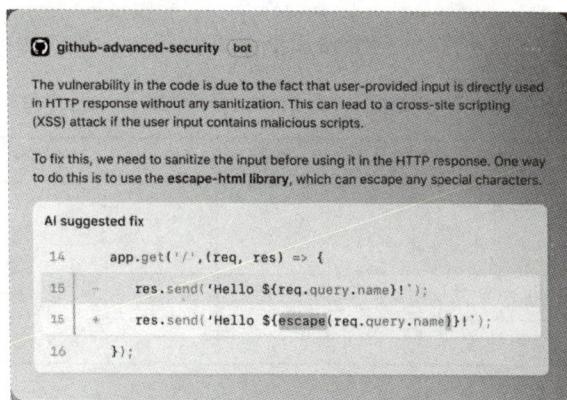

图 11-5　GitHub 代码扫描自动修复工具

据 GitHub 介绍，这个功能能够修复三分之二以上的代码漏洞，而且大多数情况下开发者甚至无需自己动手修改代码。目前，代码扫描自动修复功能支持 JavaScript、TypeScript、Java 和 Python 等主流编程语言，能够覆盖这些语言中 90% 以上的常见漏洞类型。

4. 访问控制优化

(1)基于情境的动态授权。人工智能能综合考虑多种因素,如用户当前所处的地理位置、使用的设备类型、当前网络环境以及业务需求等,实时调整用户的访问权限。

(2)权限合规性检查。通过分析企业或组织内的权限分配情况以及相关的信息安全政策、法规要求,人工智能可以自动检查权限分配是否合规。

5. 威胁情报分析

威胁情报在网络安全体系中具有重要地位,依托威胁情报,可以有的放矢地加强安全防护,降低安全建设成本,提高安全运营效率。威胁情报的生命周期包括分析目标规划、威胁情报收集、威胁情报处理、威胁情报分析、威胁预测与预警等阶段,如图 11-6 所示。

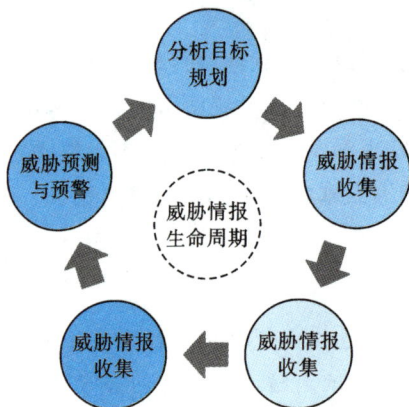

图 11-6 威胁情报生命周期

人工智能技术贯穿威胁情报的全生命周期,其在各阶段的应用如表 11-2 所示。

表 11-2 AI 技术在威胁情报生命周期各阶段的应用

人工智能技术	规划	收集	处理	分析	传播	反馈
分类、聚类、关联、预测分析等机器学习算法			√	√		√
智能推荐系统(优先级排序)	√	√	√	√	√	√
自然语言处理、图像和视频处理		√	√	√		√

自然语言处理技术在数据收集、处理、分析和趋势预测的速度和效率,计算机视觉技术拓宽了情报获取渠道和分析方式,同时与自然语言处理技术相辅相成,以增强数据的可靠性、全面性,人工智能技术也使得威胁情报数据处理、分析、传播和反馈更加可视化,更能从全局和系统视角分析威胁和预测风险,充分利用了历史数据、先验知识,通过模型训练和迭代不断进化,建立真正的网络安全智慧大脑。

11.2.2　体验华为云 Web 应用防火墙

1. 开通华为云 Web 应用防火墙服务

（1）注册与登录华为云账号。访问华为云官方网站，若没有账号，按照注册流程完成注册，之后使用账号登录到华为云控制台。

（2）进入产品页面并开通服务。在华为云控制台中，通过搜索栏查找"Web 应用防火墙"服务，点击进入该服务的产品页面。然后根据页面提示，选择合适的计费模式，如图 11-7 所示，配置相应的资源参数，如图 11-8 所示，完成服务开通的操作。

图 11-7　选择华为云 WAF 基础配置

图 11-8　选择华为云 WAF 版本规格

2. 添加防护域名

（1）进入域名管理界面。服务开通后，在华为云 Web 应用防火墙控制台左侧导航树中，选择"网站设置"，进入网站设置列表，如图 11-9 所示。

图 11-9　打开"网站设置"列表

（2）在网站列表的左上角，单击"添加防护网站"。选择"云模式-CNAME 接入"并单击"开始配置"。根据界面提示，配置网站信息，如图 11-10 所示。

图 11-10　配置网站基础信息

（3）单击"下一步"，添加域名完成，弹出如图 11-11 所示提示页面。

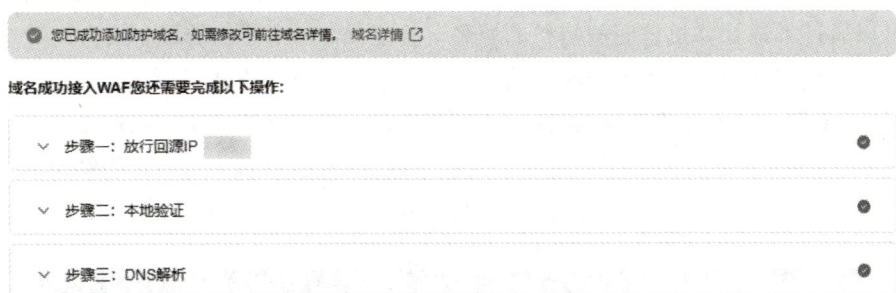

图 11 - 11　添加域名完成页面

3. 放行回源 IP

回源 IP 是 WAF 转发正常客户端请求到服务器时用的源 IP，在服务器看来，接入 WAF 后所有源 IP 都会变成 WAF 的回源 IP，而真实的客户端地址会被加在 HTTP 头部的 XFF 字段中。具体步骤如下。

（1）获取 WAF 的回源 IP。展开"步骤一：放行回源 IP"，单击右侧图标，复制所有回源 IP，如图 11 - 12 所示。

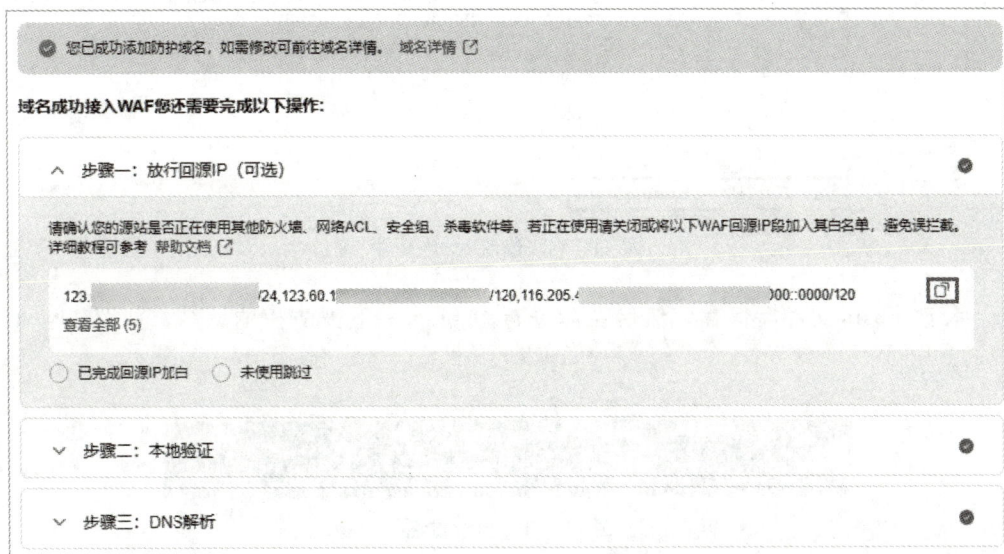

图 11 - 12　复制回源 IP

（2）打开源站服务器上的安全软件，将复制的 IP 段添加到白名单，勾选"已完成回源 IP 加白"。

4. 本地验证

修改本地计算机的 hosts 文件，设置本地计算机的域名寻址映射（仅对本地计算机生效的 DNS 解析记录），在本地计算机上将网站域名的解析指向 WAF 的 IP 地址。这样就可以通过本地计算机访问被防护的域名，验证 WAF 中添加的域名接入设置是否正确有效，避免域名接入配置异常导致网站访问异常。具体操作如下。

展开"步骤二：本地验证"，在弹出的页面中复制 CNAME 值（xxxxxxx.com）。

在 Windows 中打开 CMD 命令行工具，运行 ping xxxxxxx.com，获取 WAF 的接入 IP。如图 11-13 所示，在响应结果中可以看到用来防护域名的 WAF 接入 IP。

图 11-13　ping CNAME

用文本编辑器打开 hosts 文件（"C：\ Windows \ System32 \ drivers \ etc \ "），将域名及 CNAME 对应的 WAF 接入 IP 添加到 hosts 文件，如图 11-14 所示。

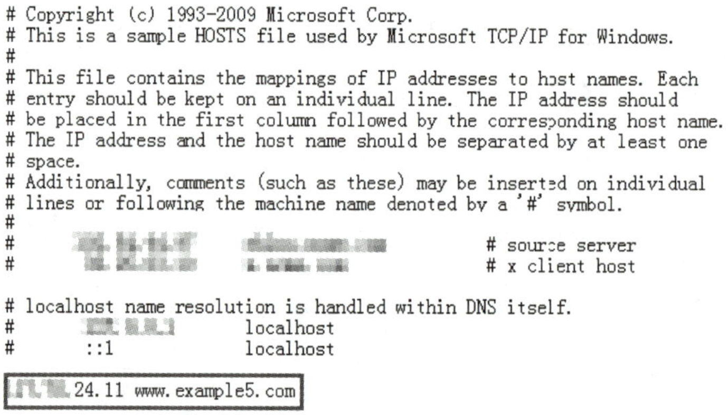

图 11-14　修改 hosts 文件

修改 hosts 文件后保存，然后在命令行中 ping 一下被防护的域名，如图 11-15 所示。

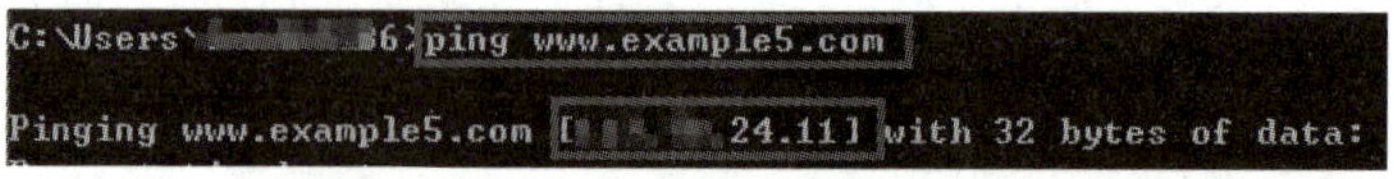

图 11-15　ping 域名

在浏览器中输入防护域名，测试网站域名是否能正常访问。如果 hosts 绑定已经生效（域名已经本地解析为 WAF 回源 IP）且 WAF 的配置正确，访问该域名，预期网站能够正常打开。

将 Web 基础防护的状态设置为"拦截"模式。清理浏览器缓存，在浏览器中输入模拟 SQL 注入攻击的测试域名，测试 WAF 是否拦截了此条攻击，访问被拦截的界面如图 11-16 所示。

图 11 - 16　访问被拦截

　　在左侧导航树中，选择"防护事件"，进入"防护事件"页面，查看防护域名测试的各项数据。

　　完成上述步骤后，勾选"已完成本地验证"。

5. 修改域名 DNS 解析设置

　　将域名添加到 WAF 后，WAF 作为一个反向代理存在于客户端和服务器之间，服务器的真实 IP 被隐藏起来，Web 访问者只能看到 WAF 的 IP 地址，所以还必须将域名的 DNS 解析指向 WAF 提供的 CNAME 地址，才可以使域名的 Web 请求解析到 WAF 进行安全防护。本地验证通过后，您需要在 DNS 服务商处修改 DNS 解析设置，将网站的 Web 请求解析到 WAF 进行安全防护。具体步骤如下。

　　(1)展开"步骤三：DNS 解析"，复制 CNAME 值。

　　(2)修改域名 DNS 解析为 WAF 的 CNAME 值。

　　(3)单击页面左上方的██图标，选择"网络"→"云解析服务 DNS"。在左侧导航栏中，选择"公网域名"，进入"公网域名"页面。在目标域名所在行的"操作"列，单击"管理解析"，进入"解析记录"页面，如图 11 - 17 所示。

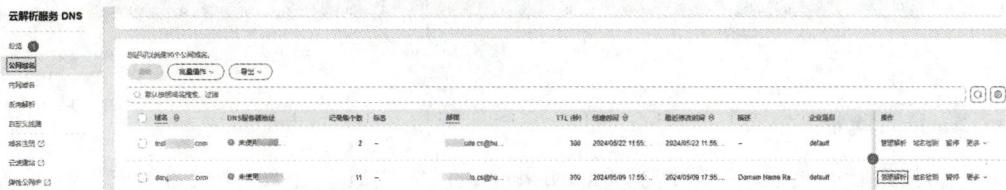

图 11 - 17　解析记录页面

　　(4)在目标记录集的所在行"操作"列，单击"修改"。在弹出的"修改记录集"对话框中修改记录值为 WAFCNAME 地址，如图 11 - 18 所示。

　　(5)单击"确定"，完成 DNS 配置，等待 DNS 解析记录生效。

　　(6)验证域名的 CNAME 是否配置成功。在 Windows 操作系统中，选择"开始"→"运行"，在弹出框中输入"cmd"，按"Enter"。执行 nslookup 命令(nslookupwww.example.com)，查询 CNAME。如果回显的域名是配置的 CNAME，则表示配置成功，如图 11 - 19 所示。

完成以上步骤，勾选"已完成 DNS 解析"。

图 11 - 18　修改记录集

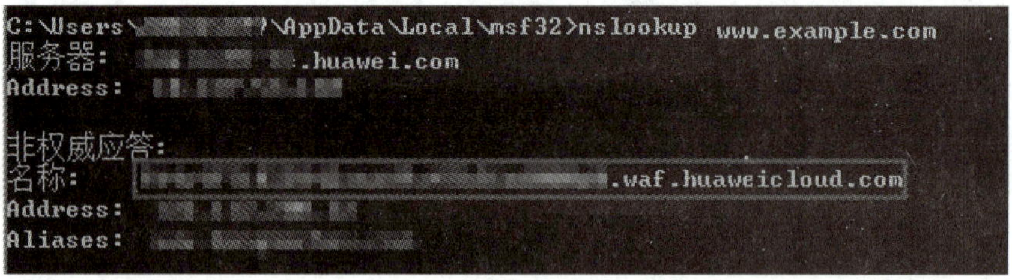

图 11 - 19　查询 CNAME

6. 接入验证

（1）接入状态验证。一般情况下，如果确认已完成域名接入，"接入状态"为"已接入"，表示域名接入成功。如果防护域名已接入 WAF，"接入状态"仍然为"未接入"，可单击 🔄 图标，刷新状态。

（2）网站访问验证。在浏览器中输入防护域名，测试网站域名是否能正常访问。手动模拟简单的 Web 攻击命令，验证 WAF 防护是否生效。

11.2.3　信息安全相关关键技术

1. 加密技术

对称加密：加密和解密使用相同的密钥，具有加密速度快的优点，适用于大量数据的加密。

非对称加密：加密和解密使用不同的密钥，即公钥和私钥。公钥可以公开，私钥则必须保密。主要用于数字签名、密钥交换等场景。

对称加密和非对称加密的原理如图 11 - 20 所示。

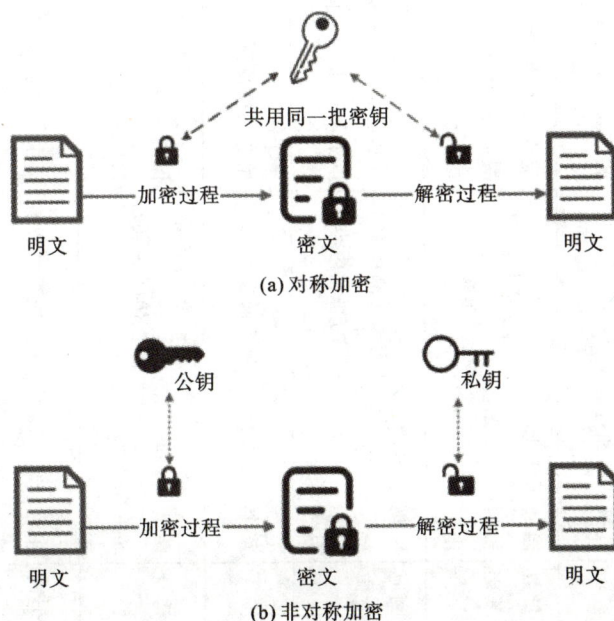

图 11 - 20　对称加密和非对称加密

哈希算法：可以将任意长度的消息压缩成指定长度的摘要，具有不可逆性和唯一性。常用于数据完整性校验和密码存储。

2. 防火墙技术

从早期的基础数据包过滤，到如今的高级威胁分析和智能应用层检测，防火墙的历史见证了网络安全的不断演进。不同类型的防火墙各有其特点，有的专注于阻止入侵，有的关注应用层保护，而还有的通过行为分析来抵御未知威胁。各类型防火墙的对比如表 11 - 3 所示。

表 11 - 3 各类型防火墙的对比

维度	软件防火墙	应用型软件防火墙	包过滤防火墙	状态检测防火墙	透明代理防火墙	反向代理防火墙	基于威胁情报的防火墙	行为分析防火墙
定位	部署在主机上，保护个体设备和服务器	保护特定应用程序层免受攻击	在网络层操作，基于规则过滤数据包	在网络层上追踪连接状态和行为	在网络层和应用层之间拦截和检查流量	位于受保护网络和外部网络之间	使用实时威胁情报来应对新兴威胁	利用机器学习和AI分析网络流量和行为
优势	简单配置，适合个人设备和小规模服务器	针对特定应用的深度检测，防止应用层攻击	快速处理大量数据包，适合基础防御	阻止异常连接，检测DDoS等攻击	拦截Web流量，检测恶意内容	提供负载均衡，缓存和Web应用防护	根据实时威胁情报更新策略，防御新型威胁	检测高级威胁，零日攻击和内部威胁
限制	仅保护单个主机，无法阻止高级威胁	需要针对每个应用配置，对性能有一定影响	无法深入检测应用层攻击，有限防护能力	可能会影响性能，无法阻止所有攻击	无法检测所有类型的恶意内容	无法防护网络层以下的攻击	需要实时更新威胁情报数据库，可能影响性能	依赖于机器学习算法，可能出现误报和漏报
防护范围	单个主机或设备	特定应用层协议	整个网络范围	整个网络范围	Web流量	整个网络范围	整个网络范围	整个网络范围
适用场景	个人计算机，小规模服务器	保护特定Web应用程序	基础防御，适合大网络规模	防止DDoS，异常连接等	保护Web应用，阻止访问受限站点	保护Web应用，提供负载均衡	防御新兴威胁，特别是未知威胁	检测高级威胁，零日攻击和内部威胁
配置复杂度	较低，单主机配置	需要对每个应用进行特定配置	相对较低，要管理规则	相对较高，维护连接状态表	低，透明拦截流量	适中，涉及负载均衡和安全配置	中等，需要与威胁情报数据库交互	较高，涉及机器学习算法和异常分析
安全性	适合基本防御，但不能防止高级攻击	针对特定应用的深度防护，但可能对性能有性能影响	有限，难以检测高级威胁	能够防止一些高级攻击，但不全面	拦截Web流量，但无法防止所有恶意内容	防护Web应用，但需要配置和管理	可提供实时保护，但需要维护威胁情报数据库	能够检测高级威胁，但可能有误报和漏报

3. 访问控制技术

访问控制技术用于解决"谁能访问什么"的问题，是确保数据安全共享的重要技术之一。通过对用户访问资源的活动进行有效监控，使合法的用户在合法的时间内获得有效的系统访问权限，防止非授权用户访问系统资源。表 11-4 展示了部分现有访问控制技术的判定依据。

表 11-4　部分现有访问控制技术的判定依据

访问控制	判定依据
自主访问控制	主体的身份是否为客体属主或具有客体相应权限
强制访问控制	主体的标记是否支配客体的标记
基于角色的访问控制	主体当前激活的角色是否具有访问客体的相应权限
基于属性的访问控制	主体属性、资源属性、环境属性等是否相符
基于意图的访问控制	访问请求的意图与客体标记的意图是否相符
基于风险的访问控制	客体访问所带来的风险是否可以被接受
基于世系数据的访问控制	数据客体的状态是否符合预置条件
基于关系的访问控制	访问主体与客体属主之间的关系是否符合预置条件
位置敏感的访问控制	数据存储的位置，以及数据与访问者的位置距离等是否符合预置条件
基于内容的访问控制	主体已拥有的文本内容与客体文本内容之间的相似度是否符合安全要求
基于行为的访问控制	主体历史行为分析结果是否符合安全要求

4. 入侵检测与防御技术

入侵检测系统(intrusion detection system，IDS)的原理如图 11-21 所示。它旁路式部署于网络中，通过镜像获得实时数据，对网络及业务无直接影响，监控范围广，但是只能监控而不能处理已发生的危险事件。

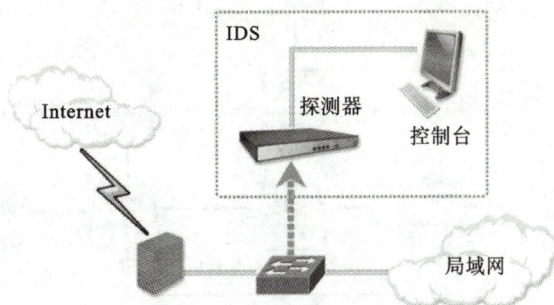

图 11-21　入侵检测系统示意图

入侵检测技术常见的有基于签名的入侵检测和基于异常的入侵检测。基于签名的入侵检测通过比对已知攻击行为的签名或模式，识别并拦截恶意行为。当网络流量或系统行为与已知的攻击签名相匹配时，就会触发警报并进行相应的处理。基于异常的入侵检测则通过建立正常行为的基线，识别与基线偏离的异常行为，并进行报警或拦截。这种方法可以检测到未知的攻击，但可能会产生较高的误报率。

入侵防御系统（IPS）的原理如图 11-22 所示。IPS 串联在网络当中，可提供有效的，防火墙无法提供的应用层防护功能。重点是阻拦已知攻击，为已知漏洞提供虚拟补丁。

因此，IPS 不仅能够检测到入侵行为，还能够实时地阻止入侵行为的发生，通过在网络中部署入侵防御系统，可以在攻击发生的早期阶段就进行拦截和阻断，从而有效地保护网络和系统的安全。

5. 安全审计技术

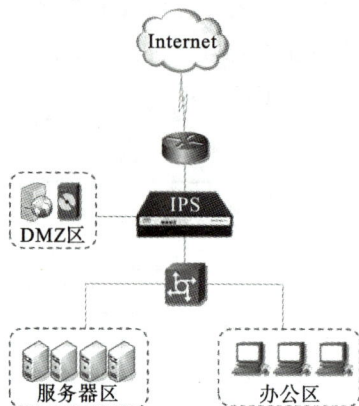

图 11-22　入侵防御系统示意图

系统日志审计：对操作系统、应用程序、数据库等系统产生的日志进行收集、分析和管理，通过对日志的分析，可以发现系统中的异常活动和安全事件。

网络审计：对网络中的通信流量、访问行为等进行监控和记录，通过对网络审计数据的分析，可以发现网络中的异常流量和潜在的安全威胁。

数据库审计：对数据库的访问和操作进行监控和记录，包括对数据库的查询、插入、更新、删除等操作，通过对数据库审计数据的分析，可以发现数据库中的异常操作和潜在的安全风险。某数据库审计系统部署示意图如图 11-23 所示。

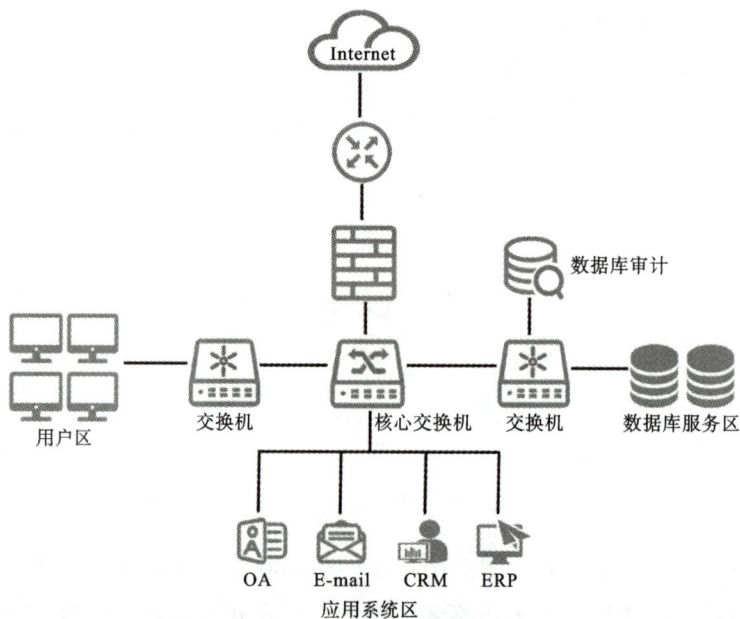

图 11-23　数据库审计系统部署示意图

6. 数据备份与恢复技术

数据备份策略：包括完全备份、增量备份和差分备份等。完全备份是备份所有数据，恢复时只需恢复最近一次备份数据；增量备份只备份自上次备份以来发生变化的数据，恢复时需按备份顺序逐一恢复；差分备份是备份自上次完全备份以来发生变化的数据，恢复时只需恢复最近一次完全备份和最近一次差分备份数据。

数据恢复技术：当数据丢失或损坏时，需要通过备份数据进行快速恢复，以确保业务的连续性。数据恢复技术包括从备份介质中恢复数据、重建数据库、修复损坏的文件系统等。

7. 恶意软件防范技术

静态检测技术：通过分析恶意软件的代码特征、文件结构等信息，识别并拦截恶意软件。静态检测技术可以在恶意软件运行之前就发现并阻止其进入系统。

动态检测技术：通过监控恶意软件的行为特征、网络流量等信息，实时发现并阻止恶意软件的攻击。动态检测技术可以在恶意软件运行过程中及时发现并处理其恶意行为。

沙箱技术：提供一个隔离的运行环境，允许用户在不影响计算机系统的情况下测试和运行可疑程序或文件，以便对其进行分析和评估。沙箱技术可以有效地防止恶意软件对系统的破坏和感染。

11.2.4　人工智能对信息安全的利弊

人工智能技术为信息安全领域带来了深刻变革，既展现出巨大的优势也潜藏着不可忽视的风险。如何把握和运用这把双刃剑，值得每个人深思与探索。

1. 人工智能对信息安全有利的方面

(1)威胁检测与预防能力提升。人工智能系统可以分析大量的数据，包括网络流量、系统日志和用户行为等，从而快速、准确地识别出潜在的安全威胁。机器学习算法能够学习正常的行为模式，当出现异常行为，如异常的登录尝试、数据访问模式的改变等时及时发出警报。

(2)自动化安全响应。一旦检测到安全威胁，人工智能可以自动采取相应的措施，如隔离受感染的设备、阻止恶意流量、更新防火墙规则等。这种自动化的响应能够大大缩短安全事件的响应时间，减少损失，尤其是在面对大规模、快速传播的攻击时，能够快速遏制威胁的蔓延。

(3)安全风险评估与预测。通过分析历史数据和当前的网络环境，人工智能系统可以预测可能出现的安全风险，并为企业提供相应的建议和解决方案。帮助企业提前做好防范措施，优化安全策略和资源配置，降低安全事件发生的可能性和影响程度。

(4)处理海量数据。在信息安全领域，每天会产生大量的数据，如网络日志、用户行为记录等。人工智能擅长处理这些海量数据，能够快速筛选、分析和提取有价值的信息，比人类分析师更快、更准确地识别潜在威胁，减轻安全人员的工作负担，提高工作效率。

(5)减少误报。利用机器学习技术，人工智能可以不断优化检测模型，减少安全警报中的误报数量。使安全团队能够专注于真正的威胁，避免因大量误报而导致的警报疲劳和资源浪费，提高安全运营的效率和效果。

2. 人工智能对信息安全不利的方面

(1)自身安全风险。人工智能系统本身可能存在漏洞和被攻击的风险。如果攻击者能够找到人工智能系统的弱点，如模型的算法缺陷、训练数据的漏洞等，他们就可以利用这些漏洞来绕过安全防御，甚至控制整个系统，使其为恶意目的服务。

(2)被用于恶意攻击。攻击者可以利用人工智能技术来开发更智能、更隐蔽的恶意软件和攻击手段。

(3)数据隐私问题。为了训练人工智能模型，通常需要大量的数据，而这些数据中可能包含用户的敏感信息，给用户带来严重的隐私风险。

(4)透明度与可解释性问题。部分人工智能系统，尤其是基于深度学习的系统，其决策过程可能不透明，安全人员可能无法理解为什么系统做出了特定的判断或采取了特定的行动，影响对安全事件的有效处理和对系统的信任。

(5)过度依赖风险。组织可能会过度依赖人工智能系统，认为它们是绝对可靠的，从而导致对人工监督和手动安全检查的忽视。然而，人工智能系统并非万无一失，在某些情况下可能会出现误判或失效，过度依赖可能会使安全防御出现漏洞，当人工智能系统出现故障或被攻击时，可能无法及时发现和应对安全威胁。

┌─ **课堂练习** ─┐

请结合实际生活或工作场景，谈谈你认为在未来的信息安全保障体系建设中，我们应该如何最大化地发挥人工智能的优势，同时有效规避其潜在风险？

_____

_____

_____

11.3 人工智能的挑战与未来

11.3.1 人工智能面临的挑战

1. 数据相关挑战

(1)数据质量参差不齐。在现实中，用于训练人工智能模型的数据来源广泛，质量差异较大。可能存在数据不准确、有错误标注或者包含大量噪声等情况。

(2)数据的完整性和代表性不足。要使人工智能模型具有良好的泛化能力，训练数据需要能全面代表其将要应用的实际场景，但往往很难做到这一点。

(3)数据获取和标注成本高昂。获取大量高质量的数据本身就需要耗费诸多资源，特别是对于一些特定领域的数据，收集难度大。

例如，训练一个能够准确识别复杂路况的自动驾驶汽车模型，需要采集海量的道路场景图像，并对图像中的各种交通元素（行人、车辆、交通标志等）进行精确标注，如图 11 - 24 所示，这一过程涉及巨大的人力和时间成本。

图 11 - 24 自动驾驶汽车模型的部分标注数据

(4)数据隐私和安全问题。人工智能模型训练常涉及大量敏感信息，如个人身份数据、医疗健康记录、金融交易数据等。在数据收集、存储、传输以及使用过程中，一旦出现隐私泄露或安全漏洞，可能会给个人和企业带来严重损失。

2. 算法与模型局限

(1)模型的可解释性差。许多先进的人工智能算法，尤其是深度学习中的深度神经网络，其内部决策机制犹如"黑箱"，如图 11 - 25 所示，很难直观地解释模型是如何基于输入得出具体输出结果的。

(2)过拟合与欠拟合问题。过拟合和欠拟合这两种情况都会影响模型的实际应用效果。

(3)算法的计算复杂度高。一些先进的人工智能算法，为了追求高精度的结果，计算复杂度不断增加，导致训练和推理时间过长。

图 11-25 "黑箱"模型

（4）泛化能力有限。即使模型在训练时的数据集上达到了较好的性能指标，但面对多样化、不断变化的现实世界场景时，可能无法很好地适应。

3. 伦理与社会问题

（1）算法偏见。由于训练数据本身可能存在的偏差，或者模型设计过程中的不完善，人工智能算法可能会产生带偏见的结果。

（2）责任划分不明确。当人工智能系统做出错误决策或造成不良后果时，很难清晰地界定责任主体。

（3）对就业结构的冲击。随着人工智能技术的广泛应用，一些重复性、规律性强的工作岗位可能会被替代，从而引发就业结构的变化和社会就业压力的增加。

（4）人工智能的滥用风险。人工智能技术可被用于恶意目的，在缺乏有效监管的情况下，这些滥用行为可能会对国家安全、社会秩序以及个人权益等造成严重威胁。

4. 计算资源限制

（1）硬件成本高昂。运行复杂的人工智能算法和训练大规模模型需要强大的计算硬件支持，这些专用硬件设备价格昂贵，购置和维护成本也是一笔不小的开支。

（2）能源消耗巨大。人工智能模型的训练和运行往往伴随着大量的能源消耗，尤其是在处理大规模数据和复杂模型时。

（3）资源分配不均衡。目前，计算资源在不同地区、不同行业以及不同科研和企业主体之间分配不均衡。这在一定程度上阻碍了人工智能技术的普及和均衡发展。

11.3.2 人工智能的发展趋势

1. 技术创新

1）新算法创新

（1）强化学习的拓展应用。强化学习不需要标注数据，智能体通过试错学习，根据奖励调整策略，如图 11-26 所示，在复杂环境下的决策优化方面有很大的发展潜力，如图 11-27 所示。如在自动驾驶场景中，车辆需要根据不断变化的路况和交通信号做出实时决策，通过强化学习算法更好地学习适应各种情况，优化行驶策略，提高安全性和效率。

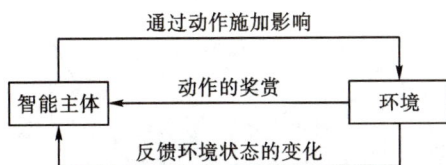

图 11-26　强化学习原理框图

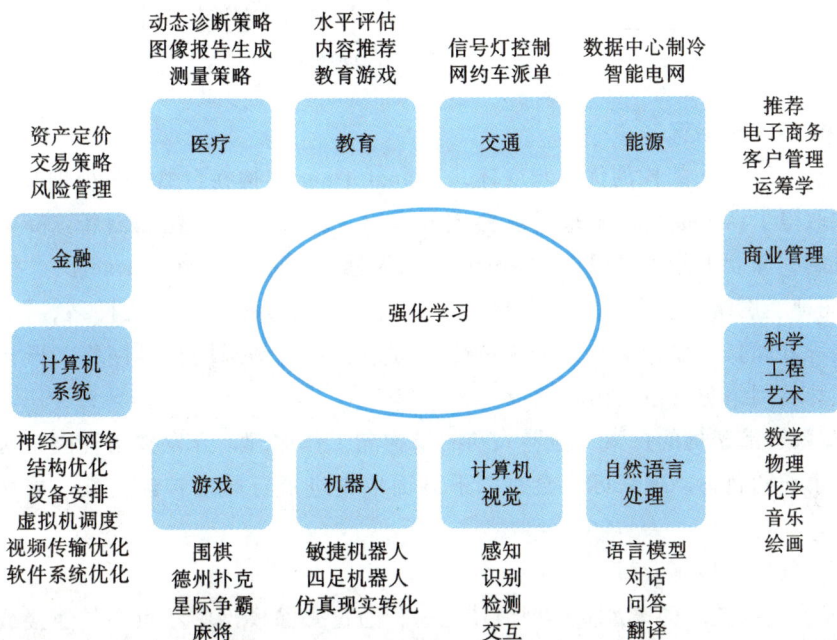

图 11-27　强化学习的应用

（2）自监督学习的深化。自监督学习能够利用大量未标注的数据进行预训练，学习到数据的通用特征表示，然后在特定任务上进行微调，减少对标注数据的依赖，如图 11-28 所示。

（3）元学习的发展。元学习旨在让模型学习如何学习，即快速适应新的任务和数据集。通过在多个不同的任务上进行训练，模型可以学习到通用的学习策略和优化方法，当遇到新任务时，能够快速调整和优化模型参数，如图 11-29 所示。

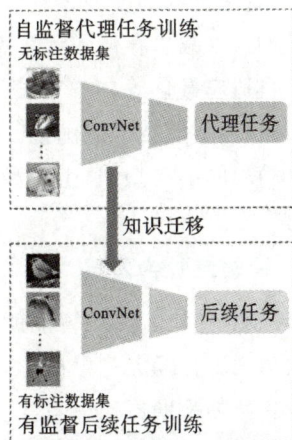

图 11-28　自监督学习总体流程

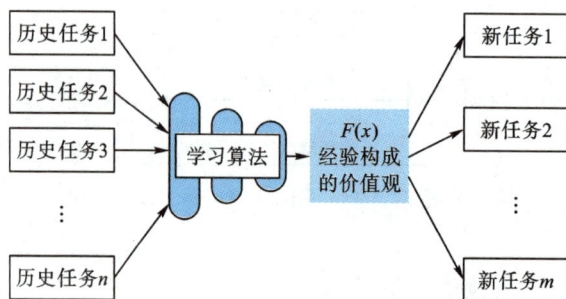

图 11-29　元学习原理框图

2）新模型架构创新

（1）Transformer 架构的优化与变体。Transformer 架构在自然语言处理和计算机视觉等领域取得了巨大成功，未来可能会继续在以下方面进行优化和创新：高效的多头注意力机制、深度可分离卷积与 Transformer 的融合、稀疏 Transformer。

（2）图神经网络的创新。图神经网络在处理图结构数据，如社交网络、知识图谱、生物网络等方面具有独特优势，未来的创新方向包括：动态图神经网络、异构图神经网络、图神经网络与其他架构的融合。

（3）类脑智能架构的探索。借鉴人脑的结构和工作原理，开发类脑智能架构是人工智能的一个长期目标。未来可能会在以下方面取得进展：脉冲神经网络、层次化、模块化架构。

3）模型压缩与提速创新

（1）模型剪枝技术的改进。模型剪枝是一种通过去除模型中不重要的连接或参数来减小模型规模的方法，未来的改进方向包括：动态剪枝、细粒度剪枝、基于强化学习的剪枝等。

（2）量化技术的发展。量化是将模型中的参数从高精度的数据类型转换为低精度的数据类型，以减少存储和计算需求，未来的发展方向包括：混合精度量化、量化感知训练、自适应量化等。

（3）模型蒸馏技术的优化。模型蒸馏是将一个复杂的大模型（教师模型）的知识转移到一个简单的小模型（学生模型）中，未来的优化方向包括：多教师模型蒸馏、对抗蒸馏、跨模态蒸馏等。

2. 跨领域融合发展

（1）脑机接口。人工智能助力脑机接口实现更精准的信号识别与解读。通过机器学习算法对大脑神经元产生的电信号进行分析，能够将其转化为具体的指令，用于控制外部设备，如帮助瘫痪患者实现肢体运动控制，通过大脑信号控制假肢完成抓取、行走等动作。在医疗康复领域有巨大的应用潜力，有望改善众多残障人士的生活质量。

（2）基因探索。人工智能能够处理海量的基因数据，挖掘其中隐藏的规律和信息。生物基因数据的复杂性和专业性要求人工智能研究者与生物学家深度合作，前者需要深入理解基因相关的生物学知识，后者需要掌握人工智能的分析方法和工具，共同构建合理有效的分析模型。同时，基因数据涉及隐私问题，如何在保障数据安全和隐私的前提下充分利用人工智能进行分析，也是需要平衡的重要方面。

（3）与物理学融合发展。量子人工智能方面，创新计算模式，量子计算的独特性质，如量子叠加和纠缠，为人工智能算法带来了全新的计算能力。量子人工智能有望在某些复杂问题上实现指数级的计算加速。

（4）与人文社科融合发展。随着人工智能在社会各领域的广泛应用，引发了诸多伦理问题，如算法偏见导致的不公平现象（招聘、信贷审批等环节）、责任划分难题（自动驾驶事故等情况）以及对人类自主性的影响等。人文社科领域的伦理学家、社会学家等与人工智能研究者共同探讨，制订相应的伦理准则和规范，引导人工智能技术的合理开发与应用，确保其符合人类社会的价值观和公平正义原则。

（5）知识重构。人工智能改变了知识的获取、整理和传播方式。在教育领域，智能辅导系统借助自然语言处理和机器学习技术，根据学生的学习进度和特点，为其量身定制学习内容，重构知识传授的路径。在学术研究中，人工智能可以帮助学者快速梳理海量文献资料，挖掘不同研究之间的关联，助力知识的融合与创新，推动学科知识体系的更新和拓展。

3. 产业应用拓展

1）智能城市

（1）智慧交通。利用人工智能技术对交通流量进行实时监测和分析，实现智能交通信号控制，根据车流量自动调整信号灯时长，提高道路通行效率。还能进行智能出行规划，为市民提供最佳的出行路线建议。

（2）智慧政务。通过自然语言处理和机器学习技术，优化政务服务流程，实现智能客服、智能审批等功能，提高政府办事效率，促进政府与民众的互动与沟通。

（3）智慧安防。借助人工智能监控系统，对公共场所的视频进行实时分析，能够检测异常行为和事件，如人脸识别技术可用于人员身份识别和追踪，提高公共安全防范能力和应急响应速度。

2）太空探索

（1）智能图像识别与分析。人工智能的图像识别技术能够快速、准确地分析从卫星、探测器和望远镜中传来的大量图像数据，识别出天体、星系、星云等各种宇宙现象，甚至能够发现新的天体和未知的宇宙结构。

（2）自主导航与路径规划。太空探测器在星际空间中航行时，人工智能可以根据各种传感器的数据，实时计算出最佳的航行路线，避开小行星带、星际尘埃等障碍物，确保探测器安全、高效地到达目的地。

（3）宇航员的交互式陪伴。人工智能机器人可搭载火箭进入国际空间站，用作宇航员的交互式移动伴侣，如图 11-30 所示，与宇航员进行语音交互，辅助宇航员进行科学实验。

（4）故障预测与诊断。太空设备在极端环境中运行容易出现故障，人工智能通过对设备运行数据的分析，可以提前预测可能出现的故障，并进行诊断，让地面控制中心及时采取措施，保障任务的顺利进行。

3）传统产业融合升级

（1）制造业。工业机器人与自动化生产线相结合，实现生产过程的自动化和智能化，提高生产效率和产品质量，降低人力成本和运营风险。同时，利用机器视觉和深度学习技术，对生产线上的产品进行实时检测和质量控制，及时发现缺陷产品并进行处理。

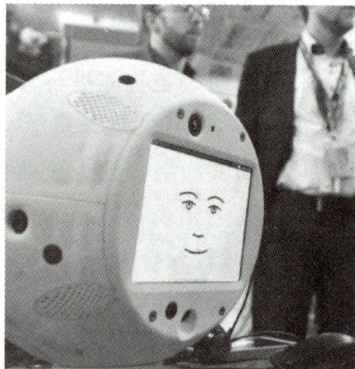

图 11-30　首款人工智能宇航员"西蒙"-1

（2）农业。利用卫星遥感、无人机等技术获取农田的土壤、作物等信息，结合人工智能算法进行分析，实现精准施肥、灌溉、病虫害防治等，提高农业资源利用效率，减少环境污染，增加农产品产量和质量。借助机器视觉和深度学习技术，对农产品的外观、品质进行快速检测和分级，提高检测效率和准确性，保障农产品质量安全，如图 11-31 所示。

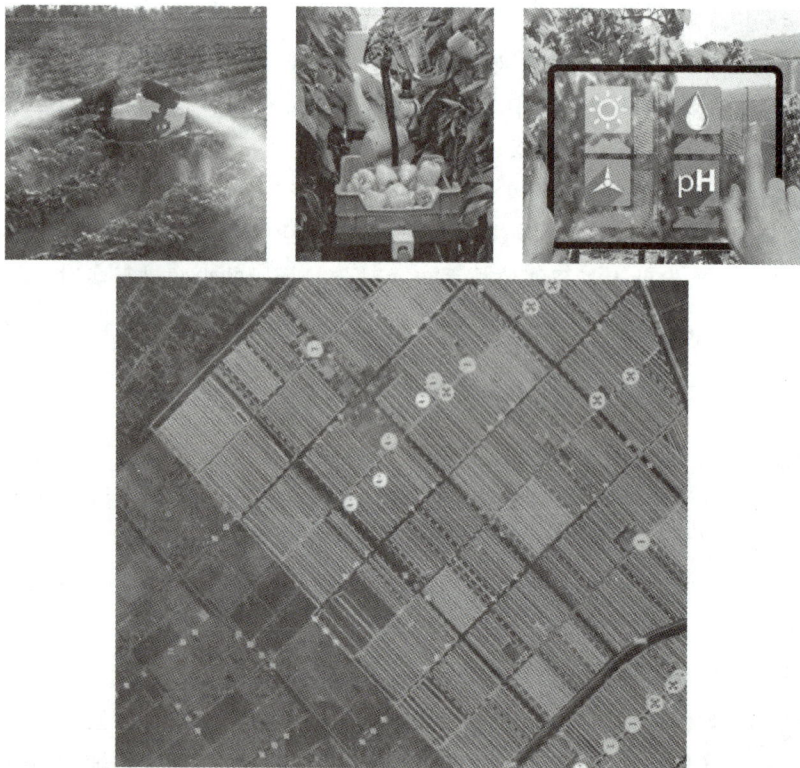

图 11-31　人工智能在农业中的应用

（3）服务业。智能客服在金融、电信、电商等行业广泛应用，能够 24 小时不间断地为客户提供服务，通过自然语言处理技术理解客户问题并给出准确的回答，提高客户满意度，降低企业运营成本。个性化推荐根据用户的浏览历史、购买行为、兴趣爱好等数据，为用户提供个性化的产品推荐和服务，提高用户体验和企业的营销效果。

（4）产业协作。跨行业数据共享与融合：不同产业之间的数据共享和融合日益频繁；产学研合作创新：企业、高校和科研机构之间的合作更加紧密，共同开展人工智能技术的研发和应用创新；产业集群协同发展。在一些地区形成了以人工智能为核心的产业集群，如人工智能科技园区、智能制造产业基地等。这些产业集群内的企业之间相互协作、资源共享，形成了良好的产业生态环境，促进了人工智能技术在不同产业中的应用和推广。

11.3.3　人工智能治理与规范

1. 政策法规

政策法规是保障社会稳定和发展的重要基石。随着全球化的深入和科技的进步，国际合作与交流日益频繁，我国现有的政策法规包含以下五个方面。

（1）国际倡议：面对跨国界的人工智能挑战，需要通过国际合作来共同应对。2023年，中国提出《全球人工智能治理倡议》，2024 年世界人工智能大会上海发布了《人工智能全球治理上海宣言》，倡导开放与共享的精神，推动全球人工智能研究资源的交流与合作。

（2）战略规划引导：政府层面出台长远的战略规划，明确本国或本地区在人工智能领域的定位与发展路径。《新一代人工智能发展规划》明确了人工智能产业发展的目标、任务和重点领域，为行业发展提供了方向指引，推动人工智能技术在智能制造、智能交通、智能能源、智能医疗等多个领域的广泛应用，如图 11-32 所示。

2020		2025		2030
人工智能总体技术和应用与世界先进水平同步	→	人工智能基础理论实现重大突破、技术与应用部分达到世界领先水平	→	人工智能理论、技术与应用总体达到世界领先水平，成为世界主要人工智能创新中心

图 11-32　新一代人工智能发展规划

（3）数据安全与隐私保护。《中华人民共和国数据安全法》《中华人民共和国网络安全法》《中华人民共和国个人信息保护法》等法律法规对人工智能技术应用中的数据安全、网络安全和个人信息保护作出了规定，要求数据处理者采取必要的安全措施确保数据安全。

（4）知识产权保护。需要建立专门的、具有中国特色的著作权保护制度以及适应人工智能技术特点的专利审查制度，以保护人工智能算法、模型的创新成果和明确数据在人工智能研发、生产、应用中的法律地位等。

（5）伦理规范与责任认定。明确人工智能开发行业应遵循尊重人权、尊重隐私、公平公正、责任担当、安全可控等基本伦理原则，提出技术应用的伦理边界和限制。同时，也在探索人工智能系统本身能否承担民事责任的可能性，以促进人工智能系统的安全发展。

2. 行业标准

（1）国际标准制订。积极参与国际标准化组织的活动，与国际接轨，共同制订人工智能相关的全球标准，提升中国在国际标准化领域的影响力，推动跨境技术和数据的自由流动。

（2）国内标准建设。工业和信息化部、中央网信办、国家发展改革委、国家标准委等四部门联合印发的《国家人工智能产业综合标准化体系建设指南（2024版）》从基础共性标准、基础支撑标准、关键技术标准、智能产品与服务标准、赋能新型工业化标准、行业应用标准、安全/治理标准等七方面明确标准化体系建设的重点方向。

（3）多主体协同。联络相关部门、技术委员会和专家学者等制订、完善人工智能行业标准，推进团体标准、地方标准、行业标准、国家标准协同发展。

3. 公众教育与参与

（1）教育普及。从国家到地方，鼓励高校开设人工智能专业和课程，建立人工智能学院，完善学科布局，推动一级学科建设，增加相关学科方向的博士、硕士招生名额，培养具有人工智能应用能力的教师队伍和学生。

（2）科普宣传。支持开展人工智能竞赛，鼓励形式多样的人工智能科普创作，鼓励科学家参与科普活动，向公众普及人工智能的知识和应用，提高公众对人工智能的认知和理解。

（3）公众参与机制。建立公众参与人工智能发展的渠道和机制，例如通过公众听证会、意见征求等方式，让公众参与到人工智能政策法规的制订、行业标准的建设以及应用场景的决策等过程中，充分听取公众的意见和建议。

（4）行业自律与监督。引导企业建立自身的道德准则和行为标准，加强行业自律，同时鼓励公众对人工智能的应用进行监督，及时发现和反馈问题，促进人工智能行业的健康发展。

课堂练习

随着人工智能技术在生活中的广泛应用，智能机器人可以陪伴老人和孩子、AI绘画能快速创作出精美的作品等，但同时也带来了一些问题。你认为在学校这个环境中，应该如何规范同学们使用人工智能相关产品或服务呢？

本章总结

本章聚焦于信息安全与人工智能伦理，旨在启发数字化时代应如何正确使用计算机工具并正确认识人工智能的思考。随着信息技术的飞速发展，信息安全面临着诸多威胁，如网络攻击、恶意软件等。掌握信息安全相关知识有助于在使用计算机工具处理各类事务时，确保自身及他人信息的安全性，避免因安全漏洞而造成的损失。人工智能作为当今科技领域的热点，虽然取得了令人瞩目的成就，但也存在不少挑战。为了应对上述挑战，必须建立健全的人工智能治理体系，制订相应的规范。这涉及法律、道德等多个层面，确保人工智能技术的研发和应用遵循正确的方向。通过本章的学习，要认识到在享受人工智能带来的便利的同时，也要关注其潜在的风险，积极遵守相关的治理和规范要求，做一个负责任的计算机工具使用者和人工智能时代的参与者。

综合实训

⭐ 基于华为云 WAF 阻止爬虫攻击的实训

一、实训目的

本次实训旨在通过深入了解华为云 WAF 平台的基础操作流程与核心功能，熟练运用华为云相关服务完成简单网站的搭建工作，并掌握运用华为云 WAF 有效保护信息系统安全抵御爬虫攻击的实用技能，在实践中增强对云计算环境下网站安全防护机制的认知，提升应对网络安全威胁的实际操作能力。

二、实训内容与步骤

1. 基于华为云搭建一个简单的网站

（1）服务器实例创建。进入华为云服务器购买配置页面，完成服务器实例的购买操作。

（2）网站代码准备。构建一个简单静态网站页面，要求如下。

"index. html"，作为网站的首页文件。包含一个标题、一段正文内容，并且引入了外部的 CSS 和 JavaScript 文件。

"styles. css"，用于定义网页的样式。设置了网页的字体、背景颜色以及标题和段落的文本颜色、对齐方式等基本样式。

"script. js"，添加一些简单交互功能，例如点击按钮改变文本颜色。

将上述三个文件保存到本地的同一个文件夹下，命名为"website _ source"，作为网站的代码源文件。可使用 AI 工具辅助编程。

（3）将网站部署到云服务器。

（4）安装并配置 Web 服务器软件(IIS)。

（5）上传网站代码文件。

（6）测试网站是否可以正常访问。

2. 为网站配置华为云 WAF 应用防火墙

具体步骤参考 9.2.2 章节的内容。

3. 模拟爬虫攻击检验防火墙

（1）安装爬虫工具 Scrapy。

（2）使用 Scrapy 模拟正常访问。

（3）使用 Scrapy 模拟异常的、具有攻击性的爬虫行为。

（4）根据模拟爬虫攻击的测试结果，分析华为云 WAF 对爬虫攻击的实际防护效果。

课后练习题

一、选择题

1. 蠕虫这种恶意软件与病毒、木马相比，其独特的复制机制是（   ）。

A. 插入宿主程序中   B. 自身拷贝

C. 不自我复制   D. 依靠载体或功能

2. 在人工智能进行异常行为检测的用户行为分析中，构建用户行为画像依靠的是（   ）。

A. 对用户所有行为实时监控的数据

B. 对大量用户正常行为数据进行学习

C. 对异常行为数据进行分析总结

D. 仅分析用户登录系统的数据

3. 以下哪种人工智能应用于恶意软件检测的方式是在沙箱等隔离环境中运行可疑程序来判断是否存在恶意行为的？（   ）。

A. 静态分析   B. 动态分析

C. 特征比对分析   D. 代码结构分析

4. 人工智能对信息安全有利的方面不包括以下哪一项？（   ）

A. 增加误报数量，使安全团队更忙碌   B. 威胁检测与预防能力提升

C. 自动化安全响应   D. 处理海量数据

5. 在人工智能算法与模型局限中，过拟合是指（   ）。

A. 模型在训练数据和测试数据上表现都欠佳

B. 模型未能充分学习到数据中的特征和规律

C. 模型在训练数据上表现好，但对新数据性能急剧下降

D. 模型的计算复杂度高，训练和推理时间过长

二、判断题

1. 病毒、木马、蠕虫这三种恶意软件都具有自我复制的能力。（　　）

2. 拒绝服务攻击（DoS）和分布式拒绝服务攻击（DDoS）的区别在于是否利用多台被控制的"僵尸"计算机同时发起攻击。（　　）

3. 人工智能在漏洞管理中，只能发现漏洞所在位置，无法给出修复建议。（　　）

4. 人工智能系统不存在被攻击的风险，因为它本身就是用于保障安全的。（　　）

5. 人工智能模型训练的数据只要数量足够多，就不用考虑数据的完整性和代表性问题。（　　）